职业教育·专业基础课教材

电工基础

刘小彩 主 编
陈 鹏 李 芳 王 金 副主编
王季方 主 审

人民交通出版社
北 京

内 容 提 要

本书为职业教育专业基础课教材。全书共七个单元,包括安全用电、电路的基本概念、直流电路、单相正弦交流电路、三相正弦交流电路、磁路与变压器、线性电路的过渡过程,同时配套了12个技能训练项目。

本书依据国务院印发的《国家职业教育改革实施方案》相关要求,结合电工国家职业技能标准与规范编写。本书突出职业特色,贴近生活实际,图文并茂,深入浅出,便于读者理解与学习。

本书可作为交通运输大类及装备制造大类相关专业教材,也可供成人教育、企业电气工程技术人员阅读使用。

本书配套了课件及知识点微课教学视频。任课教师可加入职教轨道教学研讨群(QQ群:129327355)获取课件。

图书在版编目(CIP)数据

电工基础 / 刘小彩主编. — 北京 : 人民交通出版社股份有限公司, 2025. 1. — ISBN 978-7-114-20248-3

Ⅰ. TM1

中国国家版本馆CIP数据核字第2025Z4V701号

职业教育·专业基础课教材
Diangong Jichu

书　　名:电工基础
著 作 者:刘小彩
责任编辑:杨　思
责任校对:卢　弦
责任印制:张　凯
出版发行:人民交通出版社
地　　址:(100011)北京市朝阳区安定门外外馆斜街3号
网　　址:http://www. ccpcl. com. cn
销售电话:(010)85285911
总 经 销:人民交通出版社发行部
经　　销:各地新华书店
印　　刷:北京印匠彩色印刷有限公司
开　　本:787×1092　1/16
印　　张:14. 25
字　　数:346千
版　　次:2025年1月　第1版
印　　次:2025年1月　第1版　第1次印刷
书　　号:ISBN 978-7-114-20248-3
定　　价:48. 00元
(有印刷、装订质量问题的图书,由本社负责调换)

前言

“电工基础”是交通运输及装备制造大类相关专业的一门专业基础课，课程内容涵盖安全用电、电路的基本概念、直流电路、单相正弦交流电路、三相正弦交流电路、磁路与变压器、线性电路的过渡过程等七个单元以及12个技能训练项目。

本书满足当前市场对高等职业教育的要求，突出理论性与实践性相结合的原则，力求做到以应用为目的，培养综合素质，为学生学习后继课程打下基础。考虑到高职教育对学生理论知识要求的特点，本书着重介绍经典的电路分析方法，注重物理模型、数学模型和等效概念的应用，培养概括、简化、解决实际工程问题的能力。本书在内容编排上尽力做到精简适度，突出重点，如简化一些教学上的推导过程，编写适当的例题、思考题、练习题，以便学生能够系统掌握所学的基础理论知识。

本书以传授知识、培养能力为目标，全面渗透新课程理念，从而形成以下鲜明的特色：

(1)立德树人，润物无声。每个项目都设置了明确的素养目标，将安全意识、责任意识、质量意识、创新意识等融入相应的模块，潜移默化地塑造学生的价值观念，铸就学生的工匠精神。

(2)校企合作，工学结合。编写人员既有长期从事职业教育的教师，也有来自生产一线的技能专家，本书在编写的过程中充分考虑了电工相关岗位的实际需求；在内容组织上遵循“理论够用，实用为主”的原则，突出电工相关技能的培养，使学生在学完本书后，具备较强的电工技术实践技能及实际工作能力。

(3)课证融合，考学一体。本书对接电工国家职业技能标准与规范，依据电工国家职业技能标准中级、高级相关要求，安排任务实施。任务评价参考相关职业资格考试评分标准设定。

(4)图文并茂，实用性强。为便于学生理解，本书插入了大量的实物图、原理图和操作图，设置了知识拓展板块，增加了丰富的数字化教学资源，包括重难点讲解微课、授课视频等，内容更符合目前的多媒体教学环境，实用性强。

本书由郑州轨道工程职业学院刘小彩、陈鹏、车鹏、李芳、王金、郭漫玉、许昭一、杨森、陈浩、徐亮亮、方文晴，河南送变电建设有限公司刘建锋共同编写。刘小彩教授担任主编并负责统稿，陈鹏、李芳、王金担任副主编，王季方担任主审。

在编写本书的过程中，编者参考了大量有关电工基础的文献资料，采纳了出版社编辑的建议和意见，在此向相关作者和人员一并表示感谢！

由于编者水平有限，书中不足之处在所难免，敬请广大读者批评指正。

编　者

2024年8月

数字资源列表

资源使用说明：

1. 扫描封面二维码，注意每个码只可激活一次；

2. 长按弹出界面的二维码关注“交通教育出版”微信公众号并自动绑定资源；

3. 公众号弹出“购买成功”通知，点击“查看详情”，进入后即可查看资源；

4. 也可进入“交通教育出版”微信公众号，点击下方菜单“用户服务—图书增值”，选择已绑定的教材进行观看。

序号	资源名称	序号	资源名称
1	触电急救	14	指针式万用表测直流电流
2	电气火灾	15	欧姆定律应用
3	电路的组成	16	基尔霍夫电流定律
4	手电筒	17	基尔霍夫电压定律
5	电路的工作状态	18	正弦交流电的由来
6	认识电流	19	电感器在交流电路中的作用是什么
7	认识电压	20	无功功率
8	认识电能	21	功率因数
9	电能与环境	22	三相交流电的产生原理
10	认识电功率	23	三相交流电动势的产生
11	认识电阻元件	24	电磁感应现象
12	认识电容元件	25	互感现象
13	认识电感元件	26	变压器的工作原理

目录

CONTENTS

单元一 安全用电

学习目标

【知识目标】

1. 了解触电事故产生的原因及触电种类；
2. 掌握触电的危害程度、常用预防措施及急救措施；
3. 掌握电气火灾的防范措施及现场处理措施。

【技能目标】

1. 能够分析触电原因和正确使用绝缘工具；
2. 能够在保证自身安全的前提下对触电者正确施救；
3. 能够正确使用心肺复苏急救。

【素养目标】

1. 培养安全用电意识；
2. 树立安全责任意识；
3. 具有专业的处理事故风险的能力。

模块一 触电急救

在日常生活和工作中，我们会用到各种各样的电气设备，环境变化、设备损坏、操作不当等因素可能引起触电事故，对人身安全造成严重的威胁。因此，触电急救是一项紧急而重要的任务，我们需要迅速、正确地采取措施，以最大限度地保护触电者的生命安全。在急救过程中，我们应保持冷静，遵循急救步骤，同时寻求专业医护人员的帮助。

一、触电的原因及类型

1. 触电的原因

触电是人体直接或间接接触带电体造成的伤害事故。触电的原因主要包括以下几点。

直接触电：当人体直接接触带电部分，如电线、设备等时，就会发生直接触电。直接触电通常发生在维修、使用电器时操作不当或保护措施不足的情况下。

间接触电：当人体接触与带电体相连接的导体，如金属物体、潮湿的物体等时，电流会通过这些导体流经人体，造成触电。间接触电也经常发生在维修或使用电器时。

漏电保护器失效：当漏电保护器失效时，即使有电流流经人体，漏电保护器也不能及时断开电路，从而导致触电事故的发生。漏电保护器是防止触电事故的重要保护装置。

设备或电线老化：电气设备或电线在长时间使用后可能出现老化、破损等情况，这会增加触电的风险。

不规范操作：使用不符合安全标准的电器、私拉乱接电线、超负荷使用电器等不规范操作都会增加触电事故的发生概率。

环境因素：潮湿的环境、雨雪天气等，都可能增加触电的风险。

为了预防触电事故，我们应该增强安全意识，规范操作，定期检查电气设备和电线，确保漏电保护器正常工作，尽可能创造一个安全的用电环境。

2. 触电的类型

触电可以根据电流的路径、接触电源的状态、电压等级以及触电后的后果等多种因素进行分类。以下是一些常见的触电类型。

单相触电：当人体同时接触电源的两极（一火一零）时，电流通过人体，这种情况下通过的电流较小，但足以对人体造成伤害。

双相触电：人体同时接触电源的两相，电流通过心脏和大脑的风险较高，这种情况下，可能迅速导致生命危险。

间歇性触电：当电流通过人体时，由于某些原因（如保护装置动作或电源中断等）导致电流中断，随后又恢复，这种情况可能导致肌肉抽搐和呼吸困难。

漏电触电：当设备或线路的绝缘损坏时，电流泄漏到大地或导体上，人体接触这些带电的导体时发生触电。

电弧触电：当带电体之间的电压较高时，空气中的绝缘强度降低，可能产生电弧，电流通过电弧流经人体，这种触电的危险性非常高。

短路触电：当导体之间发生不正常的直接连接时，电流瞬间增大，这种情况下电流极大，危险性极高，可能引发触电事故。

地电击：当人体接触带电设备或线路，同时一只脚或身体其他部分接触地面时，地面可能带有电荷，导致电流通过人体。

高压触电：接触高于低压的电压等级（如1000V以上），电流通过人体的时间可能非常短，但造成的伤害极其严重。

低压触电：人体接触220V或以下电压等级的电源，这种情况下触电可能导致烧伤、电休克甚至死亡。

静电触电：虽然静电的电压通常不高，但当静电积累到一定程度时，接触人体可能导致电击，尤其是在干燥的环境中。

二、触电的防范措施

预防触电的关键是遵循电气安全规范，使用适当的个人防护装备，定期检查和维护电气设备，以及在进行电气工作时采取必要的安全措施。

触电防护分为直接触电防护和间接触电防护两类。

1. 直接触电防护

直接触电防护是指对直接接触正常带电部分的防护，如对带电导体增加隔离栅栏或保护罩、设置安全距离、悬挂安全标志、穿戴绝缘防护用具等。

(1)安全距离。

为了保证电气工作人员在电气设备操作、维护检修时的人身安全，相关规范规定了电气工作人员与带电体的安全距离。对于电气设备，要充分考虑人与带电体的最小安全距离，规定：①当电压为0.4kV时，人与带电体的最小安全距离不小于0.4m；②当电压为10kV时，人与带电体的最小安全距离不小于0.7m；③当电压为35kV时，人与带电体的最小安全距离不小于1m。

(2)绝缘安全用具。

绝缘安全用具是指保证电气工作人员安全操作带电体，以及人体与带电体的最小安全距离不够时所采用的绝缘防护工具。绝缘安全用具按使用功能不同，可分为绝缘操作用具和绝缘防护用具。其中，绝缘操作用具主要用来进行带电操作、测量和其他需要直接接触电气设备的特定工作。常用的绝缘操作用具必须具备合格的绝缘性能和机械强度，而且只能在与其绝缘性能相适应的电气设备上使用。绝缘防护用具主要用于对泄漏电流、接触电压、跨步电压和其他接近电气设备存在的危险等进行防护，对可能发生的有关电气伤害起到防护作用。常用的绝缘防护用具有绝缘手套、绝缘靴、绝缘隔板、绝缘垫、绝缘台等，如图1-1所示。需要注意的是，当绝缘防护用具的绝缘强度足以承受设备的运行电压时，才能直接接触运行的电气设备，一般不直接接触运行的及带电的电气设备。当使用绝缘防护用具时，必须做到使用合格的绝缘防护用具，并掌握正确的使用方法。

图1-1　绝缘防护用具

2. 间接触电防护

间接触电防护是指对故障时可带危险电压而正常时不带电的外露可导电部分(如金属外壳、框架等)的防护，如将正常不带电的外露可导电部分接地，并装设接地保护等。

三、触电的现场处理及急救

人体触电后，会受到严重的损伤，触电时间越长，危险性越大。一旦发生触电事故，应迅速、正确地使触电者脱离电源，并立刻采取急救措施，在急救现场力争做到动作迅速、方法正确。

1. 触电现场处理

当发现有人触电时，在保证自身和现场其他人员生命安全的情况下，应采用最快且正确的方法使触电者脱离电源。当电源开关或者插头在触电者附近时，要迅速切断有关电源的开关或者拔掉电源插头，使触电者迅速脱离电源。当电源开关不在附近时，可用绝缘钳或者干燥的木柄斧头切断电源。需要注意的是，剪断电线要分相，一根一根地剪断，并尽可能站在绝缘物体或干燥的木板上。另外，应通知相关部门立即停电。

如果没有绝缘钳或者干燥的斧头，则要因地制宜地使用绝缘安全用具，使触电者迅速脱离电源。救护人员可以抓住触电者干燥不贴身的衣服使其脱离电源，也可以戴绝缘手套等解脱触电者，或者站在绝缘垫上或干木板上，使绝缘自己后进行救护。救护人员禁止使用金属棒、潮湿物品进行救护；触电者未脱离电源前，救护人员禁止直接用手触及触电者。

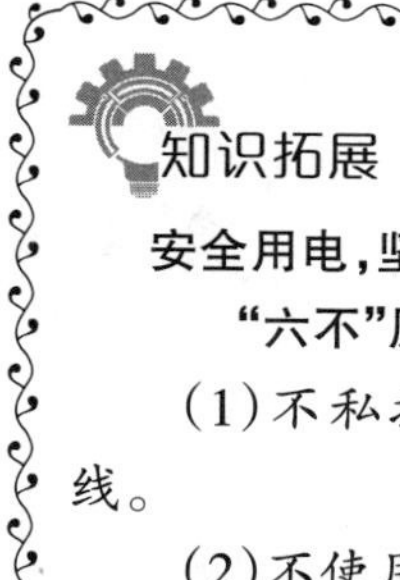

知识拓展

安全用电，坚持用电"六不"原则

(1)不私拉、乱接电线。

(2)不使用破损的插头、插座、接线板等。

(3)不购买和使用没有"3C"标志的、质量低劣的电器产品。

(4)不使用违规和大功率电器。

(5)不让宿舍中的电器长期通电。

(6)不要离开正在使用中的电器。

触电急救

2. 触电急救

若触电者神志清醒，应使其就地平躺，暂时不要站立或走动，严密观察；若触电者已神志不清或呼吸困难，应使其就地仰面平躺，且确保气道通畅，迅速测其心跳情况，禁止摇动触电者的头部呼叫，要严密观察触电者的呼吸和心跳，并立即联系车辆送往医院抢救；若触电者意识丧失，应在10s内，用看、听、试的方法判定触电者的呼吸和心跳情况；若触电者呼吸停止，但有心跳，应立即在现场采用口对口呼吸(心肺复苏法)进行急救；若触电者有呼吸，但心跳停止或极其微弱，应采用人工胸外心脏按压法来恢复触电者的心跳；若触电者呼吸、心跳均停止，应同时采用心肺复苏法和人工胸外心脏按压法。在运送触电者的途中，救护人员要继续在车上对触电者进行急救。

(1)心肺复苏法。

心搏骤停一旦发生，如得不到及时的抢救复苏，4 ~ 6min后，会对触电者的大脑和其他人体重要器官组织造成不可逆

的损害,因此心搏骤停后的心肺复苏必须在现场立即进行。具体做法如下:

①需要清理口腔,防堵塞。若发现触电者的口内有异物,救护人员可将其身体及头部同时侧转,迅速用一根手指或用两根手指交叉从口角处插入,取出异物,如图1-2a)所示。操作中要注意防止将异物推到咽喉深处。

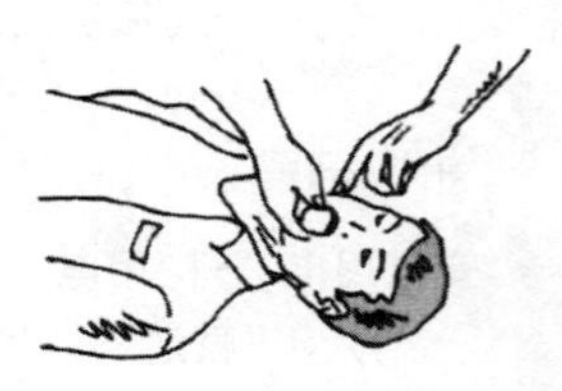
a)清理口腔异物

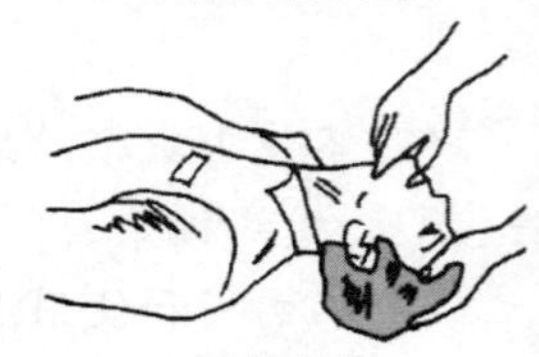
b)通畅气道

c)紧贴换气

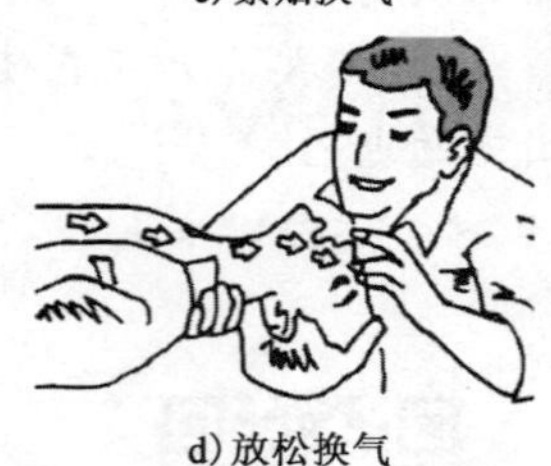
d)放松换气

图1-2 心肺复苏法步骤

②清理口腔异物后,可采用仰头抬额法,通畅气道。救护人员将左手放在触电者前额,右手的手指将触电者的下颌骨向上抬起,两手协同推触电者的头部,使其后仰,鼻孔朝上,舌根随之抬起,气道即可通畅,如图1-2b)所示。注意:严禁用枕头或其他物品垫在触电者头下,头部抬高或平躺会加重气道阻塞,并会使胸外按压时流向脑部的血液减少。

③在保持触电者气道通畅的同时,救护人员用放在触电者额上的手指捏住触电者的鼻翼。救护人员深吸气后,与触电者口对口贴紧,在不漏气的情况下,先连续大口吹气两次,每次吹气1.0~1.5s,放松换气3.5~4.0s,如图1-2c)、图1-2d)所示。除了开始时大口吹气两次紧贴外,正常口对口(鼻)呼吸吹气量无须过大,以免引起触电者的胃膨胀。紧贴吹气和放松换气时要注意触电者胸部应有起伏的呼吸动作。吹气时如有较大阻力,可能是触电者头部后仰不够,应及时予以纠正。另外,如果触电者牙关紧闭,救护人员可进行口对鼻人工呼吸。采用口对鼻人工呼吸法吹气时,要使触电者嘴唇紧闭,防止漏气。

(2)胸外心脏按压法。

急救者在进行两次吹气后,应速测触电者颈动脉,如无搏动,可判定为心跳已经停止,应立即进行胸外心脏按压。

①正确的按压位置是保证胸外心脏按压效果的重要前提。正确的按压部位是胸骨中、下1/3处(图1-3)。具体定位方法是:抢救者以右手食指和中指沿触电者肋弓向中间滑移至两侧肋弓交点处,即胸骨下切迹;将食指和中指横放在胸骨下切迹的上方,食指上方的胸骨正中部即按压区;将另一只手的掌根紧挨食指,放在触电者胸骨上;将定位之手的掌根重叠放于另一只手手背上,使手指翘起脱离胸壁,也可两手手指交叉抬手指,如图1-3所示。

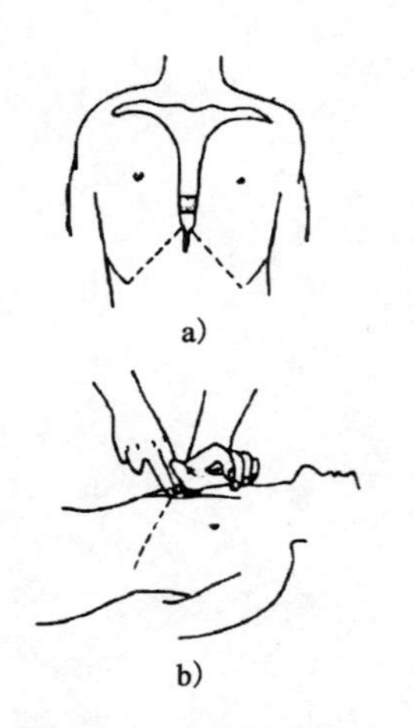
a)

b)

图1-3 正确的按压位置

②使触电者仰面躺在平硬的地方,救护人员应跪在触电者右侧肩位旁,两臂伸直,肘关节固定不弯曲,两手掌根相叠,手指翘起,不接触触电者的胸壁。以髋关节为支点,

利用上身的重力垂直将触电者的胸骨压陷3～5cm(儿童和瘦弱者酌减)。压至要求程度后,立即全部放松,但放松时救护人员的掌根不得离开触电者的胸壁,如图1-4所示。按压必须有效,有效的标准是在按压过程中可以触到触电者的颈动脉搏动。胸外心脏按压要以均匀的速度进行,成年人每分钟50次,儿童每分钟100次,每次按压和放松的时间相等。必要时胸外心脏按压法与口对口(鼻)呼吸法要同时进行,单人抢救时每按压15次后吹气2次,反复进行。双人抢救时,每按压5次后由另一人吹气1次,反复进行。

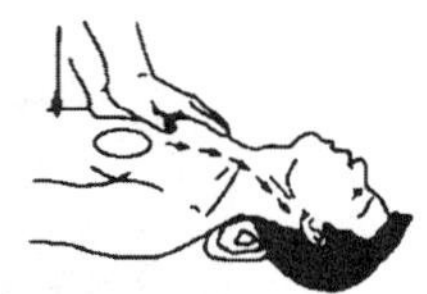

a)向下挤压

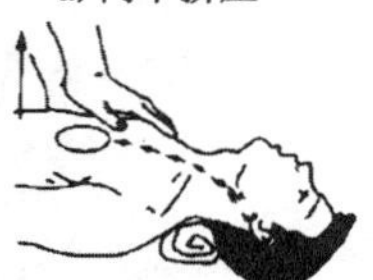

b)迅速放松

图1-4　正确的按压方法

3. 急救时应注意的问题

触电者脱离电源后,需要视触电者状态确定正确的急救方法。不要使触电者躺在潮湿冰凉的地面上,要保持其身体的余温,防止其血液凝固。

触电急救必须争分夺秒,在现场立即用心肺复苏法进行抢救,抢救过程不能中断,只有在医务人员接替救治后方可中止。在抢救时不要为了方便移动触电者,如确必须移动,抢救中断时间不应超过30s。移动或送医院途中必须保证触电者平躺在床上,保证其呼吸道的通畅,不准使触电者半靠或坐在轿车里送往医院。如触电者呼吸或心脏停止跳动,应在运往医院途中的车上进行心肺复苏,抢救不得中断。心肺复苏法的实施要迅速、正确,要保证将气吹到触电者的肺中,并压在触电者心脏的准确位置。

在救护触电者过程中,切除电源时,有时会同时使照明停电,在此情况下应先采用心肺复苏法,其他人员应立即解决事故照明问题,可采用应急灯等临时照明。新的照明要符合使用场所防火、防爆的要求。

知识拓展

交流电流通过人体时的生理效应有哪些?

交流电15～100Hz触电时的生理效应如下:①有感知的可能性,没有被吓一跳的反应;②可能有感知和不自主地肌肉收缩,没有有害的电生理学效应;③可能强烈地、不自主地肌肉收缩,呼吸困难,可能发生可逆性的心脏功能障碍,没有器官破坏;④可能发生心搏骤停、呼吸停止以及烧伤或其他细胞破坏,引起心室纤维性颤动。

思考与练习

1. 常见的触电形式有哪些?
2. 触电急救的方法有哪些?

模块二 电气火灾的扑救及预防

电气火灾是一种常见的火灾类型，具有较大的危害。随着科技的不断发展，电气设备在日常生活中扮演着越来越重要的角色，这也使得电气火灾的预防和扑救成为我们必须关注的问题。电气火灾往往是由不恰当地使用电气设备（如电线）老化、电路短路等原因引起的，不仅会对人民的生命和财产安全造成严重威胁，还会对环境造成污染。因此，我们要加强电气火灾的扑救及预防工作，增强消防安全意识。

一、发生电气火灾的原因

电气火灾的发生往往是多种因素的交织作用，主要原因有以下几个方面：

（1）电气设备故障。电气设备在长时间使用或者超负荷运行的情况下，可能出现故障。例如，电线老化、绝缘层破损、插座损坏等，这些都可能引发电气火灾。

（2）线路短路。线路短路是电气火灾的常见原因之一。线路短路可能是由电线老化、破损或者施工不规范等原因导致的。当电流突然增大时，可能引发电气火灾。

（3）过载使用。过载使用电气设备会导致电线和设备的温度升高，长时间过载使用可能引起电线老化、短路甚至火灾。

（4）漏电。漏电是指电流通过非预期的路径流动，可能导致电气设备外壳带电，造成触电危险；同时，漏电可能引发火灾。

（5）不当使用和操作。不当使用电气设备，如使用非标准的电源插座、私拉或乱接电线等，都可能增加电气火灾的风险。

（6）缺乏维护和检修。电气设备需要定期进行维护和检修，以确保其正常运行。如果长时间不进行维护和检修，电气设备可能存在隐患，增加火灾发生的风险。

（7）电气设计和安装问题。在电气设计和安装过程中，设计不合理、选材不当或安装不规范等问题都可能导致电气火灾的发生。

（8）外部因素。外部因素（如雷击、静电等）也可能引发电气火灾。

了解电气火灾发生的原因对于我们预防和减少电气火灾的发生具有重要意义。在日常生活和工作中，我们应该加强电气安全管理，定期对电气设备进行检查和维护，避免电气设备长时间超负荷运行，确保电气设备的安全运行。

二、电气火灾的防范措施

电气火灾的防范措施是确保人员和财产安全至关重要的一环，主要防范措施如下：

（1）定期检查和维护电气设备。定期对电气设备进行检查和维护，确保电线、插座、开关等设备没有破损、老化、过热的现象；及时更换损坏的电气设备，避免使用劣质或不符合安全标准的设备。

（2）合理设计电气系统。在进行电气设计时，应遵循相关规范和标准，确保电气系统的合理布局和容量；避免过度负载，确保电线和设备的承载能力得到充分发挥。

（3）安装合适的火灾报警系统。在建筑物中安装火灾报警系统，包括烟雾探测器、温度传感器和火焰探测器等，同时确保对火灾报警系统定期进行检查和维护，确保其正常运行。

（4）使用合格的电气设备和配件。使用符合国家安全标准的电气设备和配件，避免使用劣质或未经认证的产品；不私拉、乱接电线，确保所有的电气设备和线路都经过专业设计和安装。

（5）遵守用电安全规范。合理使用电气设备，避免电气设备长时间超负荷运行；不在电路上接入过多电气设备，确保电气设备与电源匹配；在使用电气设备时，注意保持设备的清洁和干燥。

（6）加强消防安全宣传教育。增强人员的消防安全意识，加强消防安全宣传教育；定期进行消防安全培训，确保人员了解电气火灾的危害和防范措施。

(7)安装电气隔离装置。在关键部位安装电气隔离装置,如漏电保护器、短路保护器等,以防止电气火灾的发生。

(8)定期进行电气安全检查。定期进行电气安全检查,特别是对于公共场所和大型建筑物,也可以聘请专业的电气安全检查机构进行定期检查,确保电气系统的安全性。

预防是电气火灾防范的关键,及时发现和处理潜在问题,可以避免电气火灾的发生。采取上述措施,可以有效降低电气火灾的风险,保护人员和财产的安全。

三、电气火灾的现场处理

在电气火灾现场,迅速而有效地处理电气火灾是至关重要的,可以减少人员伤亡和财产损失。以下是对电气火灾现场进行处理的一般步骤:

(1)报警和启动应急预案。一旦发现电气火灾,立即按下火警按钮或拨打火警电话,通知消防部门,并启动应急预案。同时,通知所有人员紧急疏散。

(2)切断电源。在安全的情况下,尽快切断火灾现场的电源,以阻止火势进一步蔓延。这可以通过关闭主电源开关来实现。**注意:只有在确保自己安全的情况下才可以切断电源,避免触电风险。**

(3)使用灭火器材灭火。如果火势较小且安全,可以使用手提式灭火器或其他灭火器材进行初步灭火。因此,请选择适合电气火灾的灭火器,并按照操作说明进行操作。

(4)救援受伤人员。迅速寻找受伤人员,并为他们提供急救。若有需要,拨打急救电话。将受伤人员移至安全区域,并确保他们得到适当的医疗救助。

(5)安全撤离。确保所有人员已经撤离火灾现场,并避免返回火场。监督撤离过程,确保没有人员被困。

(6)配合消防部门。消防部门到达现场后,向他们提供有关火灾的情况和已采取的措施的信息。遵循消防部门的指示,并协助他们进行火灾扑救和调查。

(7)保护现场。在火灾现场,保护现场证据,以便消防部门调查火灾原因;不要触碰或移动任何可能的证据。

(8)火灾后的处理。火灾扑灭后,对火灾现场进行安全检查,以确保没有余火。清理火灾现场,修复受损的电气设备,并采取措施防止再次发生火灾。

在处理电气火灾现场时,安全是最重要的。请记住,如果火势较大或无法控制,尽快撤离现场,并等待消防人员的到来。遵循上述步骤，可以有效地处理电气火灾，减少损失，减轻伤害。

什么是火灾?

火灾是指在一定空间内，可燃物质与氧气(通常是空气中的氧气)发生放热反应，产生火焰、热量和烟雾的失控燃烧现象。火灾不仅会对人员造成伤亡，还会对财产和自然环境造成破坏。

根据燃烧物质的性质和燃烧特点，火灾可以分为多种类型，如固体物质火灾、液体物质火灾、气体物质火灾、电气火灾等。不同类型的火灾需要采取不同的扑救方法。例如，电气火灾需要先切断电源，而液体物质火灾则不宜使用水进行扑救，以免火势蔓延。

火灾的发生通常需要三个条件同时存在，即可燃物、氧化剂(通常是空气中的氧气)和足够高的温度。这三个条件被称为火灾三要素。防止火灾的关键在于控制火灾三个要素。例如，通过合理存放易燃物质、保持良好的电气设备维护和安装适当的消防设施等防护措施来降低火灾风险。

电气火灾

1. 引发电气火灾的原因有哪些?
2. 电气火灾的防范措施有哪些?

模块三

电工实验注意事项

电工实验是电工基础课程中必修的实践部分，通过实验可以更好地理解电工原理和掌握实际操作技能。由于电工实验涉及高电压、大电流等危险因素，我们必须学习电工实验的注意事项，树立安全意识，保障生命和财产安全。

一、实验前的准备

(1)了解实验目的和实验内容，明确实验步骤和要求。

(2)熟悉实验所使用的仪器设备和工具，了解其性能、操作方法和注意事项。

(3)检查实验所需的仪器设备是否完好，如有损坏或缺失，应及时更换或补充。

(4)穿戴好个人防护装备，如绝缘手套、防护眼镜等。

(5)确保实验场所的环境安全，避免潮湿、易燃物品等危险因素。

二、实验过程中的注意事项

(1)在进行实验前，必须关闭电源开关，确保电路处于断电状态。

(2)在实验过程中，不得随意触摸电源线路和电气设备，避免发生触电事故。

(3)在操作仪器设备时，应按照操作规程进行，不得擅自改变实验步骤和操作方法。

(4)在进行高压实验时，应确保安全距离，避免电弧和电磁辐射对人体的伤害。

(5)在实验过程中，如发现异常情况，应立即停止实验，并寻求教师或专业人员的帮助。

(6)在实验过程中，不得将实验用电器与生活用电器混用，避免安全事故的发生。

三、实验结束后的注意事项

(1)实验结束后，应及时关闭电源开关，确保电路处于断电状态。

(2)将实验所使用的仪器设备、工具和材料整理归位，保持实验场所的整洁和有序。

(3)对实验结果进行记录和分析，总结实验过程中的经验和教训。

(4)如实验过程中出现任何意外或安全事故，应及时报告教师或相关人员，并采取相应的应急措施。

(5)定期检查实验设备和工具的完好情况，及时进行维修和更换，确保实验的顺利进行。

四、电工实验注意事项案例

(1)在操作电源变压器时，应确保输入输出电压的匹配，避免电压过高或过低导致的设备损坏或安全事故。

(2)在测量电流时，应使用合适的电流表量程，避免电流过大导致电流表损坏或触电事故。

(3)在进行电阻器实验时，应注意电阻器的额定功率和电压，避免过载和短路现象。

(4)在进行电容器实验时，应先放电再进行操作，避免电容器残留电荷导致的触电事故。

(5)在操作绝缘电阻表时，应确保测试电压的稳定和正确，避免测试结果不准确或对设备造成损害。

(6)在处理电气故障时，应先关闭电源开关，使用绝缘工具进行操作，避免触电和短路事故的发生。

1. 在进行电工实验时，为什么必须树立安全意识?

2. 请列举至少三种在电工实验过程中可能发生的危险情况，并给出相应的预防措施。

本单元习题

一、判断题

1. 触电事故通常由环境变化、设备损坏、操作不当等因素引起,因此触电急救是一项紧急而重要的任务。 (　　)

2. 绝缘安全用具只能用于带电操作、测量和其他需要直接接触电气设备的特定工作。 (　　)

3. 当发现有人触电时,首先应切断电源,然后直接用手将触电者拉离电源。 (　　)

4. 心肺复苏法在触电急救中不是必需的,只有在触电者呼吸停止时才需要使用。 (　　)

5. 电气火灾的防范措施包括定期检查和维护电气设备、合理设计电气系统、安装合适的火灾报警系统等。 (　　)

二、填空题

1. 触电的原因主要包括直接触电、________、漏电保护器失效、设备或电线老化以及不规范操作等。

2. 触电的类型包括单相触电、________、间歇性触电、漏电触电、电弧触电、短路触电、地电击、高压触电、低压触电和静电触电。

3. 直接触电防护措施包括设置________、悬挂安全标志、穿戴绝缘防护用具等。

4. 间接触电防护措施包括将正常不带电的外露可导电部分________,并装设接地保护装置等。

5. 电气火灾的现场处理步骤包括报警和启动应急预案、________、使用灭火器材灭火、救援受伤人员、安全撤离、配合消防部门、保护现场以及火灾后的处理等。

单元二 电路的基本概念

学习目标

【知识目标】

1. 了解电路的基本组成；
2. 理解电路中电流、电压、电位、电动势等常用物理量的概念，并能进行简单计算；
3. 了解电阻、电容、电感的特性与结构，掌握其串、并联特性。

【技能目标】

1. 能根据电路原理图搭建简单电路；
2. 能规范测量电路中的电压、电流、电功率等物理量；
3. 能识读简单电路图并进行简单计算。

【素养目标】

1. 具有简单分析和解决问题的能力；
2. 具有环保意识、安全意识，以及高度的责任心，爱岗敬业；
3. 具有规范操作的工匠精神；
4. 培养团队合作能力。

模块一

电路和电路模型

在一个高速发展的信息时代，电已经越来越多地应用于人们生产、生活的各个领域。五花八门的家用电器给人们的生活带来了舒适和便利。

1度电可以干什么？

1度电是指在电压为220V，电流为1安培(A)的情况下，电气设备工作1h所消耗的电能量。具体而言，1度电的能量相当于3600焦耳(J)。在家庭中，1度电可以让一盏25W的电灯亮40h，可以让一台1匹普通空调运行1.5h。

一、典型电路应用实例

1. 电力系统供电电路

如图2-1所示，在电力系统供电电路中，发电厂的发电机发出的电能通过变压器、输电线等输送到用电单位，并通过负载将电能转换成其他形式的能量(如热能、机械能、光能等)。

绿水青山就是金山银山，各行各业都要践行绿色发展理念。我国供电系统采用多种节能环保发电方式，旨在发展绿色经济、低碳经济。作为新时代的大学生，践行绿色发展理念、增强环保意识是责无旁贷的。

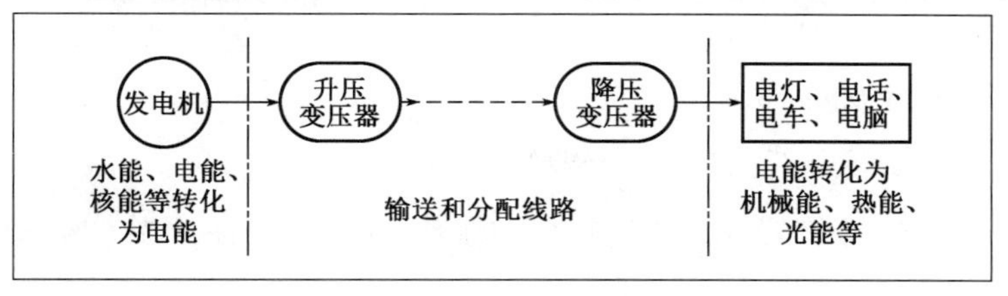

图2-1 电力系统供电电路

2. 扩音机电路

在扩音机电路(图2-2)中,话筒将声音信号转换成相应的电压和电流(电信号),然后由放大器进行信号的转换和放大,最后传递到扬声器,扬声器再将电信号还原成声音信号。

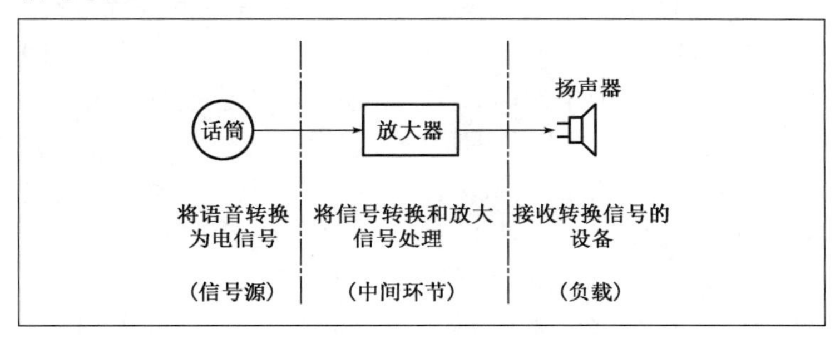

图2-2 扩音机电路

通过以上电路实例,我们对电路有了一个比较清晰的认识。电路的主要作用包括两个方面:一是实现电能的传输、分配和转换,二是实现信号的传递和处理。

二、电路的组成

电路是为满足人们的某种需求,由电源、导线、开关及负载等电气设备或元器件组合起来,能使电流流通的整体。简单地说,电路就是电流的通路。例如,在日常生活中,把一个灯泡通过开关、导线和干电池连接起来,就组成了一个简单的照明电路。图2-3所示为手电筒电路,在这个电路中,把开关合上,电路中就有电流通过,灯泡就会点亮,把开关断开,灯泡就会熄灭。

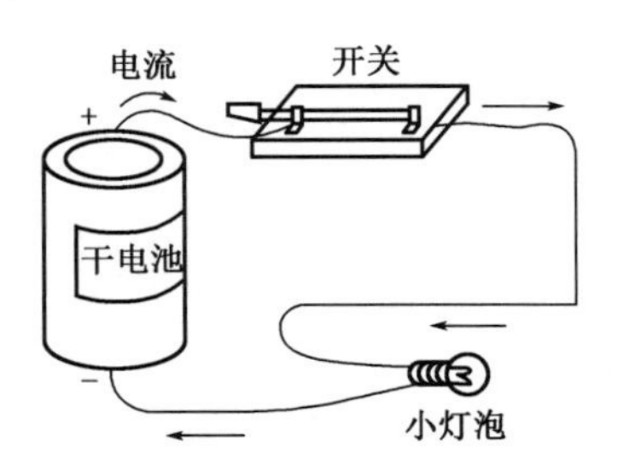

图2-3 手电筒电路

电路一般由电源、负载、控制装置和导线组成。

1. 电源

电源是供给电能的设备,作用是将其他形式的能量转换成电能。例如,蓄电池把化学能转换成电能,发电机把机械能转换成电能,光电池把光能转换成电能,等等。

电路的组成

2. 负载

负载是使用电能的设备,作用是将电能转换为其他形式的能量。例如,电灯泡把电能转换成光能,电动机把电能转换成机械能,等等。

3. 控制装置

控制装置用于控制电路的通、断,如各种开关、熔断器等。

4. 导线

导线是用来连接电路的各组成部分,用于传输电能,提供电流通路。

三、电路模型

图2-3所示为用电气设备的实物图形表示的实际电路。它虽然很直观,但是画起来很复杂,不便于分析和研究。因此,在分析和研究电路时,总是把这些实际设备抽象成一些理想化的模型,用规定的图形符号表示。这种用统一规定的图形符号画出的电路模型图称为电路图。图2-4为手电筒电路对应的电路图。

S
E
HL

图2-4　手电筒电路图

电路图中常用的部分图形符号见表2-1。

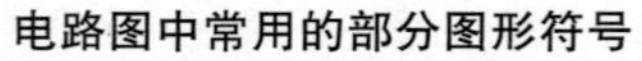

电路图中常用的部分图形符号　　表2-1

名称	图形符号	文字符号	名称	图形符号	文字符号	名称	图形符号	文字符号
电池		E	电阻器		R	电容器		C
电压源		U_S或E	可调电阻器		R	可调电容器		C
电流源		I_S	带滑动触点的电阻器		R_P	空心线圈		L
发电机		G	开关		S	铁芯线圈		L
电流表		PA	灯			接地接机壳		GND
电压表		PV	熔断器		FU	导线交叉 导线跨越		

注:若为变量,文字符号则为斜体。

四、电路的工作状态

在手电筒电路中,当开关闭合时,灯泡点亮;当开关断开时,灯泡熄灭;当正极和负极线路不经过电器而直接在一起时,就会发生事故。以上三种情况就是电路的三种工作状态,即通路、开路和短路。

(1)通路是有完整电流流通路径的电路,此时电路开关是合上的,形成闭合回路,电路中有电流流过。当开关闭合

手电筒

时，电路就是通路状态。

(2)开路也称为断路，是电路没有电流流过的状态，此时电路是断开的，电源与负载没有接通。当开关断开时，电路就是断路状态。

(3)短路是指电源未经负载而直接由导体构成通路时的工作状态，如图2-5所示。短路时，电路中流过的电流远大于正常工作时的电流，可能烧坏电源和其他设备。所以，应严防电路发生短路。

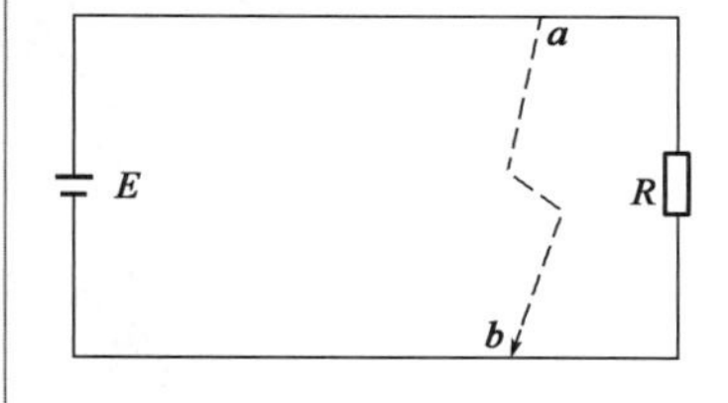

图2-5　短路

知识拓展

试电笔的构造和使用

试电笔由工作探头、降压电阻、氖管、弹簧和笔身等组成。使用时，拇指与中指、无名指、小拇指握住笔身，食指与电笔尾端金属部分接触。(注意：使用电笔时不能戴手套)验电时，试电笔的工作探头与带电体接触，电流经带电体、电笔、人体到大地形成通电回路，若试电笔中的氖管发光，说明有电；若试电笔中的氖管不发光，说明无电。

电路的工作状态

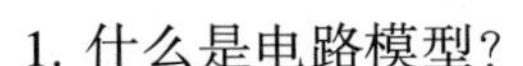

1. 什么是电路模型？
2. 电路由哪几个部分组成？各部分的作用是什么？
3. 电路有哪几种工作状态？

模块二

电路的基本物理量

上个模块我们了解了电路的组成及工作状态，知道正常情况下，闭合电路开关，灯泡就会亮起来。但是这只是电路工作的表象，我们除了学习电路表象还要深挖电路的本质。电路中灯泡会亮的本质是什么呢？是电路的电流。那么，电流又是如何产生的呢？

一、电流

前面提到电灯的亮和灭取决于电路中是否有电流。如图2-6所示，其实电流的本质就是带电粒子进行有规则的定向运动形成的粒子流。

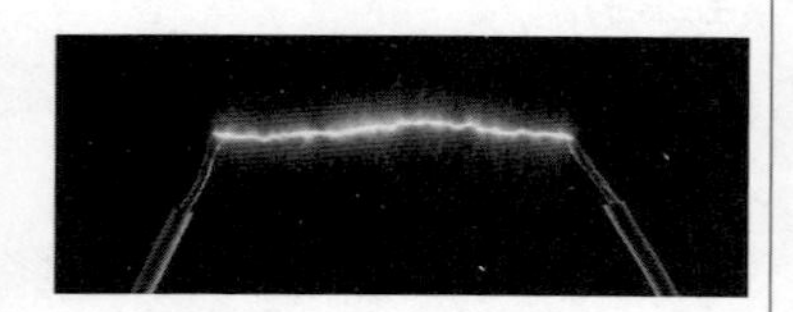

图2-6　粒子流

1. 电流强度

表征电流强弱的物理量就是电流强度，简称电流，用i表示，代表单位时间内通过导体横截面的电荷，即$i=\frac{\Delta Q}{\Delta t}$，用微分的形式表示为

$$i=\frac{\mathrm{d}Q}{\mathrm{d}t} \tag{2-1}$$

式中：$\mathrm{d}Q$——$\mathrm{d}t$时间内通过导体横截面的电荷。

认识电流

在直流电路中，单位时间内通过导体横截面的电荷恒定不变，有

$$I=\frac{Q}{t} \tag{2-2}$$

式中：I——电流，A；

t——时间，s；

Q——被移动的电荷，C。

2. 电流的单位

电流的单位是安培(A)，也可用千安(kA)、毫安(mA)、微安(μA)等表示。

3. 电流的方向

在电路中将正电荷移动的方向规定为电流的实际方向。但在分析复杂电路中某一段电路电流的实际方向时很难确定实际方向，为此，在分析电流方向时需引入参考方向这一概念。

电流的参考方向是任意选定的，当选定的电流参考方向与实际方向一致时，电流为正值($I > 0$)，如图2-7所示；当选定的电流参考方向与实际方向不一致时，电流为负值($I < 0$)，如图2-8所示。

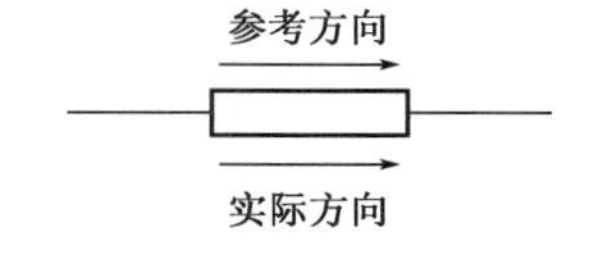

图2-7 电流参考方向($I > 0$)

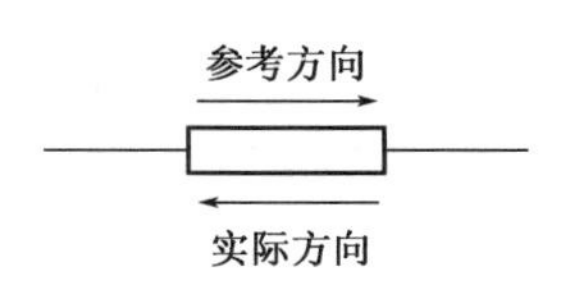

图2-8 电流参考方向($I < 0$)

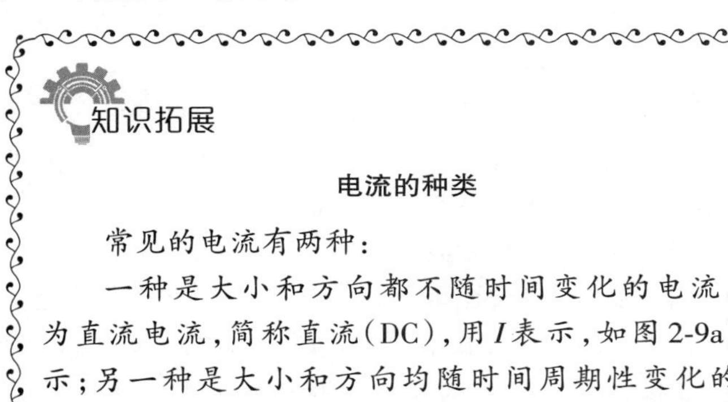

电流的种类

常见的电流有两种：

一种是大小和方向都不随时间变化的电流，称为直流电流，简称直流(DC)，用I表示，如图2-9a)所示；另一种是大小和方向均随时间周期性变化的电流，称为周期电流，如图2-9b)所示。当周期电流在一个周期内的平均值为零时，这样的电流称为交变电流，简称交流(AC)，用i表示。

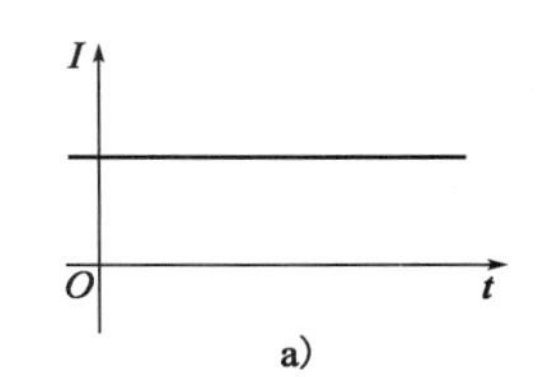

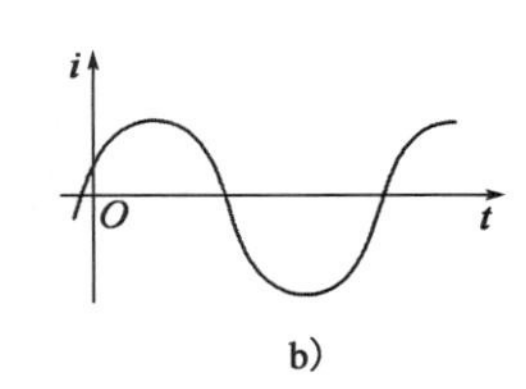

图2-9 电流种类

【例2-1】 如图2-10所示，试说明电流的实际方向。

解：(1)图2-10a)中，$I_1 = 6A > 0$为正值，说明电流的实际方向和参考方向相同，即从a流到b。

(2)图2-10b)中，$I_2 = -5A < 0$为负值，说明电流实际方向和参考方向相反，即从d流到c。

(3)图2-10c)中，未设定电流的参考方向，给出的$I_3 = 2A > 0$无物理意义，无法判断电流的实际方向。

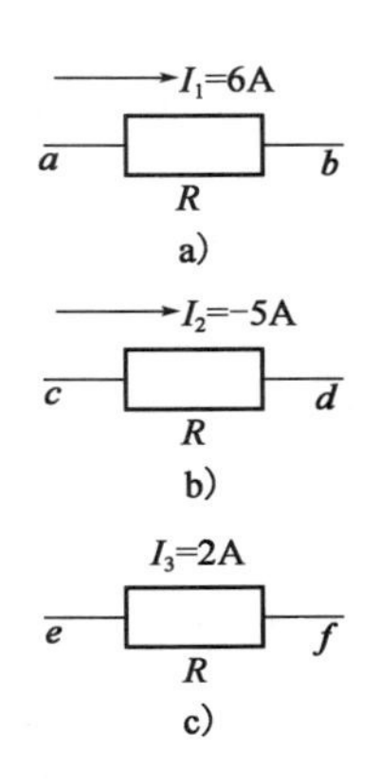

图2-10 例2-1图

二、电位

电在电源力的作用下，相对于某一基准的电位能是电位，即在电路中任选一点作为参考点(零参考点)，某点a到参考点的电位能就叫作a点的电位，用V表示。电位的单位是伏(V)。

认识电压

图2-11　电压的参考方向

知识拓展

电压与电位的关系

在同一个参考点体系中，不同电位的两点之间存在电势能差，在这种电势能差的作用下产生了力的作用并带动正电荷移动做功，这也是电路中电流产生的原因。因此，电压从本质上讲也可以称为电位差，即 $U_{ab}=V_a-V_b$。当 a 点电位高于 b 点电位时，$U_{ab}>0$；当 a 点电位低于 b 点电位时，$U_{ab}<0$。

电压与电位的本质是相同的，但存在一定的区别。电位是相对的，其大小与参考点的选择有关；电压是不变的，其大小与参考点的选择无关。

三、电压

电场力将单位正电荷从电路中某点移至另一点所做功的大小，用 u 表示。

$$u=\frac{dW}{dQ} \tag{2-3}$$

式中：dW——电荷移动过程中获得或失去的能量，J；

dQ——由 a 点移到 b 点的电荷，C。

在直流电路中，单位时间内电场力将单位正电荷从电路中某点移至另一点所做的功恒定不变，则有

$$U=\frac{W}{Q} \tag{2-4}$$

电压的单位是伏(V)，也可用千伏(kV)、毫伏(mV)、微伏(μV)等表示。

一般规定电压的方向如下：若正电荷从 a 点移到 b 点，其电势能减少，电场力做正功，电压的实际方向就从 a 点指向 b 点。电压的方向也可以用电位来判定，因为电压的方向永远都是从高电位点指向低电位点。

电压的参考方向同样可以任意选定。当选定的电压参考方向与实际方向一致时，电压为正值($U>0$)如图2-11a)所示；当选定的电压参考方向与实际方向不一致时，电压为负值($U<0$)，如图2-11b)所示。

四、电动势

衡量电源的电源力大小及其方向的物理量叫作电源的电动势。电动势通常用符号 E 或 e 表示，单位与电压相同，为伏(V)。

电动势对电源而言，是指外力将单位正电荷从电源的负极移动到电源正极所做的功，即

$$E=\frac{W}{Q} \tag{2-5}$$

式中：E——电源电动势，V；

W——电源力移动正电荷所做的功，J；

Q——被移动电荷的电荷，C。

电动势的方向规定为电源内部正电荷运动的方向，即由负极指向正极的方向。电动势只存在于电源内部，其数值反映了电源力做功的本领。电动势也是电路中电流能无限循环的根本原因。

【例 2-2】 如图 2-12 所示,求各点电位。

解:(1)在图 2-12a)中,b 点为参考点,则 b 点的电位 $V_b = 0V, V_a = U_{ab} + V_b = 5V$。

(2)在图 2-12b)中,a 点为参考点,则 a 点的电位 $V_a = 0V, V_b = V_a - U_{ab} = -5V$。

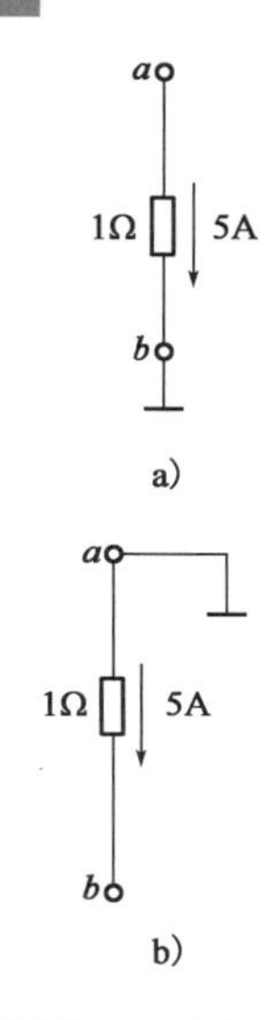

图 2-12 例 2-2 图

五、电能

电在某一时间段内做功的总量叫作电能。电能的大小和电路做功的快慢有关。电能是能量的一种形式,日常生活中使用的电能是由其他各种形式的能量(如热能、风能、水能、核能、太阳能、化学能等)转化而来的。

电能的单位是焦耳(J),另一种是千瓦时(kW·h),俗称度。千瓦时(kW·h)较焦耳(J)更实用。

例如,1 个 100W 的灯泡照明 10h,使用了 1kW·h 的电能。它们之间的关系为 1kW·h=1 度=3. 6×10^6J。

认识电能

电能与环境

六、电功率

电功率是用来表示电做功快慢的物理量,即单位时间内电气元件吸收或发出的电能,用 P 表示,即

$$P = \frac{dW}{dt} \tag{2-6}$$

式中:dW——dt 时间内元件转换的电能,W。

在直流电路中,电功率为

$$P = \frac{W}{t} \tag{2-7}$$

在知道电压值和电流值的前提下,功率还可以表示为

$$P = UI \tag{2-8}$$

功率的单位是瓦特(W)。小功率有毫瓦(mW)、微瓦(μW),大功率有千瓦(kW)、兆瓦(MW)。

认识电功率

知识拓展

电路吸收或发出功率的判断

当电压和电流方向与参考方向相同时,取 $P = UI$,如图 2-13a)所示;

当电压和电流方向与参考方向相反时,取 $P = -UI$,如图 2-13b)所示。

若计算结果 $P > 0$,说明元件吸收电能,是耗能元件;若计算结果 $P < 0$,则元件发出电能,为供能元件。

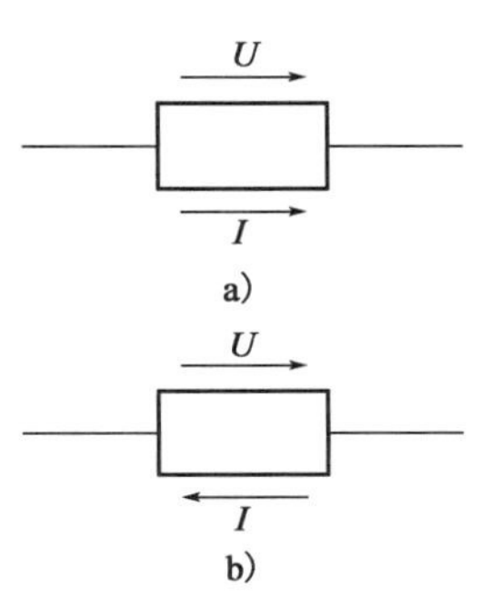

图 2-13 电压与电流的参考方向

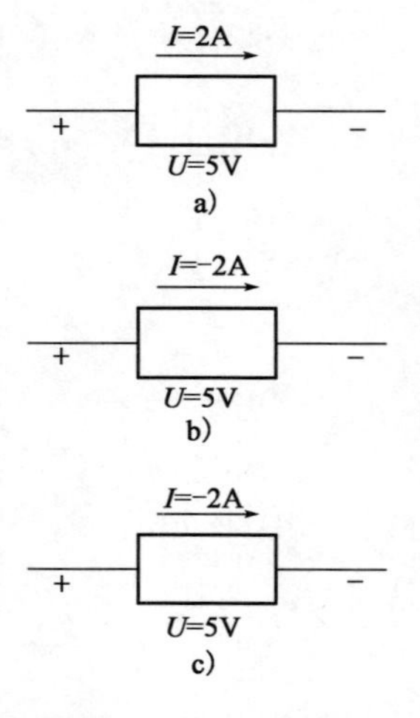

图 2-14 例 2-3 图

【例 2-3】 求图 2-14 所示各元件的功率，并判断元件是耗能元件还是供能元件。

解：通过本例，学习确定电路元件性质的方法。

(1)在图 2-14a)中，元件上电压和电流的参考方向为关联参考方向，因此

$$P = UI = 5\text{V} \times 2\text{A} = 10(\text{W}) > 0$$

该元件吸收 10W 功率，为耗能元件。

(2)在图 2-14b)中，元件上电压和电流的参考方向为关联参考方向，因此

$$P = UI = 5\text{V} \times (-2\text{A}) = -10(\text{W}) < 0$$

该元件产生 10W 功率，为供能元件。

(3)图 2-14c)中，电压和电流的参考方向为非关联参考方向，因此

$$P = -UI = -5\text{V} \times (-2)\text{A} = 10(\text{W}) > 0$$

该元件吸收 10W 功率，为耗能元件。

新能源电动汽车在充电时，动力蓄电池吸收功率还是释放功率？

模块三

常用电路元件的识别与测试

认识电阻元件

一、认识电阻元件

1. 电阻的种类与规格

(1)电阻的种类。

电阻器是指利用金属材料对电流具有阻碍作用的特性制成的元器件,通常简称电阻,它在电路中主要起控制电流大小、分配与调节电压的作用。常见电阻的外形如图2-15所示。

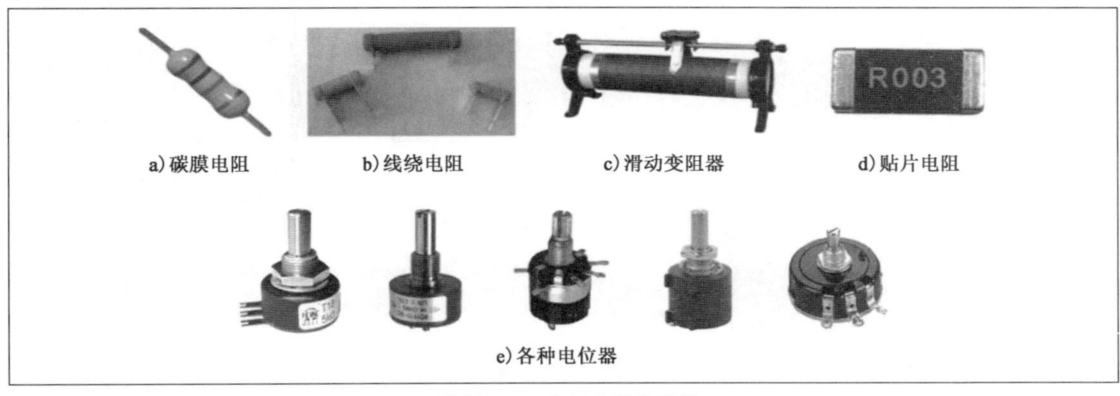

a)碳膜电阻 b)线绕电阻 c)滑动变阻器 d)贴片电阻

e)各种电位器

图2-15 常见电阻的外形

(2)电阻的标注。

通过电阻的外形、颜色和特定的文字标注,可以很快地知道电阻的阻值大小。常见的标注方法有直标法、文字符号法、数码法和色标法。标注的内容包括标称阻值和偏差。

在介绍这四种标注方法之前,我们首先应了解电阻的单位及其数量级。电阻用字母R表示，单位是欧姆（Ω），简称欧，常用的单位还有千欧（kΩ）、兆欧（MΩ）等，它们之间的换算关系为

$$1\text{M}\Omega = 10^3\text{k}\Omega = 10^6\Omega$$

①直标法。

直标法是指将电阻的阻值和允许偏差用阿拉伯数字与文字符号直接标记在电阻体上。其实例如图2-16所示。注意：允许偏差用百分数表示，实际阻值与标称阻值之间允许的最大偏差范围有20%（M）、10%（K）、5%（J）、2%（G）、1%（F）、0.5%（D）几个等级。若未标注偏差值，则为±20%的允许偏差。

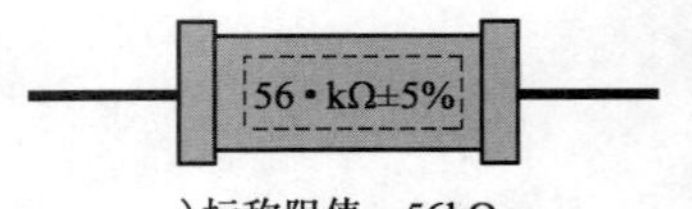

a）标称阻值：56kΩ（允许误差：±5%）

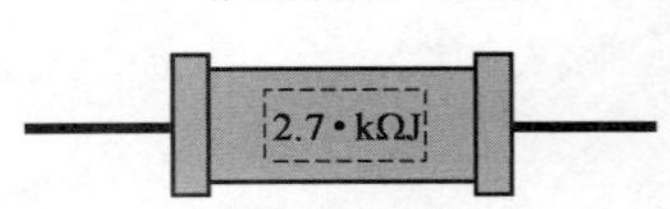

b）标称阻值：2.7kΩ（允许误差：±20%）

图2-16　直标法实例

②文字符号法。

文字符号法是指将电阻的标称阻值用文字符号表示。单位符号前面的数字表示标称阻值的整数部分，单位符号后面的数字表示标称阻值的小数部分。其实例如图2-17所示。

a）标称阻值：1.8kΩ（允许误差：±5%）

b）标称阻值：2.7kΩ（允许误差：±10%）

图2-17　文字符号法实例

③数码法。

数码法是指用三位阿拉伯数字来表示电阻的标称阻值，其中前面两位数字表示阻值的有效数，第三位数字表示有效数后面零的个数。数码法常用于电位器和贴片电阻器的标注。其实例如图2-18所示。

a）标称阻值：1kΩ

b）标称阻值：47kΩ

图2-18　数码法实例

④色标法。

色标法是指用不同颜色的色环来表示电阻的标称阻值和允许误差。普通电阻用4个色环标注，精密电阻器用5个色环标注。具体标志方法如图2-19所示。

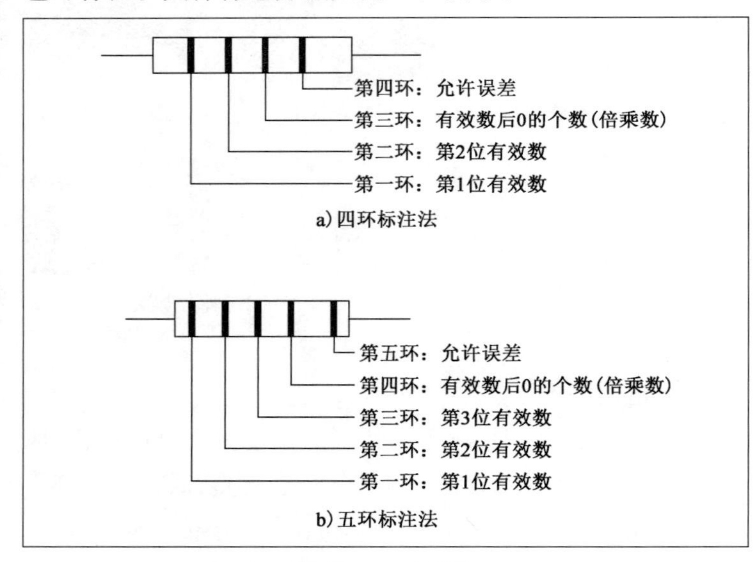

图2-19　色标法

色标法色环含义见表2-2、表2-3。

四环标注色环含义　表2-2

颜色	第1位有效数	第2位有效数	倍乘数	允许误差
黑	0	0	$\times10^0$	
棕	1	1	$\times10^1$	
红	2	2	$\times10^2$	
橙	3	3	$\times10^3$	
黄	4	4	$\times10^4$	
绿	5	5	$\times10^5$	
蓝	6	6	$\times10^6$	
紫	7	7	$\times10^7$	
灰	8	8	$\times10^8$	
白	9	9	$\times10^9$	
金			$\times10^{-1}$	±5%
银			$\times10^{-2}$	±10%
无色				±20%

五环标注色环含义　表2-3

颜色	第1位有效数	第2位有效数	第3位有效数	倍乘数	允许误差
黑	0	0	0	$\times10^0$	
棕	1	1	1	$\times10^1$	±1%
红	2	2	2	$\times10^2$	±2%
橙	3	3	3	$\times10^3$	
黄	4	4	4	$\times10^4$	
绿	5	5	5	$\times10^5$	±0.5%
蓝	6	6	6	$\times10^6$	±0.25%
紫	7	7	7	$\times10^7$	±0.1%
灰	8	8	8	$\times10^8$	
白	9	9	9	$\times10^9$	
金				$\times10^{-1}$	
银				$\times10^{-2}$	

2. 电阻的作用

电阻的主要功能是把电能转换为其他形式的能，如光能、热能。例如，很多电器是通过电阻产生热量实现加热的。用途广泛的电阻丝是采用镍和铬制作的高电阻合金，也就是镍铬合金。这种电阻在干燥器、烤面包机和其他一些加热器具中作为加热元件，如图2-20所示的电炉。汽车后窗加热系统也是将电阻栅格附在玻璃窗内壁形成加热元件的。电流流经栅格产生热量，这些热量用来清除车窗上的雾气和冰雪，如图2-21a)所示。另外，还有许多电器(如电灯泡等)发光也是通过电阻实现的，如图2-21b)所示。

图2-20　电炉

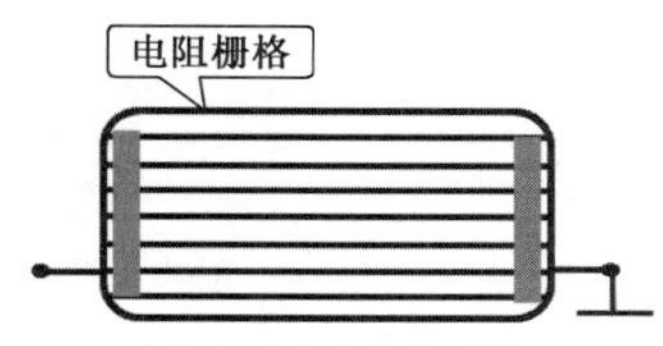

a)汽车后车窗加热系统

b)电灯泡

图2-21　电阻器加热元件

3. 电阻的特性

电阻元件是反映材料或元器件对电流呈现阻力、消耗电能的一种理想元件。电阻元件的特性和数量关系是通过欧姆定律确定的。

(1)欧姆定律。

欧姆定律描述如下：电路中的电流I与电压U成正比，与电阻R成反比，表达式为

$$U = IR \tag{2-9}$$

欧姆定律还可应用于完整的电路，称为全电路欧姆定律或闭合电路欧姆定律。图2-22所示为简单的闭合电路，r_0为电源内阻，R为负载电阻。

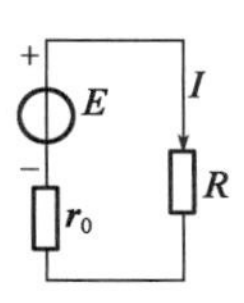

图2-22　简单的闭合电路

若略去导线电阻不计，此段电路用欧姆定律表示为

$$I = \frac{E}{R + r_0} \tag{2-10}$$

式(2-10)的意义是：电路中流过的电流的大小与电动势成正比，与电路的全部电阻成反比。一般认为，电源的电动

势和内阻不变，因此，改变外电路电阻，就可以改变回路中电流的大小。

【例 2-4】 两电阻元件分别为 25Ω 和 50Ω，电源电压为 10V。试分析计算以下问题：

(1)并联使用时，应选择多大功率的电阻？

(2)串联使用时，应选择多大功率的电阻？

解： 通过本例，熟悉电阻元件的应用要求。

(1)在 10V 电路中并联使用时：

25Ω 电阻消耗的功率：　$P_1 = 10^2 \div 25 = 4(\mathrm{W})$

50Ω 电阻消耗的功率：　$P_2 = 10^2 \div 50 = 2(\mathrm{W})$

选择时，25Ω 电阻的标称功率应大于 4W，50Ω 电阻的标称功率应大于 2W，否则在使用中会由于发热损坏电阻元件。

(2)在 10V 电路中串联使用时：

两个电阻串联后，电路的电流：$I = 10 \div 75 = 0.133(\mathrm{A})$

25Ω 电阻消耗的功率：　$P_1 = I^2 \times 25 = 0.44(\mathrm{W})$

50Ω 电阻消耗的功率：　$P_2 = I^2 \times 50 = 0.89(\mathrm{W})$

选择时，25Ω 电阻的功率应大于 0.5W，50Ω 电阻的功率应大于 1W。

本例说明，选择电阻元件不只是选择阻值，还要考虑元件发热的影响。

(2)温度、电阻与伏安特性。

物质的电阻不仅与材料的种类有关，还与温度有关。一般情况下，金属类的导体随温度的升高，其电阻相应增加；半导体和电解液等物质的电阻随着温度的升高而降低。

在温度一定的条件下，把加在电阻两端的电压与通过电阻的电流之间的关系称为伏安特性。在实际生活中，常用纵坐标表示电流 I，横坐标表示电压 U，这样画出的 I-U 曲线叫作导体的伏安特性曲线。

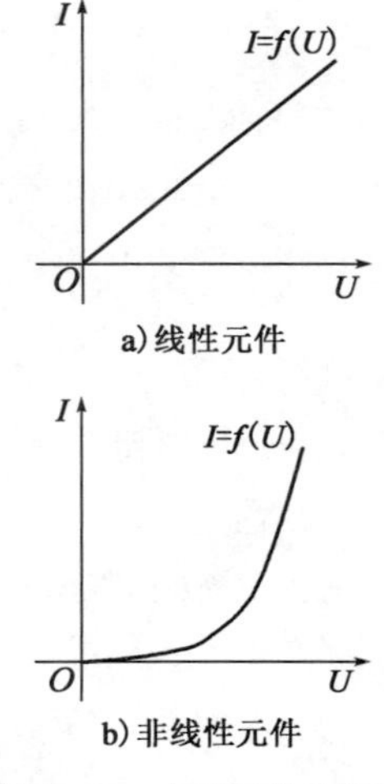

图 2-23　电阻元件伏安特性曲线

对于某一个金属导体，在温度没有显著变化时，电阻是不变的，它的伏安特性曲线是通过坐标原点的直线。具有这种伏安特性的电学元件叫作线性元件，其伏安特性曲线如图 2-23a)所示。

欧姆定律是一个实验定律，实验中用的都是金属导体。这个结论对其他导体是否适用，需要实验的检验。实验表明，除金属外，欧姆定律对电解质溶液也适用，但对气态导体(如荧光灯管、霓虹灯管中的气体)和半导体元件并不适用。也就是说，在这些情况下，电流与电压不成正比，这类电学元件叫作非线性元件。其伏安特性曲线如图 2-23b)所示。

温度是决定元件是否为线性元件的一个重要因素。一般情况下，若元件特性受温度影响较小，并且精度要求不高，可以做线性考虑。注意：后文中，若未加特殊说明，电阻元件均指线性电阻元件。

“地球一小时”是世界自然基金会应对全球气候变化所提出的一项全球性节能活动，提倡于每年三月的最后一个星期六当地时间20:30，家庭及商界用户关上不必要的电灯及耗电产品一小时，以此来表明他们对应对气候变化行动的支持。过量二氧化碳排放导致的气候变化目前已经极大地威胁到地球上人类的生存。公众只有通过改变全球民众对于二氧化碳排放的态度，才能减轻这一威胁对世界造成的影响。

二、认识电容元件

认识电容元件

电容是指在给定电位差下，电容器存储电荷能力的物理量。电容器就是基于此目的设计的电子元件。本小节主要讨论各种不同类型的电容及其特性、作用和电容在电路中的应用。

1. 电容的种类

电容器又称电容元件，简称电容。电容种类繁多。按电容量是否可调，电容可分为固定电容和可调电容。固定电容又分为有极性电容和无极性电容。通过图2-24可以看到各类常见电容外形。

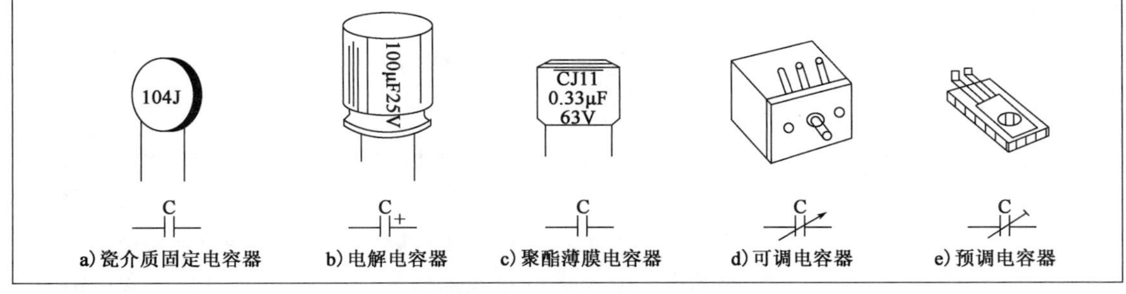

图2-24 常见电容外形

2. 电容的标注

电容的单位是以英国物理学家、化学家法拉第的名字命

名的，简称法，常用字母F表示。常用的电容单位有法拉（F）、微法（μF）和皮法（pF），其换算关系为

$$1\mathrm{F} = 10^{6}\mu\mathrm{F} = 10^{12}\mathrm{pF}$$

标注在电容器外壳上的电容量称为标称容量，国家规定了一系列容量值作为产品标称。电容的标称容量和偏差一般标在电容的外壳上，其标注方法有四种，分别为直标法、文字符号法、数码法和色标法。

（1）直标法。

直标法有标单位的直标法和不标单位的直标法两种。直标法实例如图2-25所示。

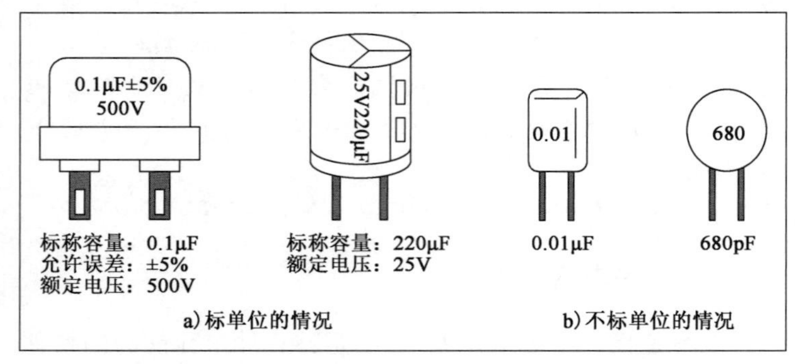

图2-25　直标法实例

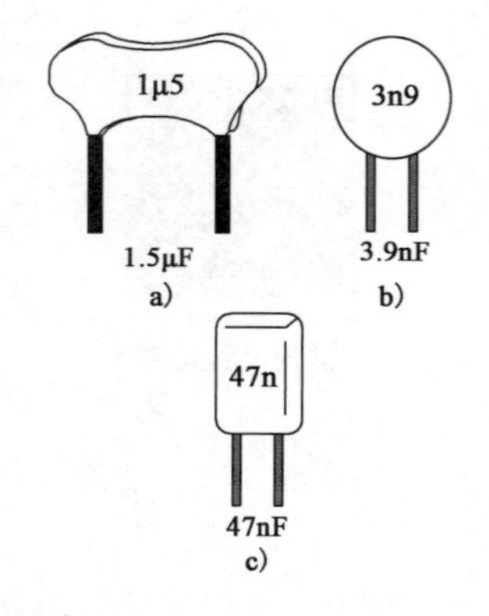

图2-26　文字符号法实例

（2）文字符号法。

电容标注的文字符号法如图2-26所示。

（3）数码法。

数码法的单位用pF表示，由3位数码构成，其表示方法如图2-27所示。

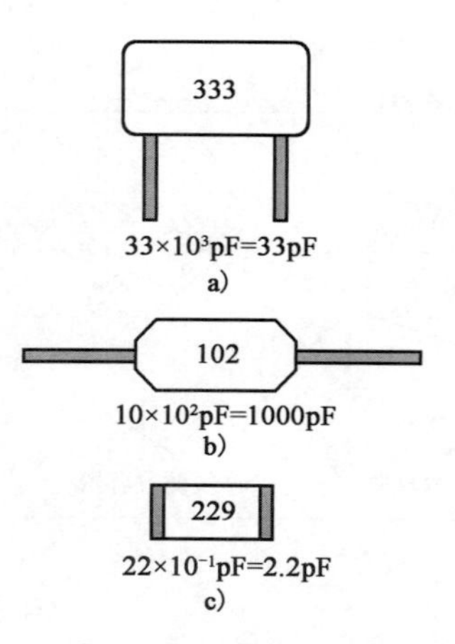

图2-27　数码法实例

（4）色标法。

色标法是指用黑、棕、红、橙、黄、绿、蓝、紫、灰、白10种颜色分别代表0、1、2、3、4、5、6、7、8、9；其容量的单位是pF，读数方法与电阻相似。

3. 电容的结构与作用

（1）电容的结构。

电容是由两块金属极板中间加上绝缘材料（电介质），并按照一定的工艺要求制作而成的。绝缘材料可以是空气或不导电的材料，如纸、云母、陶瓷、石蜡、绝缘油。电容现象广泛存在，任意两根互相绝缘的通电导线之间都会构成电容，所以空中的架空导线、地下的绝缘电缆、电气设备的供电导线之间都构成了电容。

电容的容量取决于极板面积、电介质（绝缘层）材料和极

板间的距离，它们之间的关系为

$$C = \frac{KA}{4.45D} \tag{2-11}$$

式中：C——电容量，pF；

K——介电常数；

A——极板面积，cm^2；

D——极板间的距离，cm。

（2）电容电路中的电流现象。

电容的两个极板之间有绝缘层，所以电流不会通过电容，但是在连接电容的电路中会有电流流动。通过下面的实验可以了解电容电路中的电流是如何流动的。

使用一个12V的直流电源、一个200μF的电解电容、一个5kΩ的电阻、一块直流电压表和一块双相毫安表接成图2-28所示的电路。

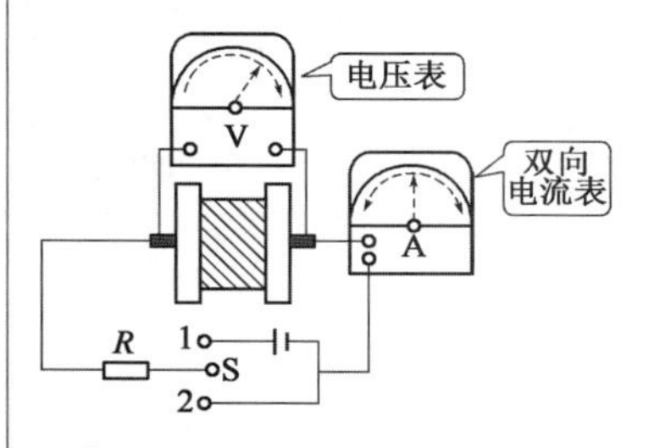

图2-28　电容充放电实验电路

当与电阻相连的开关S向上与“1”接通后，毫安表电流值首先增加，然后回到零，曲线变化如图2-29a）所示；电压表的读数逐渐增加到12V后停止，曲线变化如图2-29b）所示。这两个现象说明电源通过电阻给电容充电，在充电的过程中，有电流在电路中流动；在电容电压达到12V后，充电结束，电路中不再有电流流动。

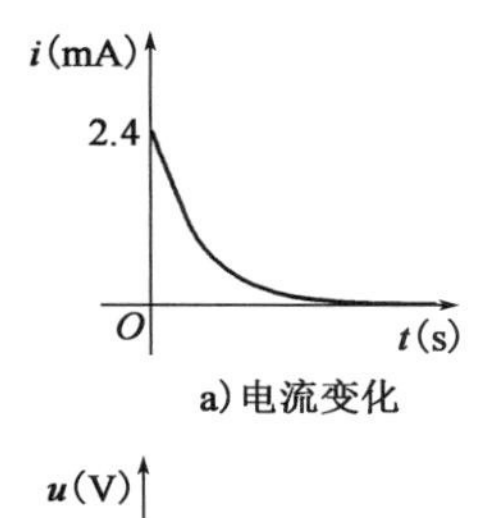

a）电流变化

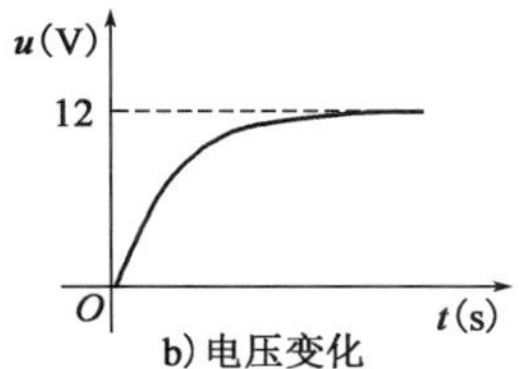

b）电压变化

图2-29　电容充电

充电结束后，把与电阻相连的开关S向下与“2”接通，使之脱离电源。这时，电容中积聚的电荷经过电阻反向放电，这时的电流和电压变化如图2-30所示。

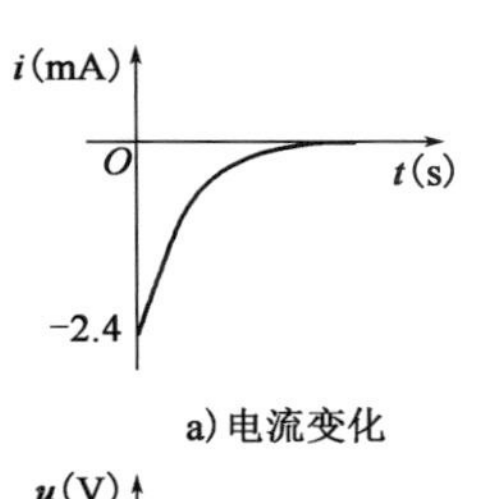

a）电流变化

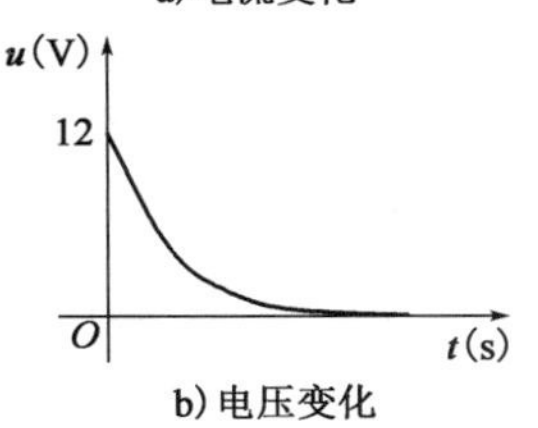

b）电压变化

图2-30　电容放电

我们看到的电流现象是电容在充电过程中电荷的定向移动造成的。电流的流动在电容的极板上形成电荷积聚，但是电流无法通过电容的绝缘层。

（3）电容中的能量存储。

电容充电后就存储了一定的电场能。电场能W_C（单位为J）的大小与电容量C和电容两端的电压u的关系为

$$W_C = \frac{1}{2}Cu^2 \tag{2-12}$$

（4）电容的用途。

电容应用范围广泛，能够有效地用于电源电路、照明电路、音频电路和通信设备等。图2-31给出了几种具体的应用。其中，图2-31a）所示为除去整流电路输出波形的脉动部分波形的锯齿，使之变成平滑波形；图2-31b）所示为收音机无线电广播选台；图2-31c）所示为使荧光灯产生噪声短路，防止侵入其他配电线路。

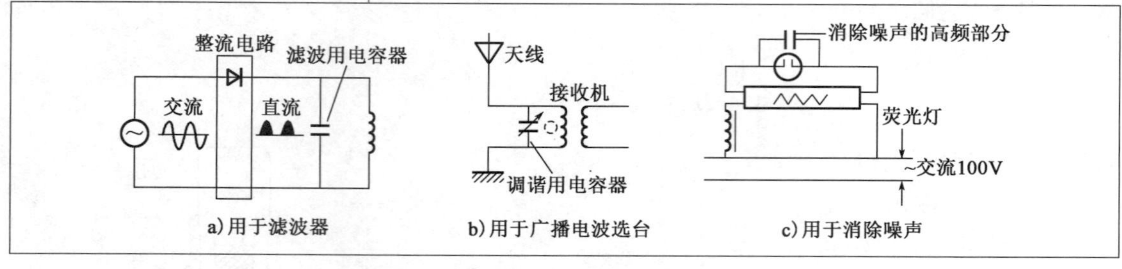

图2-31 电容的用途

4. 电容的串并联

(1)多个电容串联。

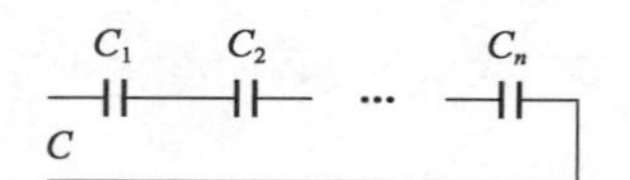

图2-32 电容串联

当多个电容串联(图2-32)时,相当于电容极板间的距离增大,总电容量与每个电容之间的关系为

$$\frac{1}{C}=\frac{1}{C_1}+\frac{1}{C_2}+\cdots+\frac{1}{C_n} \tag{2-13}$$

式(2-13)可用于多个电容串联时的简化计算。

(2)多个电容并联。

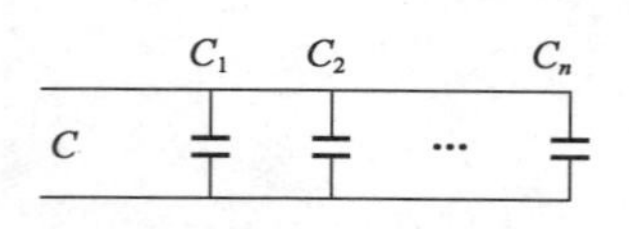

图2-33 电容并联

当多个电容并联(图2-33)时,相当于电容极板的面积增大,总电容量与每个电容之间的关系为

$$C=C_1+C_2+\cdots+C_n \tag{2-14}$$

式(2-14)可用于多个电容并联时的简化计算。

知识拓展

双电层电容是超级电容的一种,是一种新型储能装置。双电层电容相比应用电化学原理的蓄电池,其充放电过程完全没有涉及物质的变化,所以它具有充电时间短、使用寿命长、温度特性好等特点。

三、认识电感元件

认识电感元件

电感是绕线线圈阻碍电流变化的特征。电感的基础是电磁场,当电流流经导体时,在电感元件导体的周围产生电磁场。具有电感特性的电子元件称为电感线圈,又称电感。下面主要讨论各种不同类型的电感及其特性、作用和电感在电路中的应用。

本内容的学习方法与学习电容元件的方法基本一致。不同的是,学习电感的串并联关系时,建议与电阻串并联关系对照后理解。我们可以从楞次定律入手,了解电感的充放电过程，加深对电感的理解。

1. 电感的种类与规格

通过上面的介绍，我们可以简单了解存在于身边的电感，可事实上电感的种类远不止这些。下面将介绍电感的种类及其规格，以及表示方法。

(1)电感的种类。

电感的种类繁多，形状各异。图2-34所示是几种常见电感的外形。

a)无芯电感

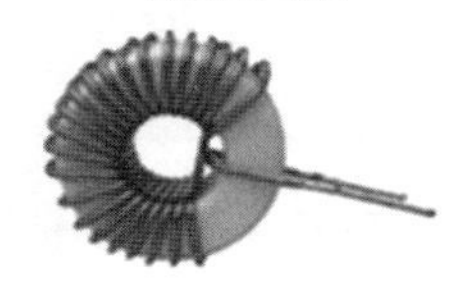

b)带铁芯电感

c)带磁芯电感

d)贴片电感

e)色码电感

图2-34 几种常见电感的外形

(2)电感的标注。

电感的标称容量和偏差一般标在电感的外壳上，其标注方法有四种，分别是直标法、文字符号法、数码法和色标法。电感量的基本单位是亨利(简称亨)，用字母H表示。常用的单位还有毫亨(mH)和微亨(μH)，它们之间的换算关系为

$$1\text{H} = 10^3\text{mH} = 10^6\mu\text{H}$$

①直标法。

直标法中常用字母A、B、C、D、E表示电感线圈的额定电流(最大工作电流)，分别为50mA、150mA、300mA、700mA和1600mA；用Ⅰ、Ⅱ和Ⅲ表示允许误差，分别为±5%、±10%和±20%。

直标法是指用阿拉伯数字和单位符号在电感器的外表面直接标出标称值和允许误差的方法。该标注方法的优点是直观，易于判读，一般用于体积较大的电感器的标注。电感直标法实例：

“B Ⅱ 390μH”表示允许误差为±10%，标称电感量为390μH的电感；

“A Ⅰ 10μH”表示允许误差为±5%，标称电感量为10μH的电感。

②文字符号法。

文字符号法是将电感的标称值和允许偏差值用数字和文字符号按一定的规律组合标注在电感体上。实例“4N7”含义为标称电感量为4.7nH，其他与电阻的标注方法相同。单位为μH时，用“R”作为电感的文字符号，实例“4R7M”含义为标称电感量为4.7μH，允许误差为±20%。

③数码法。

数码法是用三位数字来表示电感量的标称值，单位为μH。该方法常见于贴片电感。如果电感量中有小数点，用“R”表示，并占一位有效数字，其表示法及实例如图2-35所示。

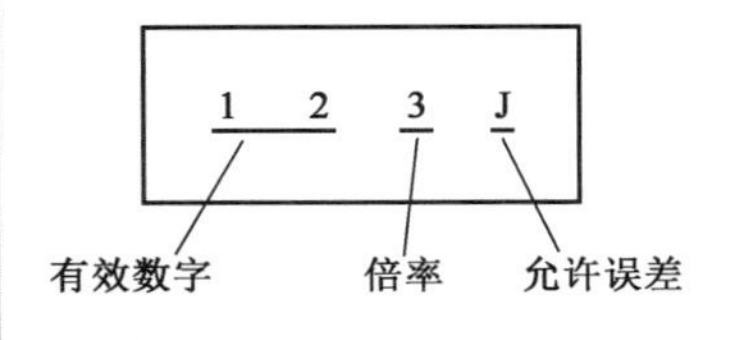

图2-35 数码法标称图示

电感数码法实例：

“102J”表示允许误差为±5%，标称电感量为1000μH的

电感。

④色环法。

色环法同电阻类似，单位为μH，通常用四色环表示。紧靠电感体一端的色环为第一环，露出电感体本色较多的一端为末环。例如，色环颜色分别为棕、黑、金、金的电感，其标称电感量为1μH，误差为±5%。

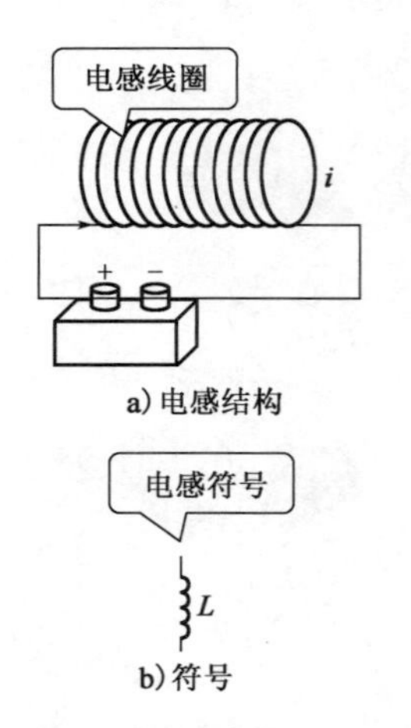

图2-36　电感结构与符号

2. 电感的结构与作用

电感的电路符号形象地描述了电感的结构。电感是在某一物体上缠绕若干匝导线或漆包线构成的，导线或漆包线的两头就是电感的两个引脚，如图2-36所示。

电感在电路中的标志为大写字母L。当一个电路中出现多个电感时，通过字母L后跟数字或小写字母进行区分如L_1、L_2等。生活中许多电子器件都有电感，如继电器、螺形线圈、读/写头、扬声器等。电感元件中有电流流过时会存储一定的磁场能。磁场能W（单位为J）的大小与电感量L和电感中通过的电流i的关系为

$$W_L = \frac{1}{2}Li^2 \tag{2-15}$$

3. 电感的特性

电感元件可以阻碍电流的变化是因为它可以在电路中储存和释放磁能。当电感线圈中通过直流电流时，其周围只呈现有固定方向的磁感线，不随时间而变化；但在通断的瞬间，直流电路中会出现电感效应。如图2-37所示，当通电时，电感线圈中产生一个磁场，变化的磁感线在电感线圈两端产生感应电动势，这个感应电动势将阻碍闭合回路中的电流，使其不会瞬间达到最大值；当断电时，电感线圈中产生的感应电动势将阻碍闭合回路中的电流，使其不会瞬间达到零值。只有电流改变时电感线圈才能产生感应电动势。在直流电路中，每次电路连通或断开时都会发生这种情况。这种感应效应产生于线圈自身，称为自感。当电感线圈接到交流电源上时，导线中变化的电流产生的磁场随着电流增大或减小，从而产生持续的感应效应。

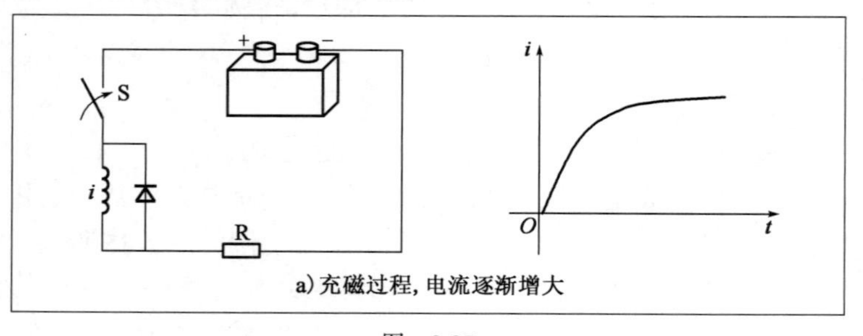

图　2-37

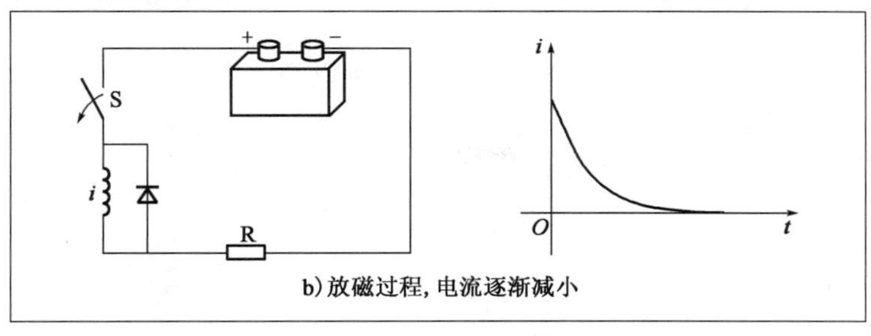

b)放磁过程，电流逐渐减小

图2-37　电感的充放磁

在任意类型的电感电路中，电流改变的方向和感应电动势的方向之间有一定的关联关系。这个关系由楞次定律表述如下：感应电动势作用的方向总是阻碍产生它的电流变化。感应电动势的大小与电感元件中的电压相等，方向相反，可以表示为

$$u = L \cdot \frac{\mathrm{d}i}{\mathrm{d}t} \tag{2-16}$$

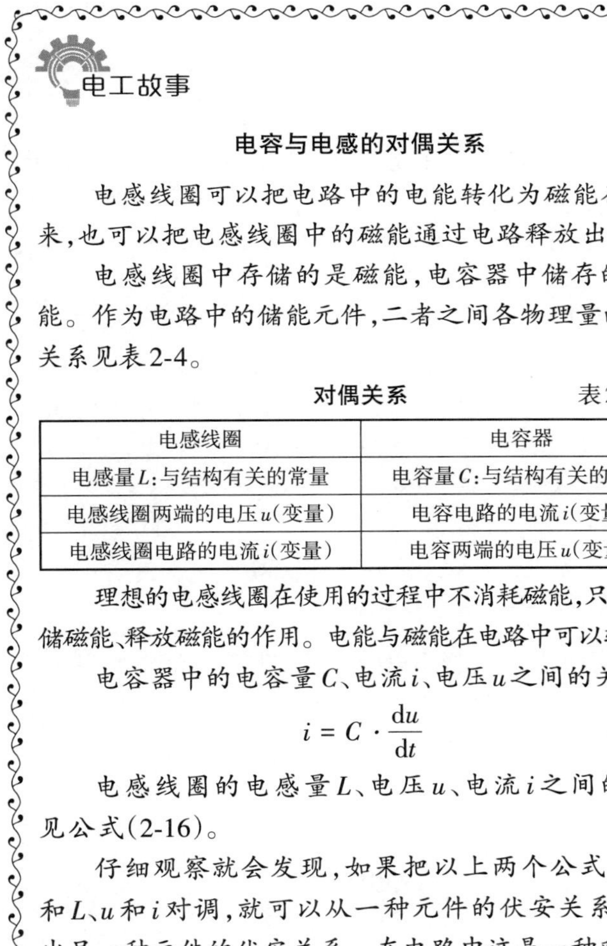

电工故事

电容与电感的对偶关系

电感线圈可以把电路中的电能转化为磁能存储起来，也可以把电感线圈中的磁能通过电路释放出去。

电感线圈中存储的是磁能，电容器中储存的是电能。作为电路中的储能元件，二者之间各物理量的对偶关系见表2-4。

对偶关系　　　　　　表2-4

电感线圈	电容器
电感量L：与结构有关的常量	电容量C：与结构有关的常量
电感线圈两端的电压u（变量）	电容电路的电流i（变量）
电感线圈电路的电流i（变量）	电容两端的电压u（变量）

理想的电感线圈在使用的过程中不消耗磁能，只起到存储磁能、释放磁能的作用。电能与磁能在电路中可以转换。

电容器中的电容量C、电流i、电压u之间的关系为

$$i = C \cdot \frac{\mathrm{d}u}{\mathrm{d}t} \tag{2-17}$$

电感线圈的电感量L、电压u、电流i之间的关系见公式(2-16)。

仔细观察就会发现，如果把以上两个公式中的C和L、u和i对调，就可以从一种元件的伏安关系，推导出另一种元件的伏安关系。在电路中这是一种对偶关

系，这种对偶关系在后续的交流电路中还会出现。

学习电容器和电感线圈的相关知识时，如果可以把一种元件的物理关系梳理清楚，另一种元件的物理关系就可以通过对偶关系推导出来。

4. 电感的串并联

（1）多个电感的串联。

图2-38 电感串联

当多个电感串联（图2-38）时，总电感与每个电感之间的关系为

$$L = L_1 + L_2 + \cdots + L_n \tag{2-18}$$

式（2-18）可用于多个电感串联时的简化计算，类似于串联电阻的计算。

（2）多个电感的并联。

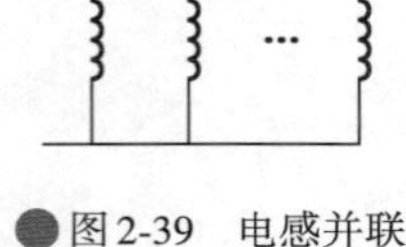

图2-39 电感并联

当多个电感并联（图2-39）时，总电感小于并联电感中的最小电感值。总电感与每个电感之间的关系为

$$\frac{1}{L} = \frac{1}{L_1} + \frac{1}{L_2} + \cdots + \frac{1}{L_n} \tag{2-19}$$

式（2-19）可用于多个电感并联时的简化计算，类似于并联电阻的计算。

知识拓展

芯片电感是集成电路中的一种重要元件，被广泛应用于微电子领域。它具有小尺寸、易于集成等特点，是功率电感的一种，主要用于变化电压和扼流。

1. 请尽可能多地说出电阻种类及其在生活中的用途。
2. 电阻的主要性能参数有哪些？
3. 电感的主要性能参数有哪些？

模块四

电路物理量的测量

学习本节内容最有效的方法是拿起电工仪表，按本书描述的过程实际动手尝试。实际操作有助于知识的理解和技能的掌握。

一、电流的测量

一般用电流表(又称安培表)测量电路中的电流。常用电流表大体分为指示用电流表和检测用电流表两类。其中，指示用电流表主要用在大型充电器、电池容量监测仪、高低压配电柜等较大型电气设备中，以显示电流的当前值，如图2-40所示；检测用电流表一般用于实验室或电子检测，以准确显示电流的测量值，如图2-41所示。

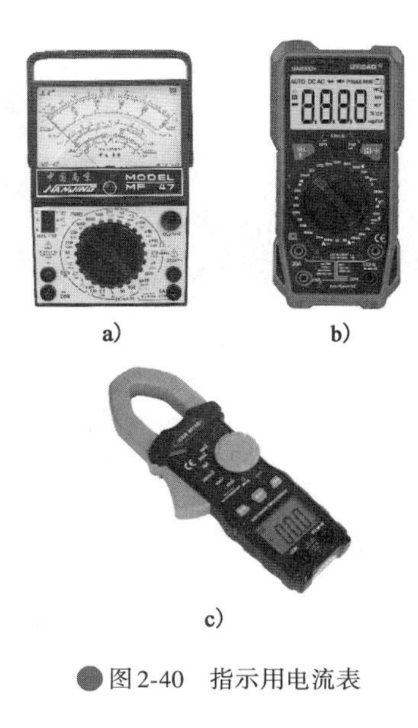

a)　b)　c)

图2-40　指示用电流表

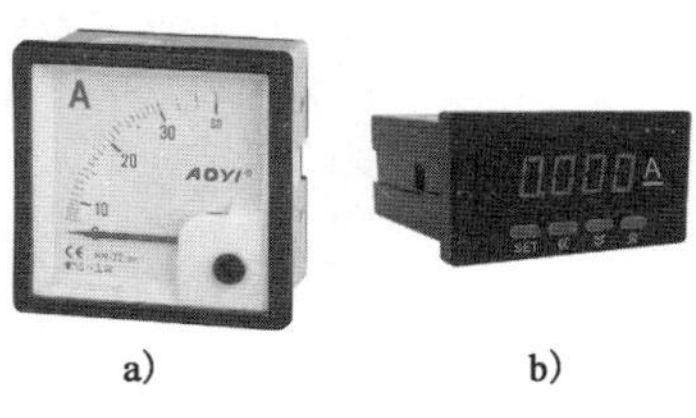

a)　b)

图2-41　检测用电流表

1. 直流电流的测量

下面以指针式万用表为例，说明直流电流的测量的方法。采用指针式万用表测量直流电流的步骤如下。

步骤一：水平放置。

注：由于指针式万用表的测量结果是由指针偏转表示，为防止重力对指针偏转产生影响，在使用指针式万用表测量时一定要将其水平放置，否则测量结果会有较大误差。

步骤二：调零校准。

注：指针式万用表的指针偏转是机械运动，多次偏转后大概率会使其零起点位置发生偏移，若测量前不进行调零校准，结果会有较大误差。

操作方法：使用时，检查指针是否在标度尺的起始点上。

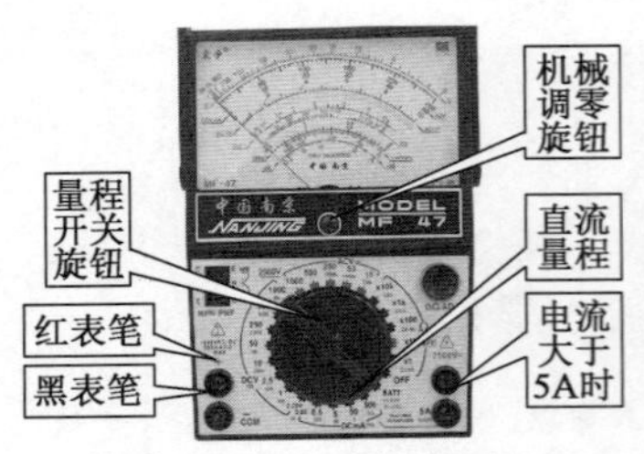

图2-42　指针式万用表

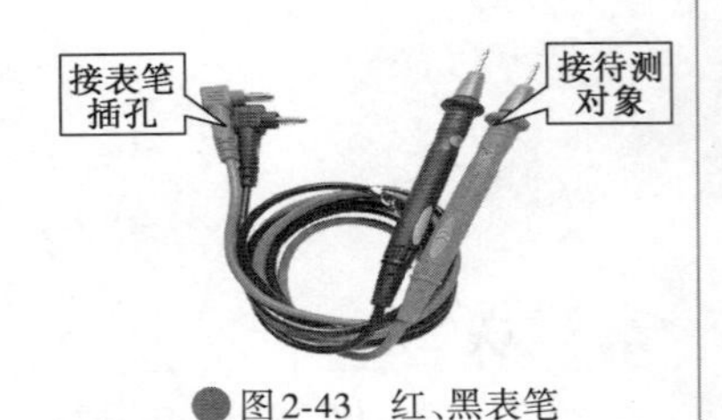

图2-43　红、黑表笔

指针式万用表测直流电流

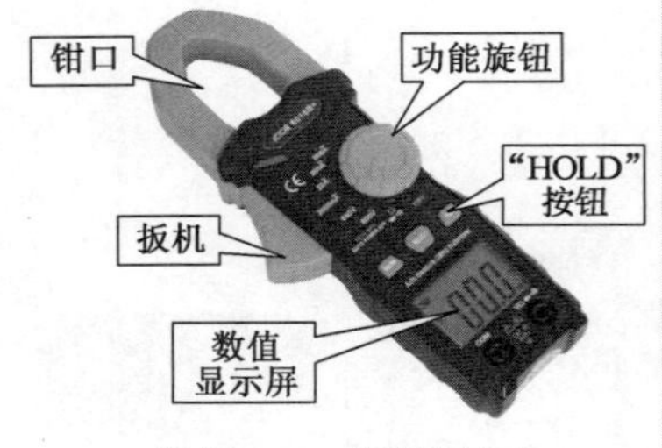

图2-44　钳形电流表

如果不在,可用螺丝刀调节图2-42所示的机械调零旋钮,使指针回到标度尺的起始点。

步骤三:红黑表笔插接。

注:指针式万用表都有一黑一红两根表笔(图2-43),负责连接指针式万用表与待测对象。

操作方法:红表笔接"+"孔,黑表笔接"-"孔。当电流大于5A时,黑表笔不变,红表笔改接"5A"孔,如图2-42所示。

步骤四:确认量程。

注:指针式万用表电流量程有多个,选择合适的量程可以使最后读数更加精确。而且指针式万用表不能超量程测量,因此测量前确认选择一个合适的量程很有必要。

操作方法:首先根据估计所测值选择合适的挡位,将选择开关旋至直流电流"mA"范围并选择合适的量程(图2-42)。采用"5A"挡时,量程开关可放在电流量程的任意位置。

步骤五:测量读数。

注:由于指针式万用表指针不能反向偏转,测量时一定要注意待测电流方向。

操作方法:首先判断该支路的电流方向;然后,断开该支路,将电流表串联接在断开处,使电流从红表笔(+)进,从黑表笔(-)出。连接时,应注意先接黑表笔,然后用红表笔碰另一端,观察指针的偏转方向是否正确。若正确,可读数;若不正确,调换两支表笔。

2. 交流电流的测量

常规交流电流的测量与直流电流的测量方法相同,其区别在于电路不需要区分正极和负极。但实际应用中常规测量需断开电路,将指针式万用表串联进电路,这就大大降低了测量效率及安全性。

为了避免断开电路,现场测量常用一种钳形电流表(图2-44)测量较大的交流(AC)电流,这种电流表比普通电流表操作简单,不需要切断电路。在使用过程中,将钳形电流表夹在导线上,电流表通过测量导线内电流产生的磁场大小得出电流值。

下面以检测变压器处的交流电流为例,说明钳形电流表测量交流电流的方法,具体步骤如下。

步骤一:选挡位。

操作方法:将钳形电流表功能旋钮旋转至"ACA 1000A"位置。

步骤二:查按钮。

操作方法:检查钳形电流表的"HOLD"按钮,使其处于放松状态。

步骤三：钳住待测导线。

操作方法：按下钳形电流表的扳机，打开钳口，并钳住一根待测导线。

注：钳住两根及以上导线为错误操作，无法测出电流。

步骤四：保持数据。

操作方法：若操作环境较暗，无法直接读数，应按下“HOLD”按钮，保持测试数据。若操作环境允许直接读数，可跳过此步骤。

步骤五：读数。

操作方法：在数值显示屏上读取交流电流值。若测量结果小于200A，需调整量程再测一次。

步骤六：复位。

操作方法：再次按下“HOLD”按钮，钳形电流表恢复测量状态。

二、电压的测量

人们常用电压表（又称伏特表）测量电路中的电压值。图2-45所示为常见电压表。同电流表一样，电压表也分为指示用电压表[图2-45a)]和检测用电压表[图2-45b)]两类。

a) 指示用电压表

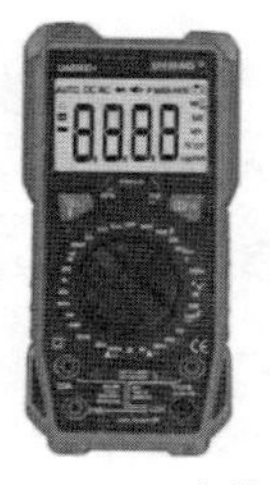

b) 检测用电压表

图2-45　常见电压表

下面以数字式万用表（图2-46）为例，说明电压的测量方法，步骤如下。

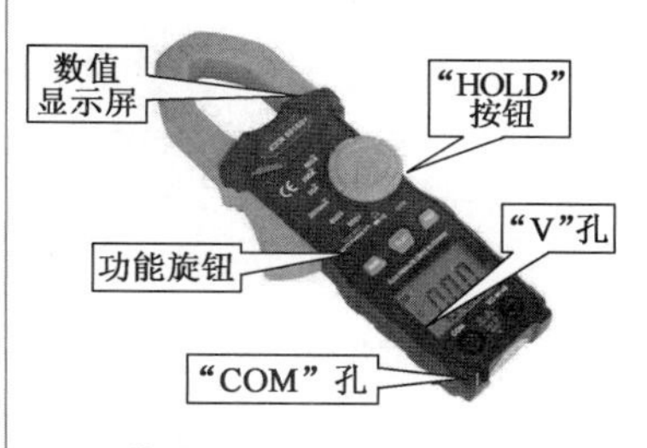

图2-46　数字式万用表

步骤一：选量程。

操作方法：根据估计所测值选择合适的挡位，将选择开关旋至电压“V”范围并选择至待测的电压量程上。

步骤二：红黑表笔插接。

操作方法：红表笔接“V”孔，黑表笔接“COM”孔。

步骤三：查按钮。

操作方法：检查数字式万用表的“HOLD”按钮，使其处于放松状态。

步骤四：保持数据。

操作方法：若操作环境较暗，无法直接读数，应按下“HOLD”按钮，保持测试数据。若操作环境允许直接读数，可跳过此步骤。

步骤五：读数。

操作方法：在数值显示屏上读取电压值。

步骤六：复位。

操作方法：再次按下“HOLD”按钮，数字式万用表恢复测量状态。

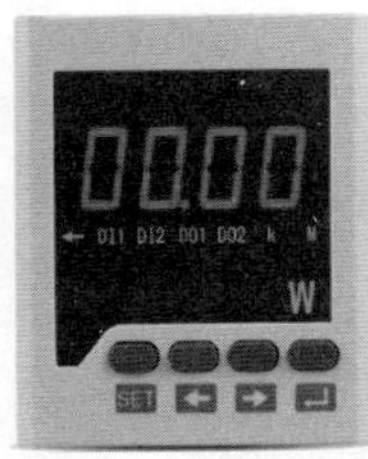

a)三相功率表

b)数字钳形功率表

c)功率指示器

图2-47　常用功率表

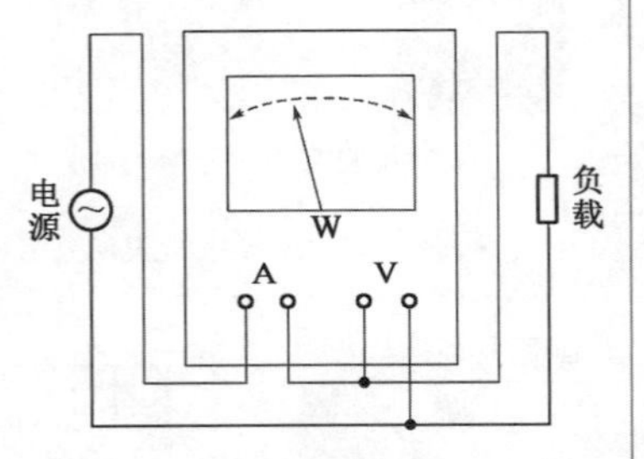

图2-48　一种典型的功率表电路连接方式

图2-49　感应式电能表

知识拓展

(1)测量时不要让自己的身体与通电电路接触,谨防触电。

(2)不能将电压表串联在电路中或将电流表并联在电路中。

(3)当测量未知电流和电压时,先要把万用表调至最大量程进行试测量。

三、电功率的测量

功率表是一种用来直接测量电功率的电子仪器。图2-47给出了若干种常用功率表。

功率表综合了电压表和电流表的功能,能直接显示电路的功率。最基本的功率表有4个连接端点,2个连接电压线圈,2个连接电流线圈。电流线圈的2个端点与负载串联;电压线圈的2个端点与负载并联。图2-48所示为一种典型的功率表电路连接方式。

四、电能的测量

电能以千瓦时(kW·h)为单位,所以电能表又称电度表、千瓦时表。电能表与功率表不同的是,它能反映电功率随时间推移的累计之和。按原理划分,电能表可分为感应式电能表和数字式电能表两类。

1. 感应式电能表

感应式电能表(图2-49)采用电磁感应原理把电压、电流、相位转变成电磁力矩,推动铝制圆盘转动,圆盘的轴带动齿轮驱动计度器的鼓轮转动,转动的过程是时间累积的过程。感应式电能表的优点就是直观、动态连续、停电不丢数据。感应式电能表一般需要人工抄读,其读数方法如下。

(1)跳字型指示盘电能表的读数。

跳字型指示盘电能表又叫直接数字电能表,其读数方法很简单,在电能指示盘上按个位、十位、百位、千位数字直接读取数值。这个数值就是实际的用电量累计数。例如,本月月末读数为7340.5,上月读数为6231.5,则本月用量为7340.5 − 6231.5 = 1109(kW·h)。

(2)标有倍率的电能表的读数。

在电能表的刻度盘上,有的标有“×10”或“×5”等字样,表明在读取该表数值时需要乘以一个倍数值。例如，本月月末读数为7340.5，上月读数为6231.5，表盘上标有“×5”字样，则本月用量为$(7340.5-6231.5)\times5=1109\times5=5545(\text{kW}\cdot\text{h})$。

（3）经电流、电压互感器接入的电能表的读数。

经电流、电压互感器接入的电能表的读数同样需要乘以实用倍率。

$$\text{实用倍率}=\frac{\text{实际用电压互感器变比}\times\text{实际用电流互感器变比}\times\text{表本身倍率}}{\text{表本身电压互感器变比}\times\text{表本身电流互感器变比}} \tag{2-20}$$

注意：表本身倍率、表本身电压互感器变比和电流互感器变比未标时都为1。

例如，实际用互感器变比是10000/100V、100/5A，表本身倍率、电压互感器变比和电流互感器变比都未标。若本月月末读数为7340.5，上月读数为6231.5，则实际电量为$(7340.5-6231.5)\times(10000/100)\times(100/5)=1109\times2000=2218000(\text{kW}\cdot\text{h})$。

2. 数字式电能表

数字式电能表（图2-50）运用模拟或数字电路得到电压和电流相量的乘积，然后通过模拟或数字电路实现电能计量功能。由于应用了数字技术，分时计费电能表、预付费电能表、多用户电能表、多功能电能表相继出现，满足了科学用电、合理用电的进一步需求。下面以预付费电能表为例，说明其应用方法。

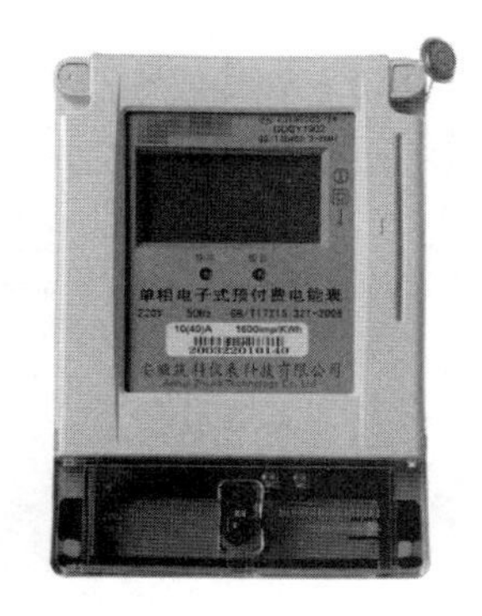

图2-50 数字式电能表

预付费电能表不需要人工抄表，有利于现代化管理。用户通过对智能IC卡充值并输入电表，电表即可供电。预付费电能表在正常使用过程中自动对所购电量做递减计算。当电能表内剩余电量小于20kW·h时，显示器显示当前剩余电量，提醒用户购电。当剩余电量等于10kW·h时，停电一次，提醒用户购电。此时，用户须将智能IC卡插入预付费电能表以恢复供电。当剩余电量为零时，自动拉闸断电。预付费电能表的用户购电信息实行微机管理，用户可直接完成查询、统计、收费及打印票据等操作。

1. 简述电流的测量步骤及注意事项。
2. 简述电压的测量步骤及注意事项。

本单元习题

一、填空题

1. 电路是由________、________、控制装置和导线四个基本部分组成的。

2. 电路的工作状态有通路、________和________三种。

3. 电流是由________的定向运动形成的，并规定________的移动方向为电流的正方向。

4. 物体的电阻大小与该物体的________、________及________有关。

5. 根据能量转换特性，电容元件和电感元件在电路中属于________元件，电阻元件属于________元件。

6. 在使用指针式万用表测量电流、电压前，一定要进行________操作。

二、分析计算题

1. 在某电路中，已知 $U_{ab}=-5V$。试说明 a、b 两点中哪个点的点位高。

2. 在流过电路中，已知：电荷 $Q=(100t+10)C$。试求电流 i，画出 Q 和 i 随 t 变化的曲线。

技能训练一 导线连接及绝缘恢复

一、操作目的

(1)学习和掌握导线连接的正确方法,确保连接的可靠性和安全性。

(2)学习和掌握导线绝缘恢复的技巧,保证在使用导线过程中的安全性和耐用性。

二、操作内容

1. 导线连接方法

(1)掌握不同类型导线的连接方式,如绞合连接、压接连接、焊接连接等。

(2)学习如何选择合适的连接器,如接线端子、接线鼻子等。

(3)掌握连接前的准备工作,如剥线、清洁导线表面等。

2. 导线绝缘恢复

(1)学习如何正确使用绝缘套管、绝缘胶带等材料进行绝缘恢复。

(2)掌握绝缘恢复的步骤和技巧,确保恢复后的绝缘层满足使用要求。

三、操作步骤

1. 导线连接

(1)根据导线的类型和规格选择合适的连接方法。

(2)准备连接所需的工具和材料,如剥线钳、接线端子等。

(3)剥去导线绝缘层,清洁导线表面。

(4)进行导线连接,确保连接牢固、可靠。

(5)检查连接质量,确认无松动、短路等安全隐患。

2. 导线绝缘恢复

(1)根据导线的规格选择合适的绝缘材料。

(2)将绝缘材料正确应用于导线连接部位。

(3)检查绝缘恢复后的导线,确保绝缘层完好无损。

四、注意事项

(1)在进行导线连接和绝缘恢复时,必须确保导线处于断电状态,以防止触电事故的发生。

(2)严禁使用损坏或不符合标准的导线和连接器。

(3)在连接和绝缘恢复过程中,应严格按照操作规程操作,不得擅自改变操作方法。

(4)完成连接和绝缘恢复后,应进行详细的检查和测试,确保连接的可靠性和绝缘的完好性。

五、操作报告

(1)导线接头绝缘层的剥削。

(2)导线连接的步骤。

(3)导线绝缘恢复的步骤。

(4)心得体会及其他。

技能训练二 常用电工仪表的识别和使用

一、操作目的

(1)掌握电工测量的基本方法。

(2)学会正确使用电工仪表进行测量。

通常把对各种电量和磁量的测量称为电工测量,而用于测量电量或磁量的仪器仪表称为电工仪表。

二、电能表

电能表是一种专门测量电能的仪表,不论是家庭照明用电还是工农业生产用电,都需要用电能表来计量在一段时间里所耗用的电能。

电能表种类很多,有电动式电能表和感应式电能表等。电动式电能表一般用于直流电的测量,感应式电能表一般用于交流电的测量。感应式电能表是利用电磁感应原理制成的,具有结构简单、牢固、价格便宜、转矩较大等特点。目前,感应式电能表根据测量对象可分为有功电能表和无功电能表两大类。有功电能表的规格常用的有3A、5A、10A、25A、50A、75A、100A等多种,无功电能表的额定电流通常只有5A。

电能表按结构又分为单相电能表和三相电能表(包括三相三线电能表、三相四线电能表)两种。单相电能表用于单相用电器和照明电路,三相电能表用于三相动力电路或其他三相电路。

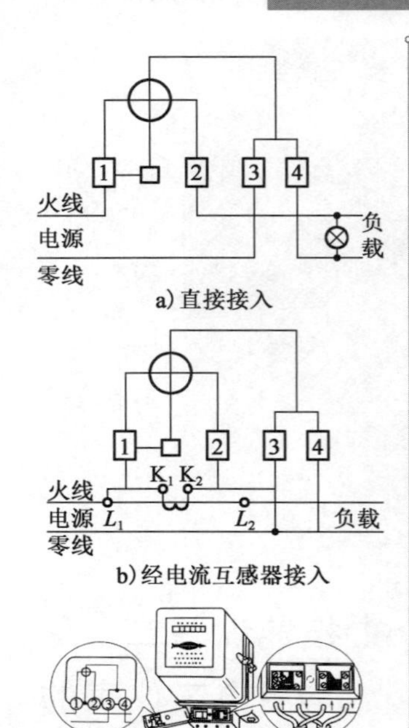

a)直接接入

b)经电流互感器接入

接线桩头盖子 进行接线

c)直接接入接线示意图

图2-51 单相电能表的接线方法

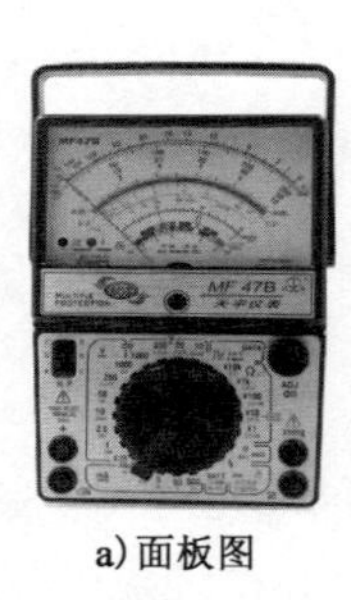

a)面板图

A-V-Ω

b)表盘示意图

图2-52 指针式万用表的面板及表盘示意图

1. 电能表的正确接线

电能表的接线比较复杂,在接线前应先查看附在电能表上的说明书,根据说明书的要求和接线图把进线和出线依次对号接在电能表的接线端子上。接线时遵循"电压线圈并联在被测线路上,电流线圈串联在被测线路中"的原则。各种电能表的接线端子均按从左到右的顺序编号。国产单相有功电能表统一规定为1、3接进线,2、4接出线,如图2-51所示。

2. 电能表的正确读数

当电能表不经互感器而直接接入电路时,可以从电能表上直接读出实际用电读数(kW);如果电能表利用电流互感器或电压互感器扩大量程,实际用电量应为电能表读数乘以电流互感器变比或电压互感器变比。

三、万用表

万用表是一种多量程、用途广的仪表,可以用来测量交、直流电压,交、直流电流和电阻等。万用表有指针式万用表和数字式万用表两种,下面分别作简单介绍。

1. 指针式万用表

(1)结构。

指针式万用表主要由表头、测量线路和转换开关三部分组成。表头是一个高灵敏度的磁电式微安表,通过指针和标有各种电量标度尺的表盘,指示被测电量的数值;测量线路用来把各种被测量转换到合适表头测量的直流微小电流;转换开关实现对不同测量线路的选择,以满足各种测量要求。各种形式的万用表外形布置不尽相同,图2-52为指针式万用表的面板及表盘示意图。

(2)正确使用。

①正确接线。将红表笔和黑表笔分别插接红色插孔和黑色插孔。测量时手不能接触表笔的金属部分。

②用转换开关正确选择测量种类和量程。根据被测对象,首先选择测量种类。严禁当转换开关置于电流挡或电阻挡时去测量电压,否则将损坏指针式万用表。测量种类选择后,再选择该类的量程。测量电压、电流时使指针式万用表指针的偏转在量程的1/2或2/3处,读数较为准确。

③使用前应检查指针式万用表指针是否在零位上。若指针不在零位,可用螺钉旋具调节表盖上的调零器,使指针恢复到零位。

(3)正确测量。

①测量交流电压和直流电压时，将红、黑表笔插接“+”“-”孔，把测量范围选择开关旋到与被测电压相应的交、直流电压挡级，再将红、黑表笔插接在被测电压的两端。如果被测交流电压或直流电压大于1000V而又小于2500V，应将红表笔插接“2500V”的插孔，选择开关分别旋到交流或直流的1000V位置上，测量直流电压时应注意正、负极性。

②测量直流电流时，将选择开关旋到被测电流相应的直流挡级，根据电流的方向正确地将指针式万用表通过红黑表笔串接在被测电路中。当被测电流大于500mA小于5A时，红表笔插接“5A”的插孔，选择开关旋至500mA挡位。

③测量电阻时，将选择开关旋到与被测电阻相应的欧姆挡，首先把红、黑表笔短接，旋转欧姆调零旋钮，使指针对准“Ω”标尺的位置，即欧姆挡的“调零”，然后打开测试棒进行测量，将读数乘以所选欧姆挡的倍乘率，就是被测电阻的阻值。每换一个量程，都要重新调零，如果调零时指针不能调到零位，应更换表内电池。严禁带电测量电阻，以免烧毁表头。

如要测量电路中的电阻，一定要先将其一端与电路断开再测量，否则，测量的结果将是它与电路其他电阻的并联值。测量高阻值电阻时，不可用双手分别触及电阻两端，以免并联上人体电阻，造成测量误差。

(4)注意事项。

①不允许带电转动转换开关。

②指针式万用表欧姆挡不能直接测量微安表头、检流计、标准电池等仪器仪表。

③用欧姆挡测量二极管、三极管等时，一般选择Ω×100或Ω×1kΩ挡，因为晶体管所能承受的电压和允许流过的电流较小。

④测量完毕，应将转换开关拨到最高交流电压挡，以免二次测量时不慎损坏表头。表内电池应及时更换，如长期不用应将其取出，以防腐蚀表内机件。

2. 数字式万用表

数字式万用表以其测量精度高、显示直观、速度快、功能全、可靠性高、小巧轻便、省电及便于操作等优点，受到了人们的普遍欢迎，它已成为电子、电工测量以及电子设备维修等部门的必备仪表。数字式万用表如图2-53所示，下面对其功能作简单介绍。

图2-53 数字式万用表

(1)电压测量。

将黑表笔连至“COM”孔，红表笔连至“VΩ”孔；挡位开关旋至“V-”或“V～”适当量程上，如果电压大小未知，开关旋至高挡位。将表笔接至待测电路，读数，同时显示红表笔所接的极性。如果挡位过高，可以降低挡位，直至测到满意读数为止。

（2）直流电流测量。

①高电流（200～10000mA）测量。将黑表笔连至“COM”孔，红表笔连至“10A”孔；挡位开关旋至“A”。打开待测电路，串联表笔至待测载体。读数，同时显示红表笔所接的极性。如果小于200mA，可以按照低电流测量步骤进行测量。关掉测量电路的所有电源，断开表笔连接之前，电容放电。

②低电流测量。将黑表笔连至“COM”孔，红表笔连至“mA”孔。挡位开关旋至“A”，如果电流大小未知，将开关旋至高挡位。打开待测电路，串联表笔至待测电路。读数，同时显示红表笔所接的极性。如果挡位过高，可以降低挡位，直至测到满意读数为止。关掉测量电路的所有电源，断开表笔连接之前，使电容放电。

（3）电阻测量。

将黑表笔连至“COM”孔，红表笔连至“VΩ”孔，挡位开关旋至电阻挡适当挡位。如果被测电阻跟电路相连，关掉被测电路所有电源，释放电容。

（4）电路通断测试。

将黑表笔连至“COM”孔，红表笔连至“VΩ”孔，将转换开关旋至蜂鸣器位置，将表笔接被测电路的两点，如果这两点间的电阻小于1.5kΩ，蜂鸣器将发出响声说明该两点间导通。

（5）注意事项。

①蓄电池必须连接在蓄电池夹上，同时正确放置在蓄电池盒内。

②将表笔连接到电路中之前，挡位开关必须处于正确位置。

③将表笔连接到电路之前，必须确定表笔安放在正确的端口。

④在改变挡位开关前，从电路上拿走其中一根表笔，不能带电操作。

⑤仪表使用环境温度为-50～0℃，湿度小于80%，避免阳光直射仪表或在潮湿环境下使用。

⑥注意每个挡位和端口的最高电压，防止电压过高损坏仪表。

⑦测量结束时，开关旋至“off”位。如果长期不用仪表，拿走蓄电池。

四、兆欧表

兆欧表，俗称摇表，是用于测量各种电气设备绝缘电阻的仪表。

1. 兆欧表的使用

兆欧表有三个接线柱，其中两个较大的接线柱上标有“接地E”和“线路L”，另一个较小的接线柱上标有“保护环”或“屏蔽G”，如图2-54所示。

图2-54　兆欧表

(1)测量照明或电力线路对地的绝缘电阻，按图2-55a)把线接好，顺时针摇摇把，转速由慢变快，约1min后，发电机转速稳定时(120r/min)，表针也稳定下来，这时表针指示的数值就是所测得的电线与大地间的绝缘电阻。

(2)测量电动机的绝缘电阻，将兆欧表的接地柱接机壳，L接电动机的绕组，如图2-55b)所示；然后进行摇测。

(3)测量电缆的绝缘电阻，测量电缆的线芯和外壳的绝缘电阻时，除将外壳接E、线芯接L外，中间的绝缘层还需和G相接，如图2-55c)所示。

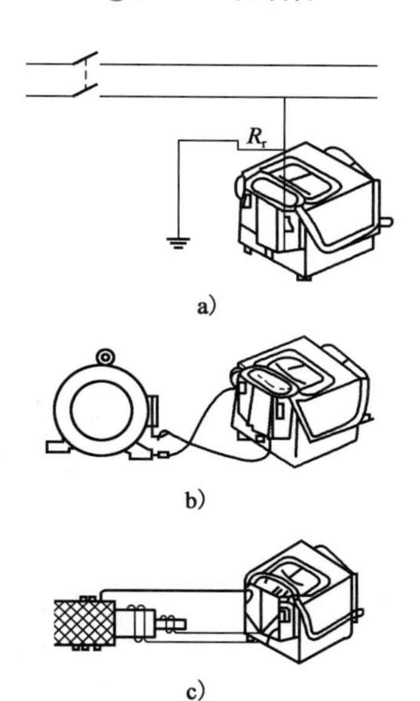

图2-55　兆欧表接线图

2. 兆欧表的选用

根据测量要求选择兆欧表的额定电压等级。测量额定电压在500V以下的设备或线路的绝缘电阻时，选用电压等级为500V或1000V的兆欧表；测量额定电压在500V以上设备或线路的绝缘电阻时，应选用1000～2500V的兆欧表。通常各种电器和电力设备的测试检修规程都规定了应使用何种额定电压等级的兆欧表。

3. 注意事项

(1)测量电气设备绝缘电阻时，必须先断电，经短路放电后才能测量。

(2)测量时，兆欧表应放在水平位置，未接线前先转动兆欧表做开路实验，检查指针是否指向“∞”，再把L和E短接，轻摇发电机，看指针是否为“0”。若开路指“∞”，短路指“0”，则说明兆欧表是好的。

(3)兆欧表接线柱的引线应采用绝缘良好的多股软线，同时各软线不能绞在一起。

(4)兆欧表测完后应立即使被测物放电，在兆欧表摇把未停止转动和被测物未放电前，不可用手去触及被测物的测量部分或拆除导线，以防触电。

(5)测量时，摇动摇把的速度由慢逐渐加快，并保持在120r/min左右的转速，1min左右时读数较为准确。如果被测物短路，指针指“0”，应立即停止摇动摇把，以防表内线圈发热烧坏。

（6）在测量了电容器、较长的电缆等设备的绝缘电阻后，应先将“线路L”的连接线断开，再停止摇动，以免被测设备向兆欧表倒充电而损坏仪表。

（7）测量电解电容的介质绝缘电阻时，应按电容器耐压的高低选用兆欧表。接线时，使L端与电容器的正极连接，E端与负极连接，切不可反接，否则会使电容器击穿。

五、操作报告

（1）绘制单相电能表接线图。

（2）简述指针式万用表、数字式万用表接线及使用方法。

（3）简述兆欧表使用过程中的注意事项。

（4）心得体会及其他。

THREE Unit

单元三　直流电路

学习目标

【知识目标】

1. 掌握欧姆定律并能正确应用；
2. 掌握电压源和电流源等效变换的方法；
3. 掌握电路结构术语；
4. 理解基尔霍夫定律并能正确应用；
5. 掌握直流电路分析的不同方法和步骤。

【技能目标】

1. 能用电源等效变换的方法计算电路中的电压、电流和功率等参数；
2. 会测量有源二端网络等效参数；
3. 能通过实验的方法测试叠加定理等的正确性。

【素养目标】

1. 具有自主学习的能力；
2. 具有环保意识、安全意识，爱岗敬业，具有高度的责任心；
3. 具有精益求精的工匠精神；
4. 提高团队合作能力；
5. 能够保持工作环境清洁有序。

模块一

欧姆定律及其应用

欧姆定律应用

通过上一个单元的介绍，我们知道，在导体两端加上电压时，导体中会产生持续的电流。那么，导体中的电流、导体两端的电压和导体的电阻有什么关系呢？能不能进行定量分析呢？

一、部分电路欧姆定律

在室温条件下，铜导线内的自由电子频繁地与其他电子、晶格离子及杂质碰撞，从而限制电子的定向运动。

欧姆定律描述如下：电路中的电流与电压成正比，与电阻成反比，表示为

$$R = \frac{U}{I} \tag{3-1}$$

式中：U——负载两端端电压值，V；

I——流过负载的电流值，A；

R——负载的阻值，Ω。

二、全电路欧姆定律

部分电路的欧姆定律研究的对象只是电路的一部分，而实际应用中往往遇到包含电源在内的整个电路，如图3-1所示。

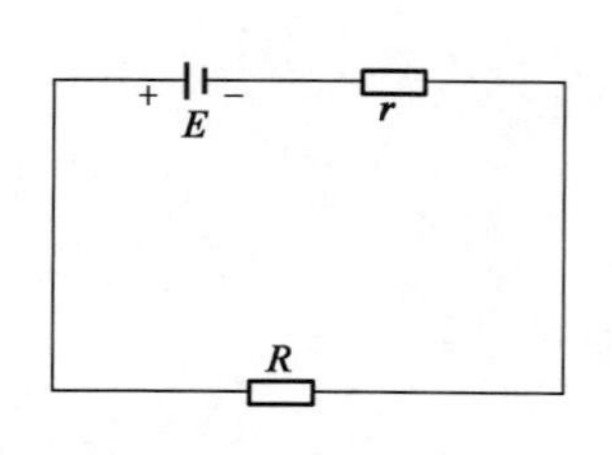

图3-1　全电路欧姆

对于图3-1所示的电路，根据能量守恒定律可知，电动势提供的功率等于电源内阻、负载电阻消耗的功率之和，即

$$EI = U_{r}I + U_{R}I \tag{3-2}$$

式中：U_{r}——电源内阻上的电压，称为内电压，V；

U_R——整个外电路负载上的电压,称为外电压,也叫作端电压,V;

I——电路中的电流,A。

于是

$$E = U_r + U_R \tag{3-3}$$

根据部分电路的欧姆定律,内阻和电阻上的电压又可写成

$$U_r = Ir \tag{3-4}$$

$$U_R = IR \tag{3-5}$$

将式(3-3)~式(3-5)整理可得

$$I = \frac{E}{R + r} \tag{3-6}$$

由式(3-6)可知,闭合电路中的电流与电源的电动势成正比,与电路的总电阻(外电阻与内电阻之和)成反比。这一规律便是全电路欧姆定律。

三、欧姆定律应用

1. 电阻的串联

电路中若干个电阻元件依次连接,各个电阻流过同一电流,这种连接形式称为电阻的串联,如图3-2a)所示。串联电阻也可以用一个等效电阻来代替,如图3-2b)所示。

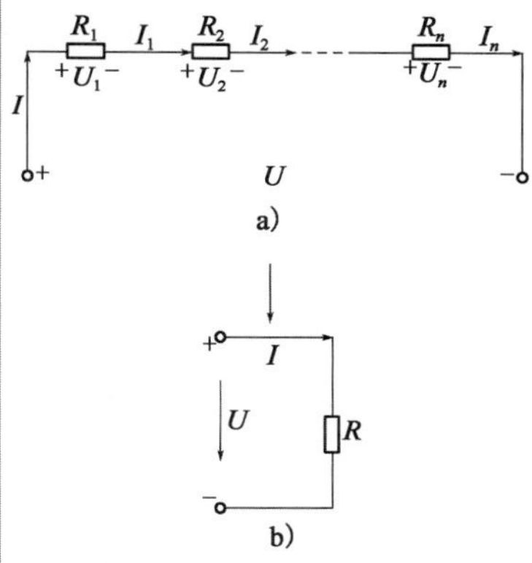

图3-2 电阻的串联

(1)电阻特性。

若干个电阻串联可以等效为一个电阻,该电阻的阻值等于若干个电阻阻值之和,表示为

$$R = R_1 + R_2 + R_3 + \cdots + R_n \tag{3-7}$$

(2)电流特性。

由于电路中只有一个电流,显而易见,在一个串联电路中,通过每个元件的电流都相等,即

$$I_1 = I_2 = I_3 = \cdots = I_n \tag{3-8}$$

(3)电压特性。

电阻串联时,总电压等于各串联电阻电压之和,表示为

$$U = U_1 + U_2 + U_3 + \cdots + U_n \tag{3-9}$$

$$\begin{cases} U_1 = IR_1 = \dfrac{R_1}{R} = U \\ U_2 = IR_2 = \dfrac{R_2}{R} = U \\ \quad\vdots \\ U_n = IR_n = \dfrac{R_n}{R} = U \end{cases} \tag{3-10}$$

式(3-10)称为分压公式,它表示在串联电路中,当外加电

压一定时，各电阻端电压的大小与它的阻值成正比，即阻值大者分得的电压大，阻值小者分得的电压小。

(4)功率特性。

将式(3-9)两边同乘以电路中流过的电流，则有

$$\begin{aligned}P &= UI \\ &= U_1I + U_2I + \cdots + U_nI \\ &= P_1 + P_2 + \cdots + P_n \end{aligned} \tag{3-11}$$

式(3-11)说明，n个电阻串联吸收的总功率等于各串联电阻吸收的功率之和。应用欧姆定律，将式(3-11)稍做变形，可得

$$\begin{aligned}P &= I^2R \\ &= I^2R_1 + I^2R_2 + \cdots + I^2R_n \end{aligned} \tag{3-12}$$

式(3-12)说明，每个电阻吸收的功率与其阻值成正比，即阻值大，吸收的功率大。

在实际工程中，电阻串联的应用很多。例如，利用串联分压原理，可以扩大电压表的量程；为了限制电路中的电流，可以在电路中串联一个变阻器。

【例3-1】 某设备的电源指示灯电路如图3-3所示。电源电压$U_S = 24V$，指示灯的额定电压$U_N = 6V$，额定功率$P_N = 0.3W$。为使指示灯正常工作，请选择合适的分压电阻。

解：通过本例，学习串联电路的分压作用。

指示灯的额定电压是6V，不能直接接在24V电源上(否则指示灯会被烧坏)。为保证指示灯正常工作，需要串联一个电阻承担多余的电压，其电路如图3-3所示。

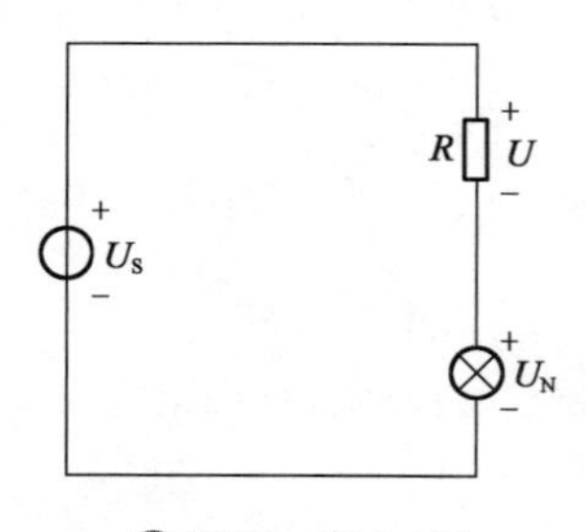

图3-3　例3-1图

指示灯上的额定电流：

$$I_N = \frac{P_N}{U_N} = \frac{0.3}{6} = 0.05(A)$$

串联电阻上的电压：

$$U = 24 - 6 = 18(V)$$

串联电阻的阻值：

$$R = \frac{U}{I_N} = \frac{18V}{0.05A} = 360(\Omega)$$

分压电阻消耗的功率：

$$P = I_N^2 \cdot R = 0.05^2 \times 360 = 0.9(W)$$

因此，该电源指示灯电路中的分压电阻可选取360Ω、1W的降压电阻。

【例3-2】 有一个测量表头，其量程$I_g = 50\mu A$，内阻$R_g = 1.8k\Omega$，现通过串联电阻的方式将其改成可测量0.25V、1V的电压表，如何实施？

解：通过本例，学习扩大电压表量程的方法。

利用串联分压的原理，可以扩大电压表的量程。电阻串联后的电路如图3-4所示。

表头和R_1串联后，其两端电压为0.25V，则

$$R_1=\frac{U_{R_1}}{I_g}=\frac{U_1-I_gR_g}{I_g}$$

$$=\frac{0.25V-50\times10^{-6}A\times1800\Omega}{50\times10^{-6}A}=3.2(k\Omega)$$

表头和R_1、R_2串联后，其两端电压为1V，则

$$R_2=\frac{U_{R_2}}{I_g}=\frac{1V-0.25V}{50\times10^{-6}A}=15(k\Omega)$$

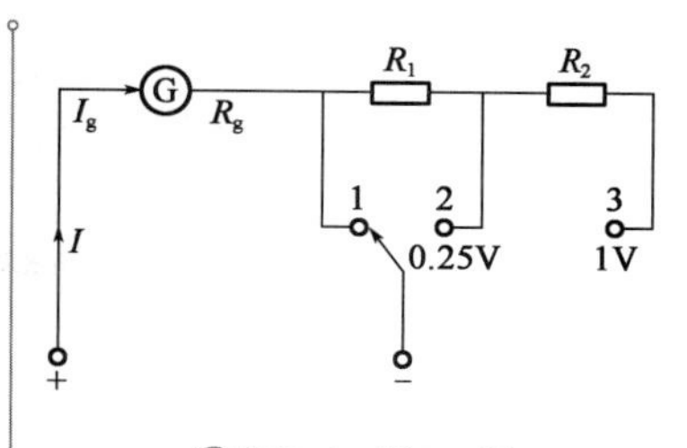

图3-4　例3-2图

2. 电阻的并联

电路中若干个电阻连接在两个公共点之间，每个电阻承受同一个电压，这种连接形式称为电阻的并联，如图3-5a)所示。并联电阻也可以用一个等效电阻代替，如图3-5b)所示。

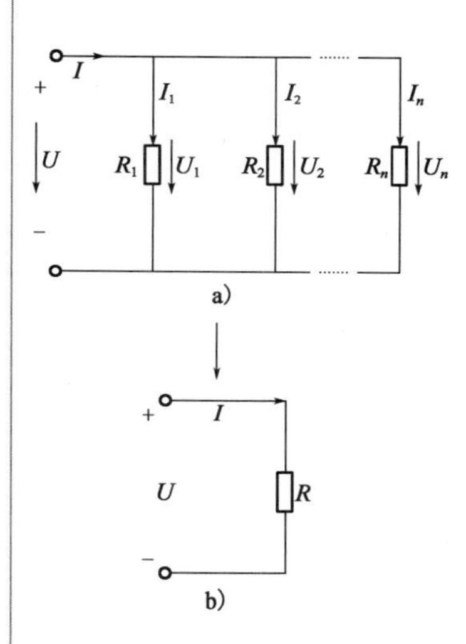

图3-5　电阻的并联

(1)电压特性。

在并联电路中，任意电阻两端的电压相等，即

$$U_1=U_2=\cdots=U_n \tag{3-13}$$

(2)电流特性。

电阻并联时，总电流等于各并联电阻上电流之和，表示为

$$I=I_1+I_2+\cdots+I_n \tag{3-14}$$

每个电阻上的电流分别为(R为并联电路等效电阻)

$$\begin{cases}I_1=\dfrac{U}{R_1}=\dfrac{R}{R_1}I\\ I_2=\dfrac{U}{R_2}=\dfrac{R}{R_2}I\\ \quad\vdots\\ I_n=\dfrac{U}{R_n}=\dfrac{R}{R_n}I\end{cases} \tag{3-15}$$

式(3-15)称为分流公式，它说明在并联电路中，当总电流一定时，各电阻上的电流大小与它的阻值成反比，即阻值大者分得的电流小，阻值小者分得的电流大。

(3)电阻特性。

应用欧姆定律将式(3-14)稍微变形，可得

$$I=I_1+I_2+\cdots+I_n$$
$$=\frac{U_1}{R_1}+\frac{U_2}{R_2}+\cdots+\frac{U_n}{R_n}$$
$$=U\left(\frac{1}{R_1}+\frac{1}{R_2}+\cdots+\frac{1}{R_n}\right)=U\frac{1}{R}$$

等效电阻与每个电阻之间的等效关系为

$$\frac{1}{R}=\frac{1}{R_1}+\frac{1}{R_2}+\cdots+\frac{1}{R_n} \tag{3-16}$$

式(3-16)说明，电阻并联时，其等效电阻的倒数等于各并联电阻倒数之和。等效电阻小于任意一个并联电阻的值。

若只有两个电阻并联，其等效电阻可用式(3-17)计算：

$$R=\frac{R_1R_2}{R_1+R_2} \tag{3-17}$$

(4)功率特性。

将式(3-14)两边同乘以电压，则有

$$\begin{aligned}P&=UI\\&=\frac{U^2}{R_1}+\frac{U^2}{R_2}+\cdots+\frac{U^2}{R_n}\end{aligned} \tag{3-18}$$

式(3-18)说明，n个电阻并联吸收的总功率等于各并联电阻吸收的功率之和；同时说明，每个电阻吸收的功率与其阻值成反比，即电阻大的吸收的功率小，电阻小的吸收的功率大。

在实际工程中，电阻并联的应用很多。例如，利用并联分流的原理，可以扩大电流表的量程。

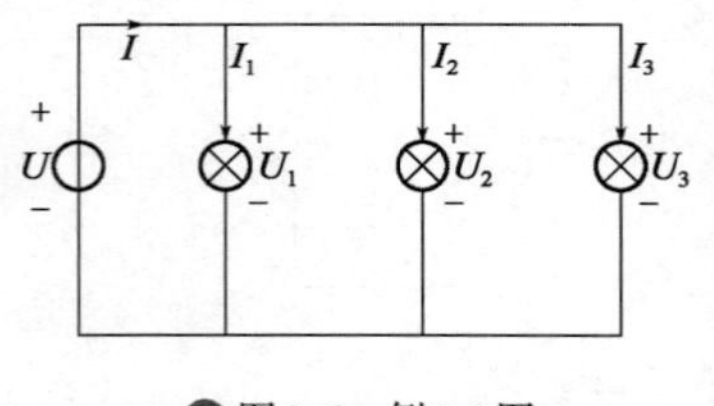

图3-6　例3-3图

【例3-3】 如图3-6所示，有3盏电灯并联在110V电源上，其额定值分别为110V/100W、110V/60W、110V/40W。求电路的总功率、总电流以及通过各灯泡的电流及电路的等效电阻。

解： 通过本例，学习并联电路的基本计算。

(1)因外接电源的电压值与灯泡额定电压相等，各灯泡可正常发光，故电路的总功率为

$$P=P_1+P_2+P_3=100\text{W}+60\text{W}+40\text{W}=200(\text{W})$$

(2)总电流与各灯泡的电流分别为

$$I=\frac{P}{U}=\frac{200\text{W}}{110\text{V}}\approx1.82(\text{A})$$

$$I=\frac{P_1}{U_1}=\frac{100\text{W}}{110\text{V}}\approx0.909(\text{A})$$

$$I=\frac{P_2}{U_2}=\frac{60\text{W}}{110\text{V}}\approx0.545(\text{A})$$

$$I=\frac{P_3}{U_3}=\frac{40\text{W}}{110\text{V}}\approx0.364(\text{A})$$

(3)等效电阻为

$$R=\frac{U}{I}=\frac{110\text{V}}{1.82\text{A}}\approx60.4(\Omega)$$

【例 3-4】 有一个测量表头，其量程$I_g = 50\mu A$，内阻$R_g = 1.8k\Omega$。现通过并联电阻的方式，将其改成可测量0.5mA、5mA的电流表，如何实施？

解：通过本例，学习扩大电流表量程的方法。

利用并联分流的原理，可以扩大电流表的量程。电阻并联后的电路如图3-7a)所示；也可以采用抽头连接方式，如图3-7b)所示。

(1)对于图3-7a)：

$$(0.5mA - I_g)R_1 = I_g R_g \Rightarrow$$
$$(0.5mA - 0.05mA)R_1 = 0.05mA \times 1800\Omega \Rightarrow$$
$$R_1 = 200(\Omega)$$
$$(5mA - I_g)R_2 = I_g R_g \Rightarrow$$
$$(5mA - 0.05mA)R_2 = 0.05mA \times 1800\Omega \Rightarrow$$
$$R_2 = 18(\Omega)$$

(2)对于图3-7b)：

Ⅰ端口为0.5mA电流挡：

$$(0.5mA - I_g)(R_3 + R_4) = I_g R_g \Rightarrow$$
$$(0.5mA - 0.05mA)(R_3 + R_4) = 0.05mA \times 1800\Omega \Rightarrow$$
$$R_3 + R_4 = 200(\Omega)$$

Ⅱ端口为5mA电流挡：

$$(5mA - I_g)R_3 = I_g(R_g + R_4) \Rightarrow$$
$$(5mA - 0.05mA)R_3 = 0.05mA \times (1800\Omega + R_4) \Rightarrow$$
$$99R_3 = 1800\Omega + R_4$$

将以上两式联立，解得

$$R_3 = 20(\Omega), R_4 = 180(\Omega)$$

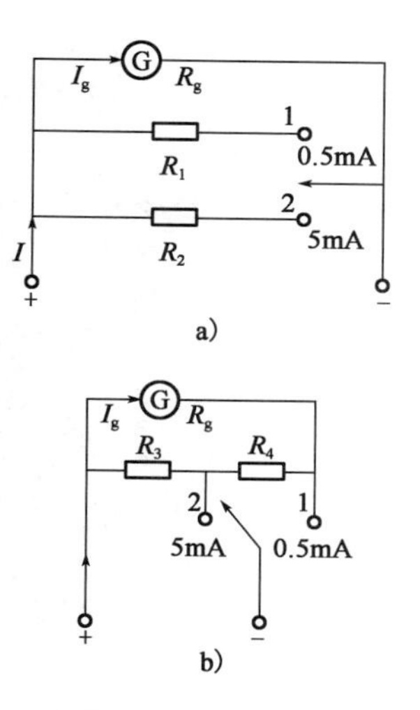

图3-7 例3-4图

1. 计算图3-8所示电路中各元件的未知量。

2. 串、并联电路的电压、电流、电阻和功率各有什么特性？

3. 阻值都为10Ω的电阻R_1与R_2串联。若R_1电阻消耗的功率为1000W，则通过R_2的电流为多少？

4. 在实际工程中，某技术员手中只有标称阻值为100Ω、0.125W的电阻若干，现需要规格为200Ω、0.25W和50Ω、0.25W的电阻，该如何处理？

a) 1A，10Ω，+ U=? −

b) 1A，10Ω，− U=? +

c) 1A，R=?，+ 10V −

d) I=?，10Ω，+ 10V −

图3-8 题1图

模块二 电源模型的等效变换

在分析电路时，经常会遇到含有多个相同或不同电源（包括电压源与电流源）的复杂电路，若不经过简化，求解电路的过程就会很复杂。在解决此类复杂电路问题时，掌握电压源与电流源的等效变换十分重要，也非常有效。

一、独立电源串并联的等效变换

1. 电压源的串联

可以向外电路提供一定电压的电源称为电压源。理想电压源的输出电压是一个恒定值。流过理想电压源的电流不由电压源本身决定，而由与它连接的外电路决定。

当n个电压源串联（图3-9）时，其等效电压源的电压等于各个串联电压源的代数和。

$$U_S = U_1 + U_1 + \cdots + U_n \tag{3-19}$$

如果U_n的参考方向与U_S的参考方向一致，式(3-19)中U_n前面取“+”，否则取“-”。

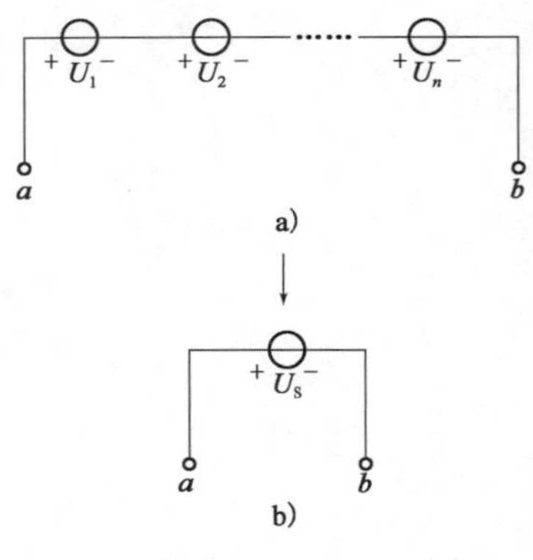

图3-9 电压源串联

2. 电流源的并联

可以向外电路提供一定电流的电源称为电流源。理想电流源的输出电流是一个恒定值。电流源两端的电压不由电流源本身决定，而由与它连接的外电路决定。

当n个电流源并联（图3-10）时，其等效电流源的电流等于各个并联电流源的代数和。

$$I_S = I_1 + I_2 + \cdots + I_n \tag{3-20}$$

如果I_n的参考方向与I_S的参考方向一致，式3-20中I_n前面取“+”，否则取“-”。

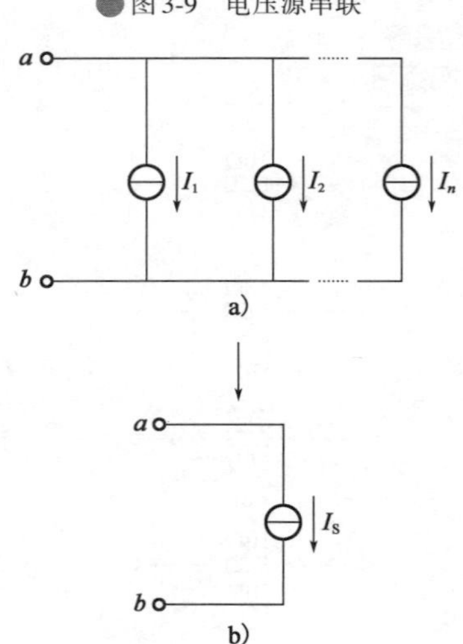

图3-10 电流源并联

知识拓展

若电压值不同的电压源并联，会使各电压源之间产生电位差，进而产生环流，等同短路。只有当电压源的电压值相等时，才能够使电压源并联，但并联结果无意义，因此，不允许存在电压源并联的情况。

同理，只有当电流源的电流值相等时，才能够使电流源串联，但串联结果无意义，因此，不允许存在电流源串联的情况。

二、实际电压源和实际电流源的等效变换

前面我们已经了解到，理想电压源两端的电压恒定，任何与理想电压源并联的元件都不影响理想电压源的对外输出。理想电流源输出的电流恒定，任何与理想电流源串联的元件都不影响理想电流源的对外输出。因此，理想电压源与理想电流源之间不能等效变换。

在实际工程中，理想电源并不存在，实际电源都有内阻存在。对于内阻，在实际电压源中采用内阻与理想电压源串联的方式来表示，而在实际电流源中则采用内阻与理想电流源并联的方式来表示。实际电压源与实际电流源的模型如图3-11所示。

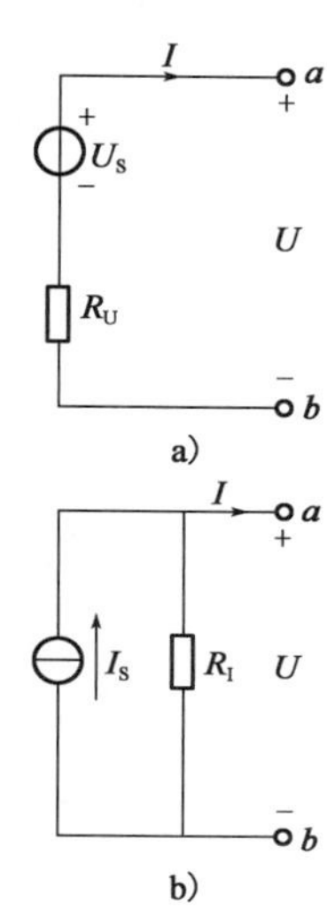

图3-11 实际电压源和实际电流源的模型

实际电压源的端口特性表示为

$$U = U_S - IR_U \tag{3-21}$$

实际电流源的端口特性表示为

$$I = I_S - \frac{U}{R_I} \tag{3-22}$$

1. 实际电压源转换成实际电流源

实际电压源转换成实际电流源，即电压源的参数U_S、R_U已知，求等效的实际电流源的参数I_S、R_I。

式(3-22)可转换为

$$U = I_S R_I - IR_I \tag{3-23}$$

根据等效变换的条件，比较式(3-21)和式(3-23)可知，只要满足

$$\begin{cases} R_U = R_I \\ I_S = \dfrac{U_S}{R_U} \end{cases} \tag{3-24}$$

则图3-12所示两电路的外特性完全相同，两者可以互相置换。

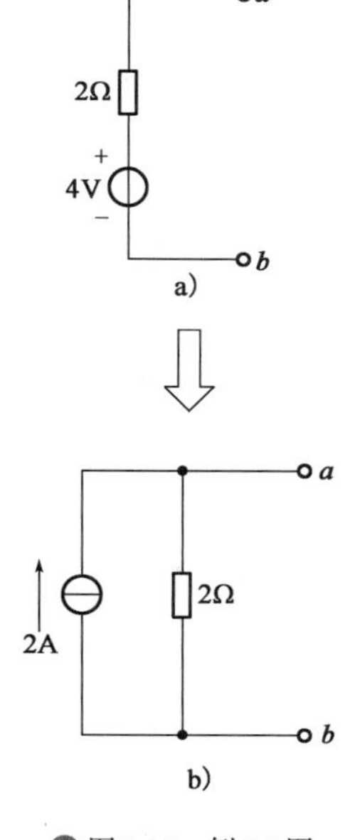

图3-12 例3-5图

2. 实际电流源转换成实际电压源

实际电流源转换成实际电压源，即电流源的参数I_S、R_I已知，求等效的实际电压源的参数U_S、R_U。

式(3-21)可转换为

$$I = \frac{U_S}{R_U} - \frac{U}{R_U} \tag{3-25}$$

根据等效变换的条件，比较式(3-22)和式(3-25)可知，只要满足

$$\begin{cases} R_U = R_I \\ U_S = I_S R_I \end{cases} \tag{3-26}$$

则图3-12所示两电路的外特性完全相同，两者可以互相置换。

实际电源在等效变换时应注意以下几点：

(1)实际电源的相互转换，只是对电源的外电路而言，对电源内部是不等效的。例如，当外电路开路时，电流源内阻上仍有功率损耗，电压源开路时，内阻上并不损耗功率。

(2)变换时要注意两种电路模型的极性必须一致，即实际电流源流出电流的一端与实际电压源的正极性端相对应。

(3)在实际电源的相互转换中，不限于内阻，还可扩展至任一电阻。凡是理想电压源与某电阻串联的有源支路，都可以变换成理想电流源与电阻并联的有源支路，凡是理想电流源与电阻并联的有源支路，都可以变换成理想电压源与电阻串联的有源支路。

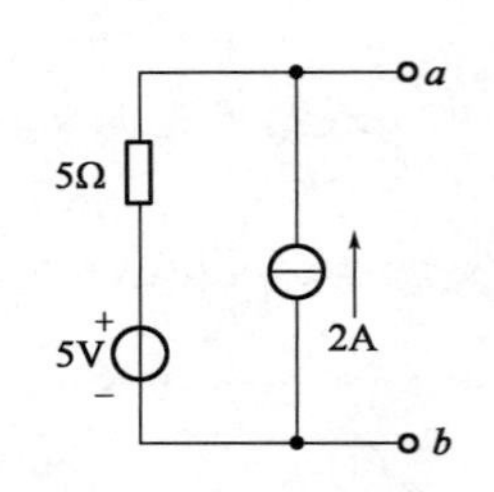

图3-13　例3-6图

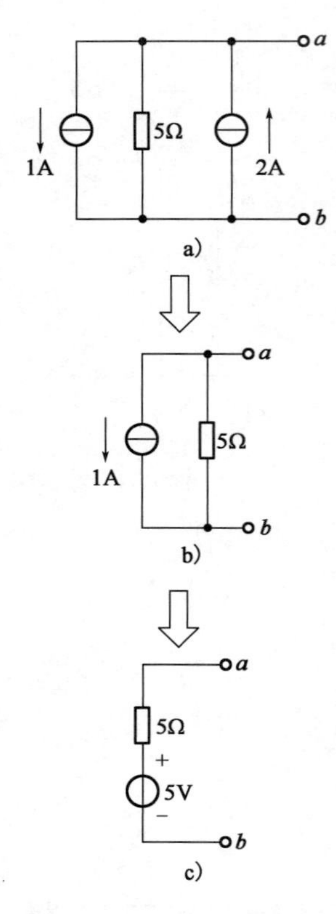

图3-14　例3-6等效变换图

【例3-5】 将图3-12a)所示的实际电压源等效变换成实际电流源。

解：通过本例，学习实际电源等效变换的基本应用。

由式(3-24)可得

$$R_I = R_U = 2(\Omega)$$

$$I_S = \frac{U_S}{R_U} = 2(A)$$

所以，等效的实际电流源如图3-12b)所示。

【例3-6】 将图3-13所示电压源等效变换成实际电压源。

解：通过本例，巩固实际电源等效变换的应用。

(1)将实际电压源等效变换为实际电流源，如图3-14a)所示。

(2)1A电流源与2A电流源并联成一个电流源，如图3-14b)所示。

(3)将实际电流源转换为实际电压源，如图3-14c)所示。

1. 理想电压源和理想电流源各有什么特点？

2. 实际电压源和实际电流源等效变换的条件是什么？是不是任何实际电流源都可以转换成实际电压源？

模块三

基尔霍夫定律

在分析电路问题时，经常会遇到使用化简电阻无法解决的问题。如果在复杂直流电路中有多个电源，要确定电阻元件的电流，仅用欧姆定律以及分压、分流公式无法得到结果。因此，基尔霍夫定律应运而生。

基尔霍夫定律阐明了任意电路中各处电压和电流的内在关系，解决了求解复杂电路电流与电压的问题。它包含两个定律：一是电路中各节点电流间联系的规律，称为基尔霍夫电流定律（简称KCL）；二是回路中各元件电压之间联系的规律，称为基尔霍夫电压定律（简称KVL）。

一、电路结构术语

1. 支路

电路中具有两个端点且通过同一电流的每个分支称为支路。通常用b表示支路数。每个支路上至少有一个元件，在图3-15中，a—c—b、a—d—b、a—e—b均为支路。支路a—c—b、a—d—b中有电源，称为有源支路；支路a—e—b中没有电源，称为无源支路。

2. 节点

3条或3条以上支路的连接点称为节点。通常用n表示节点数。在图3-15中，a、b都是节点，c、e、d不是节点。

3. 回路

电路中的任意闭合路径称为回路。通常用“l”表示回路

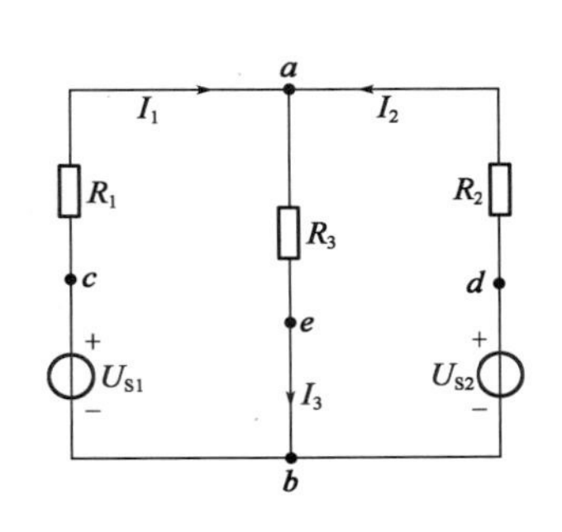

图3-15　节点和支路

数。在图3-15中，$a—e—b—c—a$、$a—e—b—d—a$、$a—c—b—d—a$都是回路。

4. 网孔

单一闭合路径中不包含其他支路的回路称为网孔。在图3-15中，$a—e—b—c—a$、$a—e—b—d—a$是网孔，$a—c—b—d—a$不是网孔。因此，网孔是回路，但回路不一定是网孔。

二、基尔霍夫电流定律

基尔霍夫电流定律

KCL是用来确定连接在同一节点上的各支路电流关系的定律。由于电流的连续性，电路中任意一点都不能堆积电荷。因此，在任意瞬时，流向某一节点的电流之和应该等于该节点流出的电流之和。KCL用数学表达式表示为

$$\sum I_{入} = \sum I_{出} \tag{3-27}$$

式(3-27)也可以写成

$$\sum I = 0 \tag{3-28}$$

式(3-28)称为KCL方程或节点电流方程。若流出节点的电流前面取"-"号，则流入该节点的电流前面应取"+"号，也可以将流入节点的电流前面取"+"，流出节点的电流前面取"-"，归纳起来就是"出入异号"。电流是流入节点还是流出节点，均由电流的参考方向来判断。

事实上，KCL不仅适用于电路的节点，对于电路中任意假设的闭合曲面也是成立的。例如图3-16所示的电路，闭合曲面包围了a、b、c 3个节点。对3个节点分别列KCL方程：

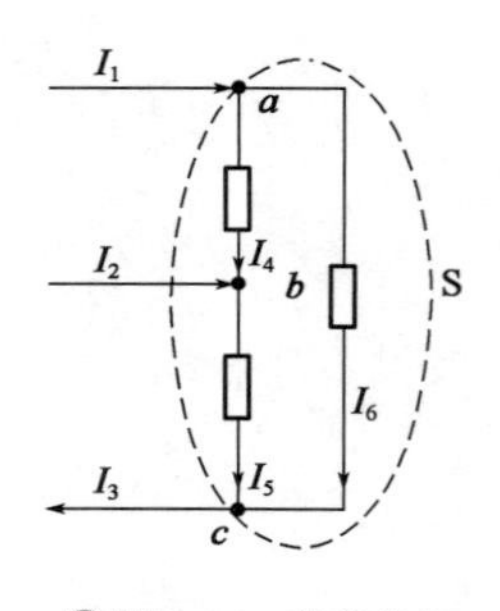

图3-16　广义节点

a:　$-I_1 + I_4 + I_6 = 0$

b:　$-I_4 - I_2 + I_5 = 0$

c:　$I_3 - I_6 - I_5 = 0$

上述a、b、c方程式相加得

$$-I_1 - I_2 + I_3 = 0$$

可见，KCL可推广应用于电路中包围多个节点的任一闭合曲面。这里的闭合曲面可以看作一个广义节点。

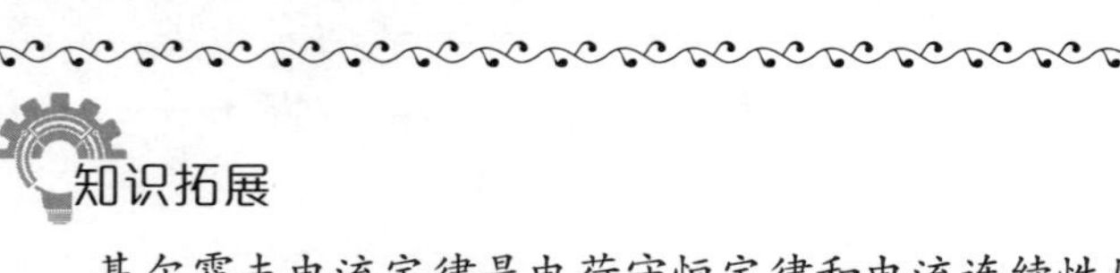

知识拓展

基尔霍夫电流定律是电荷守恒定律和电流连续性原理在电路中任意节点的反映；基尔霍夫电流定律对支路电流的约束，与支路上接的是什么元件无关，与电路是线性的还是非线性的无关。基尔霍夫电流定律方程是按电流参考方向列出的，实际电流方向也符合这个规律。

三、基尔霍夫电压定律

KVL可用来确定回路中各段电压间的关系。如果从回路上任意一点出发，按顺时针方向或逆时针方向沿回路绕行一周，则在这个方向上电位降之和应该等于电位升之和，回到原来的出发点时，该点电位是不会发生变化的。KVL用数学表达式表示为

$$\sum U = 0 \tag{3-29}$$

基尔霍夫电压定律

式(3-29)称为KVL方程或回路电压方程。

在使用KVL方程前，需要注意以下几点：

(1)首先需要指定一个回路的绕行方向，电压的参考方向与回路绕行方向一致时，前面取"+"号；电压参考方向与回路绕行方向相反时，前面取"-"号。

(2)当电阻上的电流的参考方向与回路绕行方向一致时，电阻上的电压IR前面取"+"号，否则取"-"号。

(3)当绕行方向的箭头先遇到电压源的正极时，电压源的前面取"+"号，否则取"-"号。

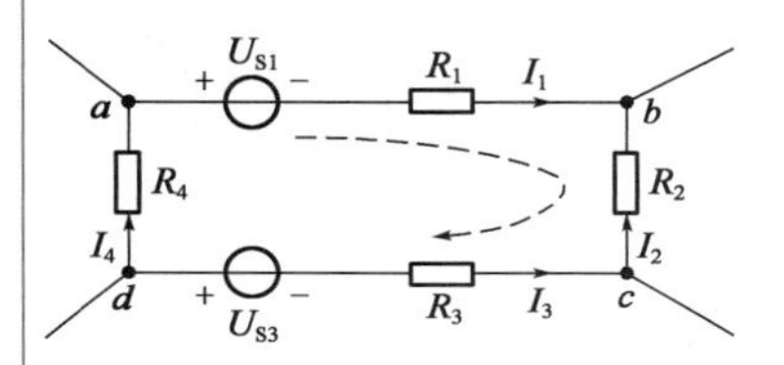

图3-17　KVL

如图3-17所示，以图中选定的参考方向，从a点出发绕行一周，则有

$$U_{ab} + U_{bc} + U_{cd} + U_{da} = 0$$
$$U_{ab} = U_{S1} + I_1R_1$$
$$U_{bc} = -I_2R_2$$
$$U_{cd} = -I_3R_3 - U_{S3}$$
$$U_{da} = I_4R_4$$

整理可得

$$U_{S1} + I_1R_1 - I_2R_2 - I_3R_3 - U_{S3} + I_4R_4 = 0$$

事实上，KVL不仅适用于闭合回路，还可以推广到广义回路。如图3-18所示，电路在a、d处开路，如果将开路电压U_{ad}添上，就形成了一个回路。

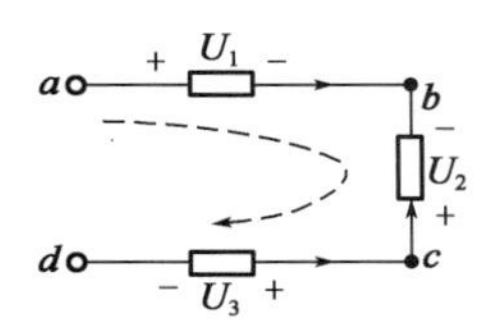

图3-18　广义回路

沿a—b—c—d—a绕行一周，列出回路电压方程：

$$U_1 - U_2 + U_3 - U_{ad} = 0$$

由此可见，利用KVL可以很方便地求出电路中任意两点间的电压。

知识拓展

基尔霍夫电压定律反映了电路遵从能量守恒定律；基尔霍夫电压定律对回路电压的约束，与回路上所接元件的性质无关，与电路是线性的还是非线性的无关；基尔霍夫电压方程是按电压参考方向列出的，实际电压方向也符合这个规律。

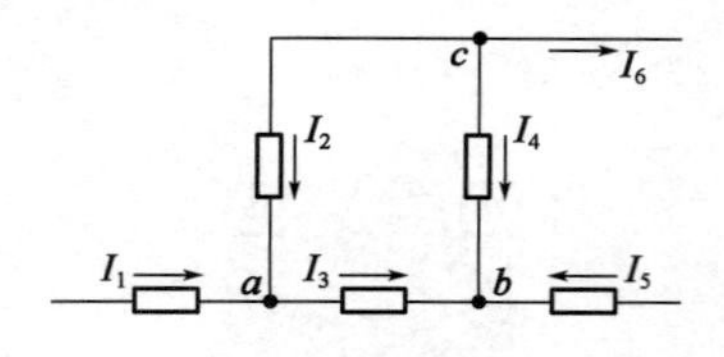

图3-19　例3-7图

【例3-7】 电路如图3-19所示，已知：$I_1 = 1A$，$I_2 = 2A$，$I_5 = 16A$。试求I_3、I_4和I_6。

解：通过本例，学习KCL的解题方法。

要求三个未知电流，需要列写三个KCL方程。这里针对a、b、c三个节点列写KCL方程。

（1）由$I_1 + I_2 = I_3$，得$I_3 = 3A$；

（2）由$I_4 + I_5 = -I_3$，得$I_4 = -19A$；

（3）由$I_4 + I_2 = -I_6$，得$I_6 = 17A$。

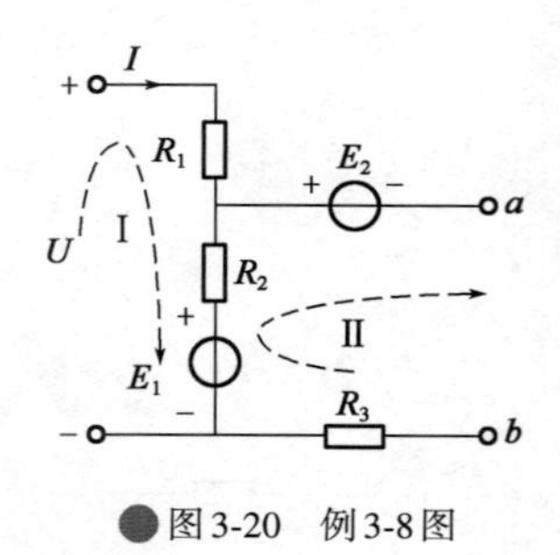

图3-20　例3-8图

【例3-8】 如图3-20所示，已知：$U = 20V$，$E_1 = 8V$，$E_2 = 4V$，$R_1 = 2\Omega$，$R_2 = 4\Omega$，$R_3 = 5\Omega$。设a、b两点开路，求开路电压U_{ab}。

解：通过本例，学习KVL的解题方法。

根据回路Ⅰ和回路Ⅱ分别列写KVL方程：

$$\begin{cases} -U + IR_1 + IR_2 + E_1 = 0 \\ E_2 + U_{ab} - E_1 - IR_2 = 0 \end{cases}$$

得

$$\begin{cases} -20V + 2I + 4I + 8V = 0 \\ 4V + U_{ab} - 8V - 4I = 0 \end{cases}$$

最后计算得出：

$$I = 2A$$
$$U_{ab} = 12V$$

1. 电路的支路、节点、回路和网孔的概念是什么？

2. 判断以下说法的正确性。

（1）利用KCL列写节点电流方程时，必须已知支路电流的实际方向。

（2）利用KVL列写回路电压方程时，所设的回路绕行方向不同，会影响计算结果的大小。

（3）根据KCL，与某节点相连各支路电流的实际方向不可能是同时流出该节点。

模块四

支路电流法

在电路学习中，会遇到含有多个电源和多条支路的复杂电路。对于此类电路，应用前面学过的电阻等效变换和电源等效变换等方法，分析过程非常复杂。以支路电流为未知量，以基尔霍夫定律为基础，通过列写电路方程求解的支路电流法是解决一般电路问题的基本方法。

一、方法探索

通过前面的学习，我们已经可以分析含有一个电源的简单电路，如图3-21所示。但很多电路含有多个电源，如图3-22所示。若要求解电阻R_1、R_2、R_3中流过的电流，简单地应用欧姆定律、基尔霍夫定律和各类电阻连接规律，无法解决问题。

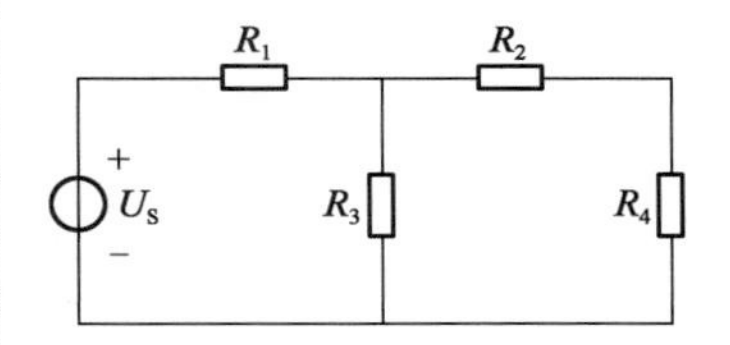

图3-21　单电源电路

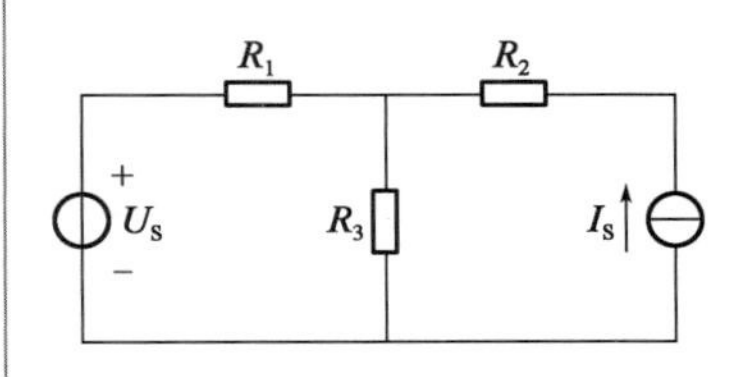

图3-22　多电源电路

在求解图3-22所示电路前，先观察电路的特点。此电路有多条支路，且每条支路上的电流都是未知数，若能根据未知电流的个数n列写n个方程，通过联立方程，即可求解未知支路的电流。这种电路分析方法就是将要讨论的支路电流法。支路电流法是一种建立在欧姆定律和基尔霍夫定律基础之上的电路分析方法。

二、支路电流法求解电路的一般步骤

1. 支路电流法

支路电流法是指选取各支路电流为未知量，直接应用KCL和KVL，分别对节点和独立回路列写节点电流方程及独立回路电压方程，然后联立求解，得出各支路的电流值。

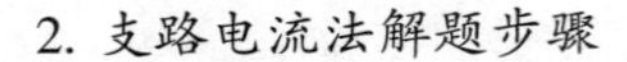

2. 支路电流法解题步骤

(1)选定各支路电流的参考方向,并标注在电路图上。

(2)应用KCL列出$(n-1)$个独立节点电流方程,n为电路节点个数。

(3)选定网孔绕行方向,应用KVL列出$m = b - (n - 1)$个独立网孔电压方程,m为电路中网孔个数,b为电路中支路个数。

(4)代入数据,联立求解方程组。

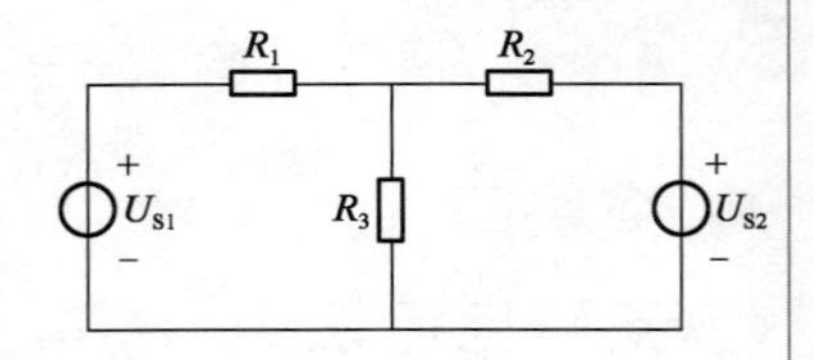

图3-23 例3-9图

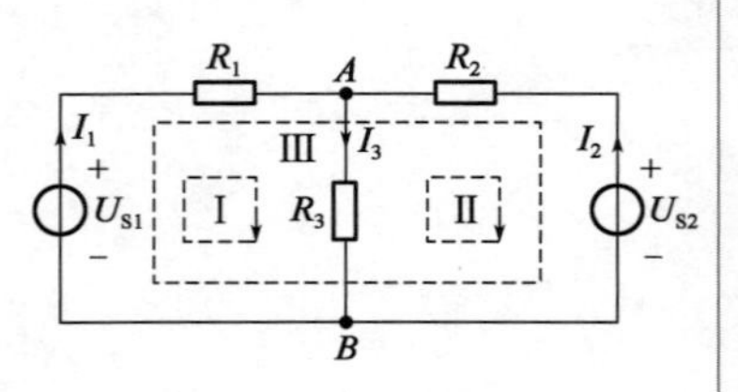

图3-24 选定电流参考方向

【例3-9】 电路如图3-23所示,已知:$R_1 = R_2 = 3\Omega$,$R_3 = 6\Omega$,$U_{S1} = 30V$,$U_{S2} = 15V$。试用支路电流法求解电阻R_1、R_2、R_3中流过的电流。

解:通过本例,学习支路电流法的基本应用。

(1)观察未知支路电流个数。选择各支路电流参考方向和回路绕行方向,标注各节点。

在图3-23中,有3个未知支路电流。选定3个未知支路电流I_1、I_2和I_3的参考方向,如图3-24所示。电流的实际方向由计算结果决定。若计算结果为正,则说明选取的参考方向与实际方向一致;反之则相反。

此电路有3个回路,绕行方向均设为顺时针方向(绕行方向可自行选定)。

此电路有2个节点,分别标注为A、B。

(2)根据节点数列写节点电流方程式。在图3-24所示的电路中,有A和B两个节点,利用KCL,列出节点电流方程。

节点A: $I_1 + I_2 = I_3$

节点B: $I_3 = I_1 + I_2$

显然,这是两个相同的方程,说明只有一个方程是独立的。

故当电路中有n个节点时,根据KCL只能列出$(n-1)$个独立的节点电流方程。

本例中选取节点A的电流方程:

$$I_1 + I_2 = I_3$$

(3)利用KVL列写回路电压方程。

本例中3个回路,利用KVL对3个回路列写回路电压方程。

回路Ⅰ: $I_1R_1 + I_3R_3 + U_{S1} = 0$

回路Ⅱ: $-I_2R_2 + U_{S2} - I_3R_3 = 0$

回路Ⅲ: $I_1R_1 - I_2R_2 + U_{S2} - U_{S1} = 0$

从上述3个方程可以看出，任何一个方程都可以从其他两个方程中导出，所以只有两个方程是独立的。

因此，对于含有b条支路、n个节点、m个网孔的平面电路，在使用支路电流法求解问题时，仅能列出m个独立的回路电压方程，并且$m = b - (n - 1)$。

因此，本例利用KVL，对网孔Ⅰ和网孔Ⅱ列写如下电压方程：

网孔Ⅰ：　$I_1R_1 + I_3R_3 + U_{S1} = 0$

网孔Ⅱ：　$-I_2R_2 + U_{S2} - I_3R_3 = 0$

（4）联立方程组，求出各支路电流值。

$$\begin{cases} I_1 + I_2 = I_3 \\ I_1R_1 + I_3R_3 + U_{S1} = 0 \\ -I_2R_2 + U_{S2} - I_3R_3 = 0 \end{cases}$$

代入已知数值R_1、R_2、R_3、U_1、U_2，得

$$\begin{cases} I_1 + I_2 = I_3 \\ 3I_1 + 6I_3 - 30\text{V} = 0 \\ -3I_2 + 15\text{V} - 6I_3 = 0 \end{cases}$$

求解联立方程组，可得

$$I_1 = 4\text{A}, I_2 = -1\text{A}, I_3 = 3\text{A}$$

结果中的I_1和I_3若为正值，说明电流的实际方向与参考方向一致；若I_2为负值，说明电流的实际方向与参考方向相反。

三、支路电流法中电流源的处理

下面用支路电流法求解图3-22所示电路中的支路电流。求解之前应先简化电路。R_2与理想电流源I_S串联可舍去，简化后的电路如图3-25所示。此电路含有一个电流源，但电流源两端的电压未知。若将电流源的端电压列入回路电压方程，电路就增加了一个变量，在列写方程时必须补充一个辅助方程。下面对此电路进行详细分析。

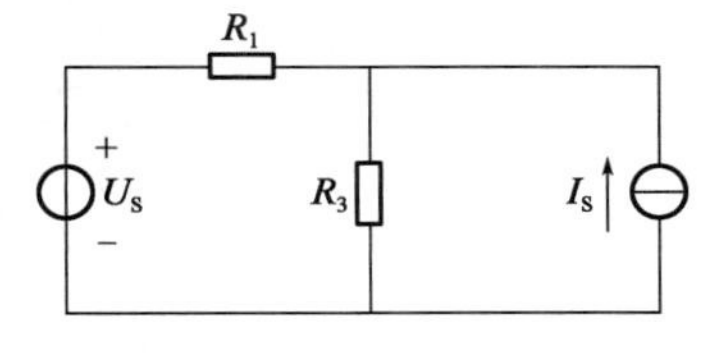

图3-25　例3-10图

【例3-10】　在图3-25所示的电路中，已知：$U_S = 42\text{V}$，$I_S = 7\text{A}$，$R_1 = 12\Omega$，$R_3 = 2\Omega$。试用支路电流法求各支路电流。

解：通过本例，巩固支路电流法的应用。

方法1：由于列写KVL方程时，需标注每个元件两端的电压，设电流源两端的电压为U。

（1）选取支路电流I_1和I_2的参考方向，并标明节点A、B，如图3-26所示。

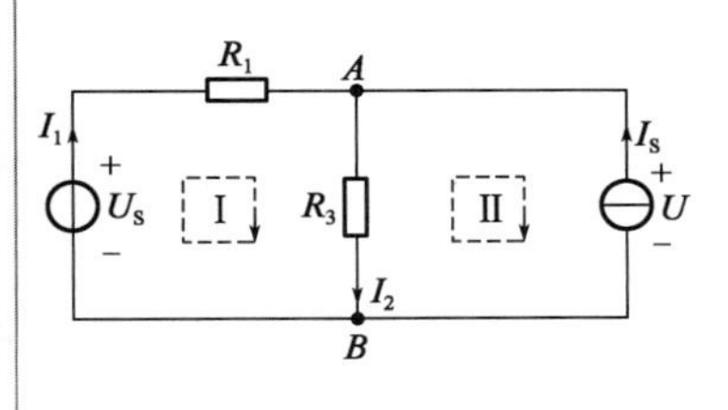

图3-26　选定电流参考方向

(2)根据节点数列写独立的节点电流方程。对节点A列写方程：

$$I_1 + I_S = I_2$$

(3)利用KVL,对网孔Ⅰ、Ⅱ列写回路电压方程。

网孔Ⅰ： $I_1R_1 + I_2R_3 - U_S = 0$

网孔Ⅱ： $U - I_2R_3 = 0$

(4)联立求解方程组,求出各支路电流值。

$$\begin{cases} I_1 + I_S = I_2 \\ I_1R_1 + I_2R_3 - U_S = 0 \\ U - I_2R_3 = 0 \end{cases}$$

方程中多了一个未知数U,因此要补充一个方程$I_S = 7A$。代入参数,解得

$$I_1 = 2A, I_2 = 9A, U = 18V$$

方法2:在图3-26中,由于$I_S = 7A$已知,仅对节点A和网孔Ⅰ列写如下方程。

节点A： $I_1 + I_S = I_2$

网孔Ⅰ： $I_1R_1 + I_2R_3 - U_S = 0$

代入参数,解得

$$I_1 = 2A, I_2 = 9A$$

比较以上两种处理方法可以看到,第一种方法比第二种方法所列方程多,且求解结果中的U并不是所要求解的结果,只有I_1和I_2是最终要获得的结果。因此,对于此类含有电流源的电路,由于理想电流源所在支路的电流已知,在选择回路时避开理想电流源支路更为方便。

1. 支路电流法的依据是什么？如何列出足够的独立方程？

2. 在列写支路电流法的电流方程时,若电路中有n个节点,根据KCL能列出的独立方程有多少个？

模块五 节点电压法

当支路较多时，支路电流法所需方程数较多，求解极不方便。对于支路较多而节点较少的电路，采用节点电压法求解会带来事半功倍的效果。

一、方法探索

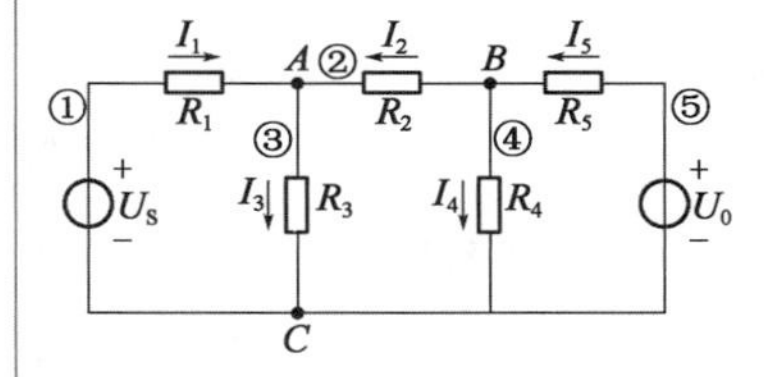

图3-27 多支路少节点电路

图3-27所示的电路由2个电压源和5个电阻组成，电路中有5条支路，现要求各支路电流。

根据前面所学知识，如果以支路电流法求解，需要列出5个方程，求解方程会花费很多时间。仔细分析图3-27所示电路的特点发现，此电路支路虽多，但只有3个节点。如果知道3个节点的电位，每个支路的电压便都能通过节点电位之差求得，如$U_{AB}=V_A-V_B$，这样就可根据欧姆定律和基尔霍夫定律轻而易举地求出各支路的电流。这种电路分析方法就是将要讨论的节点电压法。

二、节点电压

在具有n个节点的电路中任选一节点为参考节点，其余各节点对参考节点的电压称为该节点的节点电压。记为U_x。节点电压的参考极性规定为参考节点为负，其余独立节点为正。

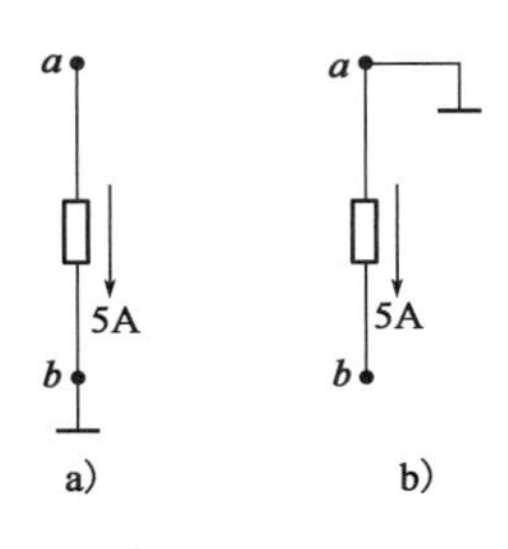

图3-28 节点电压

在图3-28a)中，以节点b为参考节点，则节点a的节点电压为

$$U_a=V_A-V_B=5(\mathrm{V}) \quad (3\text{-}30)$$

在图3-28b)中，以节点a为参考节点，则节点b的节点电压为

$$U_b=V_B-V_A=-5(\mathrm{V}) \quad (3\text{-}31)$$

由式(3-30)和式(3-31)可见，电位值是相对的，参考点选

的不同，电路中其他各节点的电位也将随之改变；但电路中两点间的电压值是固定的，不会因参考点的不同而改变。

三、节点电压方程

节点电压方程就是以节点电压为求解变量，对独立节点用KCL列出用节点电压表达的有关支路的电流方程。

在图3-27所示的电路中，有5条支路、3个节点。以节点C为参考节点，节点A、B的节点电压用U_A、U_B表示，支路①②③④⑤的支路电压用U_1、U_2、U_3、U_4、U_5表示。

定义节点电压后，各支路电压可用节点电压表示为

$$U_1=-U_A, U_2=U_B-U_A, U_3=U_A, U_4=U_B, U_5=-U_B$$

由KCL可知，$I_1+I_2-I_3=0$，用节点电压表示为

$$\frac{-U_A+U_S}{R_1}+\frac{U_B-U_A}{R_2}-\frac{U_A}{R_3}=0$$

四、节点电压法求解电路的一般步骤

(1)在电路图上标注n个节点。

(2)选定参考节点，对其他$(n-1)$个节点设节点电压。

(3)列写节点电压方程及支路电压方程。

(4)用节点电压表示各支路电流。

(5)根据KCL，列写出$(n-1)$个独立节点的KCL方程。

(6)根据求得的节点电压，计算出各支路电流。

【例3-11】 在图3-29所示的电路中，已知：$R_1=R_2=3\Omega$，$R_3=6\Omega$，$U_{S1}=30V$，$U_{S2}=15V$。试用节点电压法求解各支路电流。

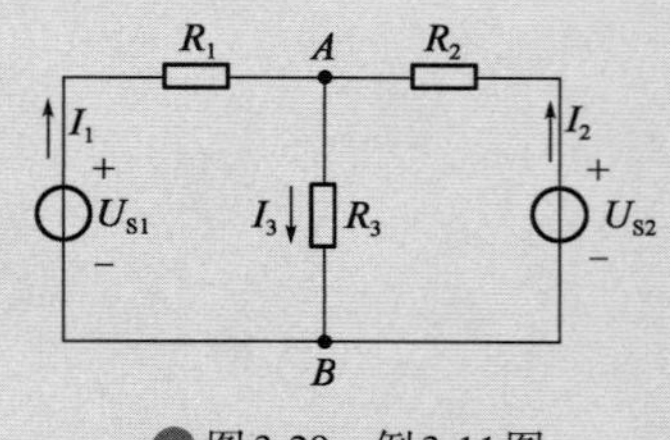

图3-29 例3-11图

解：通过本例，学习节点电压法的基本应用。

(1)在电路图上标注节点。此电路有A、B两个节点。

(2)选定参考节点，对其余节点设节点电压。一般情况下，把通过大多数支路的节点当成参考节点。此电路取节点B为参考节点，设节点A的节点电压为U_A。

(3)根据KVL，列写节点电压方程。

$$\begin{aligned}U_A&=V_A-V_B\\&=-I_1R_1+U_{S1}\\&=-I_2R_2+U_{S2}\\&=I_3R_3\end{aligned}$$

(4)用节点电压表示各支路电流。此电路有3条支路，需列出3条支路的电流方程。

$$\begin{cases}I_1=-\dfrac{U_A-U_{S1}}{R_1}\\I_2=-\dfrac{U_A-U_{S2}}{R_2}\\I_3=\dfrac{U_A}{R_3}\end{cases}$$

(5)根据KCL,列写出独立节点的KCL方程。

对节点A,列出KCL方程:

$$I_1 + I_2 = I_3$$

所以

$$-\frac{U_A - U_{S1}}{R_1} - \frac{U_A - U_{S2}}{R_2} = \frac{U_A}{R_3}$$

将各参数代入上式,可求得$U_A = 18V$。

(6)根据求得的节点电位,计算出各支路电流:$I_1 = 4A, I_2 = -1A, I_3 = 3A$。

【例3-12】 一电路如图3-30所示,用节点电压法求各支路电流。

解:通过本例,加深理解节点电压法的应用。

(1)在电路图上标注节点A、B、C,如图3-30所示。

(2)选择节点C为参考节点。设节点A的节点电压为U_A,节点B的节点电压为U_B。

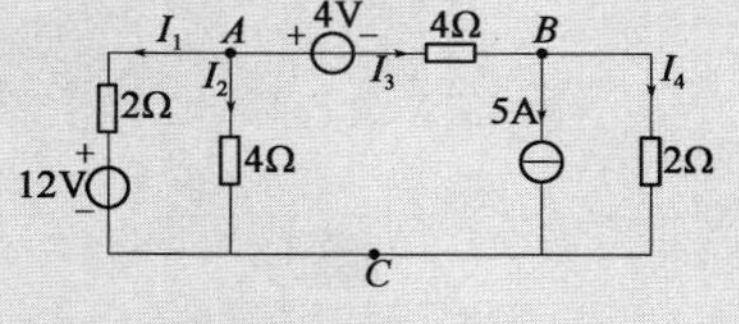

图3-30 例3-12图

(3)列写节点电压方程及支路电压方程。

$$U_A = 2I_1 + 12V = 4I_2$$
$$U_B = 2I_4$$
$$U_{AB} = U_A - U_B = -4V + 4I_3$$

(4)用节点电压表示各支路电流。此电路有4个未知电流,因此需要列写4个支路电流方程。

$$\begin{cases} I_1 = \dfrac{U_A - 12}{2} \\ I_2 = \dfrac{U_A}{4} \\ I_3 = \dfrac{U_A - U_B + 4}{4} \\ I_4 = \dfrac{U_B}{2} \end{cases}$$

(5)根据KCL,对独立节点A、B列写KCL方程。

对节点A,列出KCL方程:

$$I_1 + I_2 + I_3 = \frac{U_A - 12}{2} + \frac{U_A}{4} + \frac{U_A - U_B + 4}{4} = 0$$

对节点B,列出KCL方程:

$$I_3 - I_4 - 5 = \frac{U_A - U_B + 4}{4} - \frac{U_B}{2} - 5 = 0$$

求得$U_A = 4V, U_B = -4V$。

(6)根据求得的节点电压,计算出各支路电流。

$$I_1 = -4A, I_2 = 1A, I_3 = 3A, I_4 = -2A$$

1. 对于含有理想电压源支路的电路,在列写节点电压方程时,有什么处理方法?

2. 节点电压法把什么作为求解变量?

模块六

叠加定理

对于支路和节点数量都较多的电路，使用支路电流法或节点电压法列写电路方程和解方程的计算量成几何倍数增长。如果线性电路中的电源数较少，采用叠加定理求解电路问题是一种较为简便且有效的方法。

一、方法探索

在图3-31所示的电路中，电路由电压源U_S、电流源I_S和4个电阻组成，电路中有6条支路，求R_2和R_4两个电阻元件上的电压大小。

根据前面所学知识，如果以支路电流法求解电路，需列出6个电路方程，求解方程会花费很多时间。如果采用节点电压法，有3个未知节点需求解，比较烦琐。仔细分析图3-31所示电路的特点发现，此电路虽然支路、节点较多，但只含有1个电压源和1个电流源。如果计算出每个电源为负载提供的电压或电流后再求和，就可以得到各支路电阻上的电压或电流。这种把一个电路按照每个电源单独作用分别求解，再对结果求和的方法就是将要讨论的叠加定理。

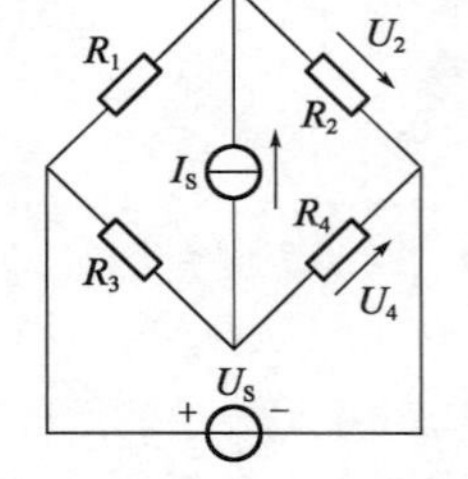

图3-31　多支路、多节点、少电源电路

二、叠加定理

叠加定理是线性电路中一条十分重要的定理，不仅可以用于计算电路中的电流、电压，更重要的是建立了电路中输入和输出的内在关系。

叠加定理的描述：在线性电路中，如果电路中存在多个电源共同作用，则任何一条支路的电流或电压都等于每个电源单独作用在该支路上所产生的电流或电压的代数和。

"每个电源单独作用"是指每次仅保留一个独立电源,其他电源置零。具体方法是:把不应用理想电压源短路,理想电流源开路。

注意:线性电路是指电压和电流成正比的电路。

三、应用叠加定理分析复杂电路的一般步骤

(1)在原电路中标出各支路中电流的方向。

(2)画出各独立电源单独作用时的电路图。

(3)分别求出各电源单独作用时,与待求量相对应的电压或电流。

(4)将各分量相加。若分量与总量方向一致,取正,相反则取负。

注意:叠加定理只适用于线性电路,不适用于非线性电路;叠加定理只适用于计算电路中的电压和电流,不能直接用于计算功率。

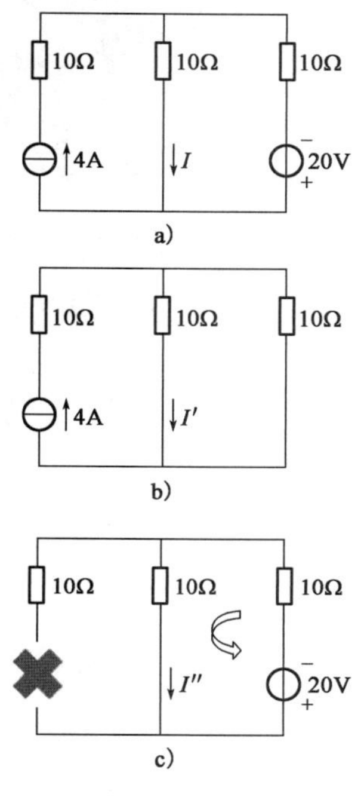

图3-32 例3-14图

【例3-13】 如图3-32a)所示,试用叠加定理求电流I。

解:如图3-32b)所示,4A电流源单独作用时,得

$$I' = 4 \times \frac{1}{2} = 2(\mathrm{A})$$

如图3-32c)所示,20V电压源单独作用时,得

规定逆时针为参考方向

$$I'' = -\frac{20\mathrm{V}}{(10+10)}\Omega = -1(\mathrm{A})$$

注:负号仅代表实际方向与参考方向相反。

1. 试述叠加定理的应用步骤。
2. 用叠加定理求图3-33中电流I_1、I_2。

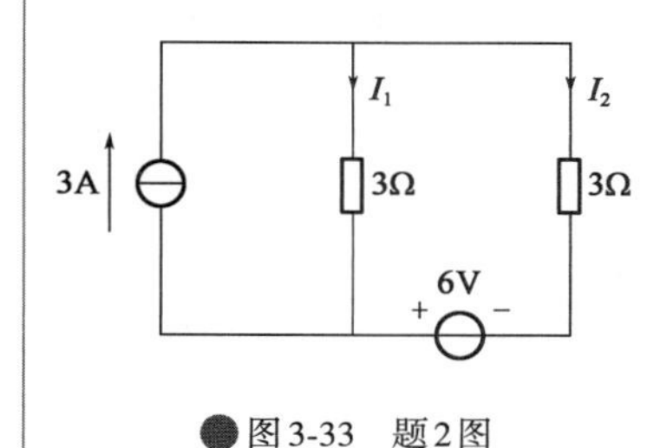

图3-33 题2图

模块七
戴维南定理

一、方法探索

若电话机的声音异常，表明电话电路出现了故障。这时，作为维修人员，需要判断它是蜂鸣器故障，还是电路的其他部分出现异常。在电路学习中，我们也会遇到求一个复杂电路中某一电路元件参数（电压、电流、功率）的问题，此时采用前面学习过的支路电流法、叠加定理法、节点电压法都会比较烦琐。

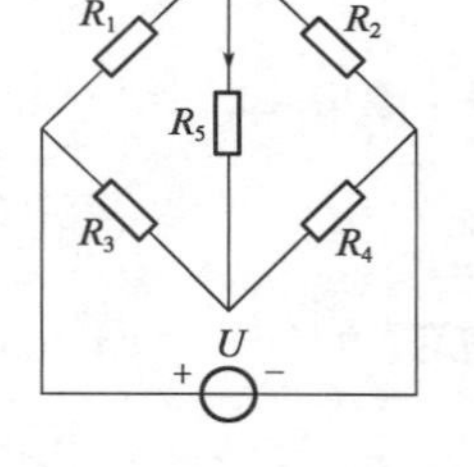

图3-34　电路图

如图3-34所示，电阻R_5与电路其他部分由两根导线连接；对R_5而言，电路的其余部分是一个含有电源的二端网络（有源二端网络），这个有源二端网络通过电源等效变换成一个理想电压源与内阻的串联。只要电路的其余部分可以等效成一个理想电压源与内阻串联的形式，支路的电路参数就会非常容易得到。

二、戴维南定理求解电路的一般步骤

1. 计算法

（1）断开外电路，求开路电压U_{OC}。

（2）将有源二端网络中所有电源去除（理想电压源短路，理想电流源开路）后求等效电阻R_i。

（3）画出等效电路图。

2. 实验法

（1）断开外电路，用电压表测开路电压U_{OC}。

(2)将外电路支路短接,用电流表测流过外电路支路的电流I,求得$R_i = U_{OC}/I$。

(3)画出等效电路图。

注意:尽管戴维南定理是在直流电源和电阻的条件下提出的,但实际上,只要是线性元件构成的交流电路,戴维南定理同样适用。

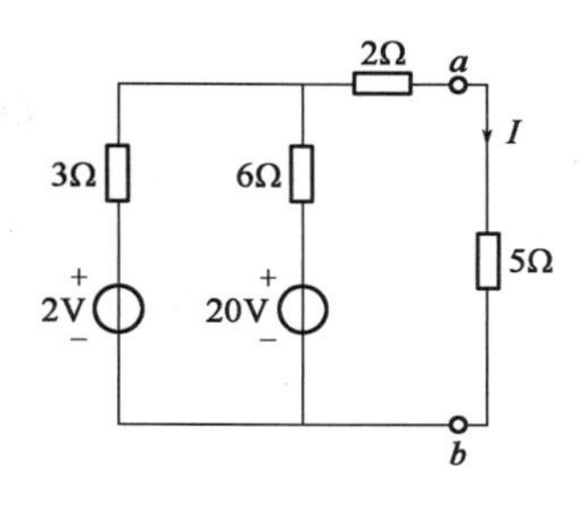

图3-35 例3-15图

【例3-14】 利用戴维南定理求图3-35中的电流I。

解:(1)求开路电压。a、b开路后的电路图如图3-36a)所示,根据KVL可得

$$6I' + 3I' = 20 - 2,得 I' = \frac{18}{9} = 2(\mathrm{A})$$

$$U_{ab} = U_{OC} = -2 \times 6\mathrm{V} + 20\mathrm{V} = 8(\mathrm{V})$$

(2)求等效电阻R_i。所有电源均除去后的电路图如图3-36b)所示,根据电路的等效可得

$$R_i = \left(\frac{3 \times 6}{3 + 6}\right)\Omega + 2\Omega = 4(\Omega)$$

(3)画戴维南等效电路,如图3-36c)所示,则

$$I = \frac{8}{5 + 4} = 0.89(\mathrm{A})$$

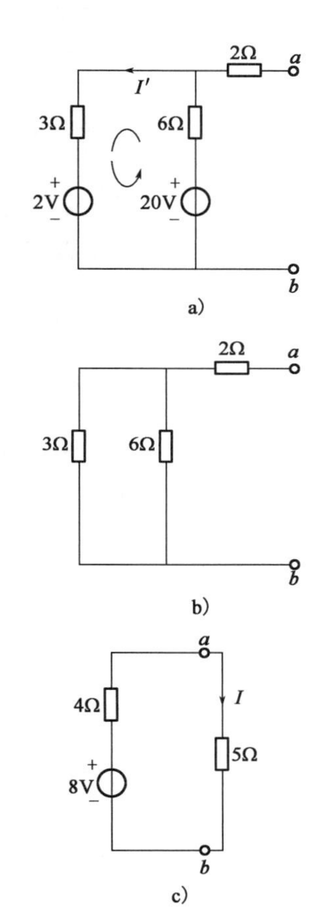

图3-36 利用戴维南定理求解电流I

知识拓展

在电路课程的学习中,电源等效变换、支路电流法、叠加定理和戴维南定理等都可以解决电路中的实际问题,但具体问题要具体分析。

电源等效变换:适用于多电源电路,电路结构简单,仅需求解某一支路参数。

支路电流法:适用于任何电流参数的求解,但当电路复杂时求解烦琐。

叠加定理:适用于多电源电路,求解电路参数较少的电路。

戴维南定理:适用于电路复杂,仅需求解某一支路参数的电路。

判断以下说法是否正确。

(1)任何一个线性有源二端网络,都可以用一个实际电

压源来代替。

(2)戴维南等效电路的电源电压在数值上等于线性有源二端网络的开路电压。

(3)求解戴维南等效电路的内阻时,需要把原电路中的理想电流源和理想电压源都开路。

(4)求解戴维南等效电路的内阻时,需要把原电路中的理想电流源和理想电压源都短路。

(5)求解戴维南等效电路的内阻时,需要把原电路中的理想电流源短路、理想电压源开路。

(6)求解戴维南等效电路的内阻时,需要把原电路中的理想电压源短路、理想电流源开路。

本单元习题

一、填空题

1. 欧姆定律的一般表达式为________。

2. 基尔霍夫电流定律可简写为________，其数学表达式是________。

3. 理想电压源的内阻为________，理想电流源的内阻为________。

4. 叠加定理中单个独立电源单独作用时，其余独立电源应去除，电压源去除是将其________处理，电流源去除是将其________处理。

5. 任意线性单口网络，对外电路而言可以等效为一个实际的电压源模型，即________定理；也可以等效为一个实际的电流源模型，即________定理。

二、解答题

1. 标称值为“6V、0.9W”的小灯泡的额定电流是多少？如果误将其接到15V的电源上，会产生什么后果？

2. 等效化简图3-37所示的电路。

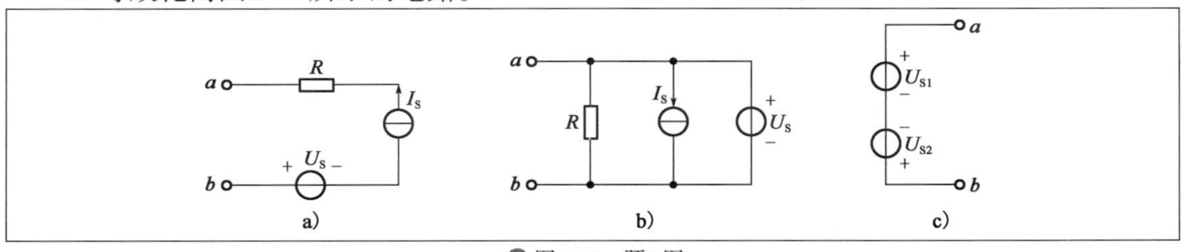

图3-37　题2图

3. 在图 3-38 所示的电路中，已知：$R_1 = 1\Omega$，$R_2 = 2\Omega$，$U_{S1} = 5V$，$I_S = 1A$。试用支路电流法求各支路电流和电流源两端的电压。

4. 在图 3-39 所示的电路中，已知：$I_S = 260A$，$R_1 = R_2 = 0.5\Omega$，$R_4 = 24\Omega$，$U_S = 117V$。试用节点电压法求 I_3 电流。

5. 在图 3-40 所示的电路中，已知：$U_{S1} = 10V$，$U_{S2} = 4V$，$I_S = 4A$，$R_1 = 6\Omega$，$R_2 = 4\Omega$。试用叠加定理求电流 I。

6. 在图 3-41 所示的电路中，试用戴维南定理求电压 U。

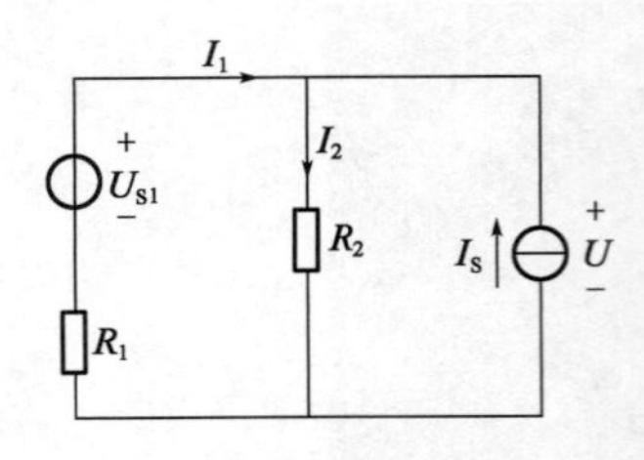

图 3-38　题 3 图

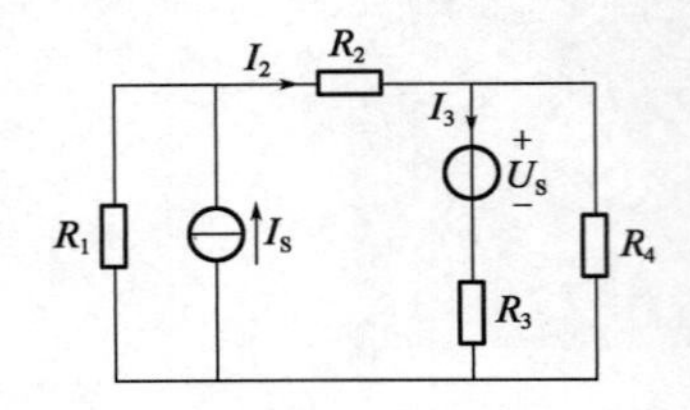

图 3-39　题 4 图

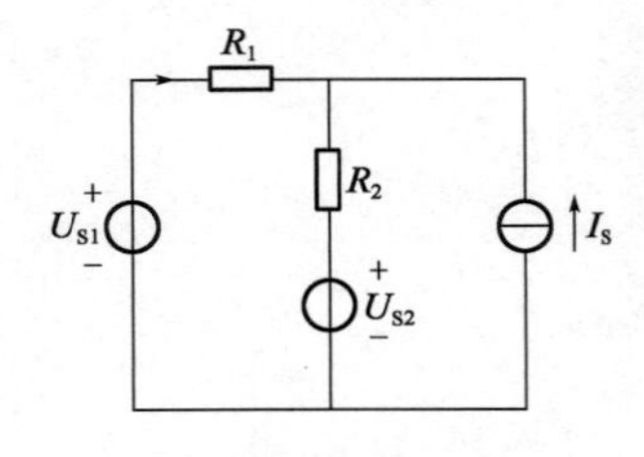

图 3-40　题 5 图

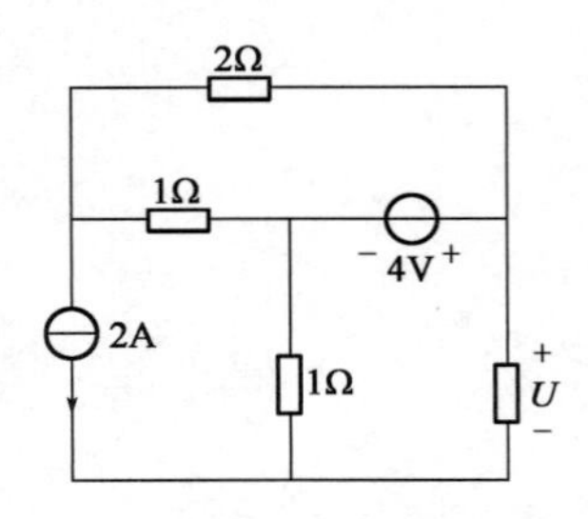

图 3-41　题 6 图

技能训练三 电路元件伏安特性的测绘

一、操作目的

(1)学会识别常用的电路元件。

(2)掌握线性电阻和非线性电阻元件伏安特性的测绘。

(3)掌握实验台上直流电工仪表和设备的使用方法。

二、操作器材

操作器材见表3-1。

操作器材　　表3-1

序号	名称	型号与规格	数量	备注
1	可调直流稳压电源	0~30V	1	
2	万用表	FM-47或其他	1	自备
3	直流数字毫安表	0~200mA	1	
4	直流数字电压表	0~200V	1	
5	二极管	IN4007	1	DGJ-05
6	稳压二极管	2CW51	1	DGJ-05
7	白炽灯	12V,0.1A	1	DGJ-05
8	线性电阻器	200Ω,1kΩ/8W	1	DGJ-05

三、操作原理

任何一个二端元件的伏安特性都可用该元件上的端电压U与通过该元件的电流I之间的函数关系$I=f(U)$来表示,即用I-U平面上的一条曲线来表征,这条曲线称为该元件的伏安特性曲线。

（1）线性电阻器的伏安特性曲线是一条通过坐标原点的直线（图3-42所示的直线a），该直线的斜率等于该电阻器的阻值。

（2）一般的白炽灯在工作时灯丝处于高温状态，其灯丝电阻随着温度的升高而增大，通过白炽灯的电流越大，其温度越高，阻值也越大。一般灯泡的“冷电阻”与“热电阻”的阻值可相差几倍至十几倍，所以它的伏安特性如图3-42中曲线b所示。

（3）一般的半导体二极管是非线性电阻元件，其伏安特性如图3-42中曲线c所示。一般的半导体正向压降很小（一般的锗管为0.2～0.3V，硅管为0.5～0.7V），正向电流随正向压降的升高而急剧上升，而当反向电压从零一直增加到十几伏至几十伏时，其反向电流增加很小，粗略地可视为零。可见，二极管具有单向导电性，但反向电压加得过高，超过管子的极限值，则会导致管子击穿损坏。

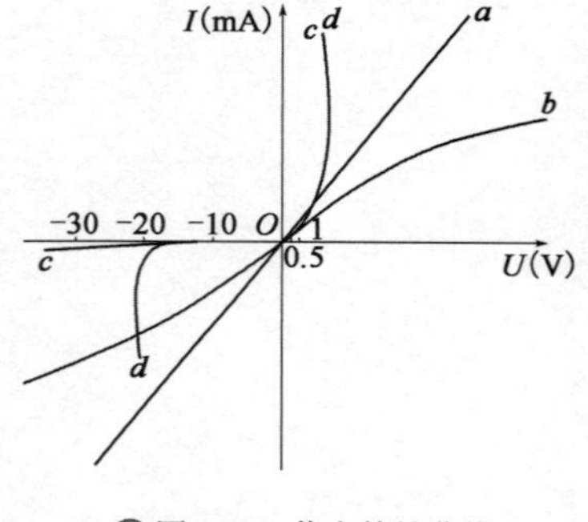

图3-42　伏安特性曲线

（4）稳压二极管是一种特殊的半导体二极管，其正向特性与普通二极管类似，但其反向特性较特别，如图3-42中曲线d所示。在反向电压开始升高时，其反向电流几乎为零，但当电压增加到某一数值时（称为管子的稳压值，有各种不同稳压值的稳压管），电流将突然增大，此后它的端电压将基本维持恒定；当外加的反向电压继续升高时，其端电压仅有少量升高。

注意：流过二极管或稳压二极管的电流不能超过管子的极限值，否则管子会被烧坏。

四、操作内容及步骤

1. 测定线性电阻器的伏安特性

按图3-43接线，调节稳压电源的输出电压U：从0V开始缓慢地升高，一直升到10V，记下相应的电压表和电流表的读数U_R、I，填入表3-2。

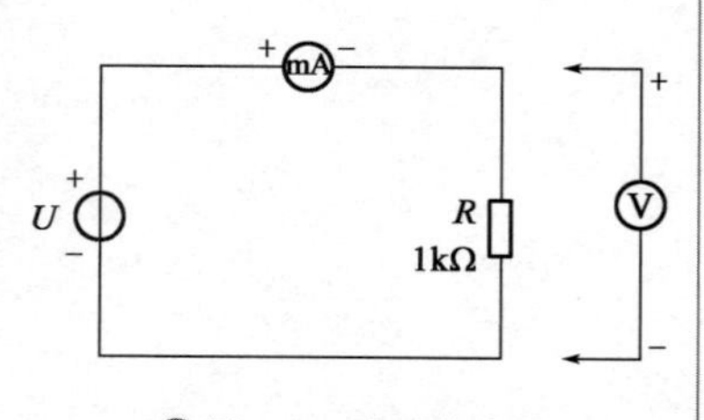

图3-43　实验接线图

U_R、I数值表　　表3-2

U_R(V)	0	2	4	6	8	10
I(mA)						

2. 测定非线性白炽灯泡的伏安特性

将实验接线图（图3-43）中的R换成一只12V、0.1A的灯泡，重复实验内容1，将结果填入表3-3。U_L为灯泡的端电压。

U_L、I数值表　　表3-3

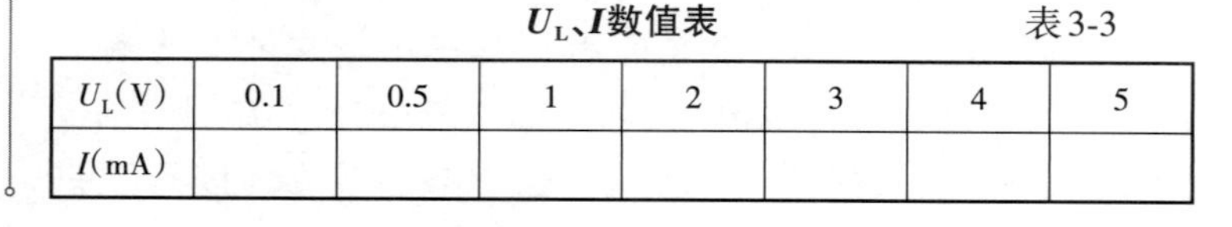

U_L(V)	0.1	0.5	1	2	3	4	5
I(mA)							

3. 测定半导体二极管的伏安特性

按图3-44接线，R为限流电阻器。

(1)正向特性操作。

测二极管的正向特性时，其正向电流不得超过35mA，二极管D的正向电压U_{D+}可在0~0.75V范围内取值。在0.5~0.75V范围内应多取几个测量点。

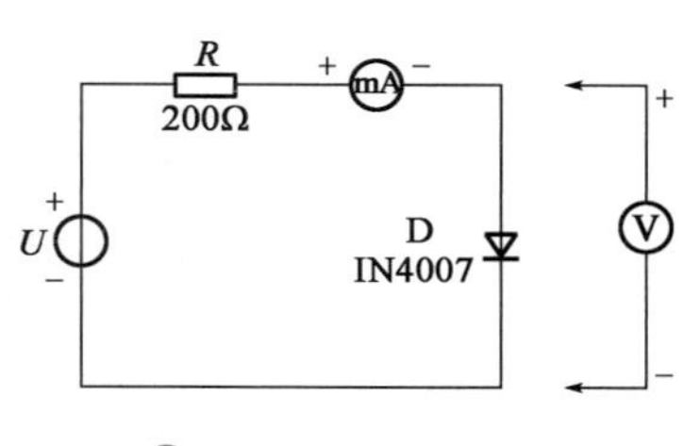

图3-44 实验接线图

将半导体二极管正向特性操作数据填入表3-4。

半导体二极管正向特性操作数据 表3-4

U_{D+}(V)	0.10	0.30	0.50	0.55	0.60	0.65	0.70	0.75
I(mA)								

(2)反向特性操作。

测反向特性时，只需将图3-44中的二极管D反接，且其反向电压U_{D-}可达30V。

将半导体二极管反向特性操作数据填入表3-5。

半导体二极管反向特性操作数据 表3-5

U_{D-}(V)	0	-5	-10	-15	-20	-25	-30
I(mA)							

4. 测定稳压二极管的伏安特性

(1)正向特性操作。

将图3-44中的二极管换成稳压二极管2CW51，重复实验内容3中的正向测量，将测量结果填入表3-6。U_{Z+}为2CW51的正向施压。

稳压二极管正向特性操作数据 表3-6

U_{Z+}(V)	
I(mA)	

(2)反向特性操作。

将图3-44中的R换成1kΩ，2CW51反接，测量2CW51的反向特性。稳压电源的输出电压U从0V到20V，测量2CW51两端的电压U_{Z-}及电流I，填入表3-7，由U_{Z-}可看出其稳压特性。

稳压二极管反向特性操作数据 表3-7

U(V)	
U_{Z-}(V)	
I(mA)	

五、注意事项

(1)测二极管正向特性时，稳压电源输出应由小逐渐增大，应时刻注意电流表读数，不得超过35mA。

（2）如果要测定2AP9的伏安特性，正向特性的电压值应取0V、0. 10V、0. 13V、0. 15V、0. 17V、0. 19V、0. 21V、0. 24V、0. 30V，反向特性的电压值取0V、2V、4V、6V、8V、10V。

（3）进行不同操作步骤时，应先估算电压和电流值，合理选择仪表量程，勿超仪表量程，仪表的极性也不可接错。

六、操作报告

（1）根据各实验数据，分别在方格纸上绘制出光滑的伏安特性曲线（其中，二极管和稳压二极管的正、反向特性均要求画在同一张图中，正、反向电压可取不同的比例尺）。

（2）根据实验结果，总结、归纳被测各元件的特性。

（3）进行必要的误差分析。

（4）心得体会及其他。

技能训练四

基尔霍夫定律的验证

一、操作目的

（1）验证基尔霍夫定律的正确性，加深对基尔霍夫定律的理解。

（2）学会用电流插头、电流插座测量各支路电流。

二、操作器材

操作器材见表3-8。

操作器材　　表3-8

序号	名称	型号与规格	数量	备注
1	直流可调稳压电源	0～30V	二路	
2	万用表	—	1	自备
3	直流数字电压表	0～200V	1	
4	电位、电压测定实验电路板	—	1	DGJ-03

三、操作原理

基尔霍夫定律是电路的基本定律，测量某电路的各支路电流及每个元件两端的电压，应能分别满足KCL和KVL，即对电路中的任一个节点，应有$\sum I=0$；对任何一个闭合回路，应有$\sum U=0$。

运用上述定律时必须注意各支路或闭合回路中电流的正方向，此方向可预先任意设定。

四、操作内容及步骤

操作线路用DGJ-03挂箱的基尔霍夫定律或叠加原理

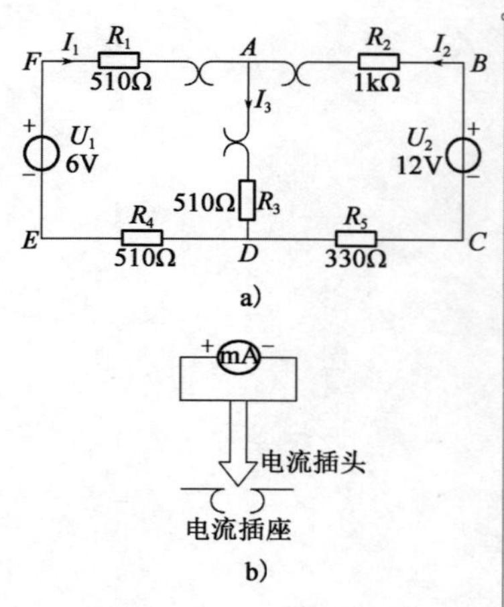

图3-45　实验电路

线路。

（1）操作前先任意设定3条支路和3个闭合回路的电流正方向。图3-45中的I_1、I_2、I_3的方向已设定。3个闭合回路的电流正方向可设为*ADEFA*、*BADCB*和*FBCEF*。

（2）分别将两路直流稳压源接入电路，令U_1 = 6V，U_2 = 12V。

（3）熟悉电流插头的结构，将电流插头的两端接至数字毫安表的"+""-"两端。

（4）将电流插头分别插入3条支路的3个电流插座，读出并记录电流值。

（5）用直流数字电压表分别测量两路电源及电阻元件上的电压值并记录在表3-9中。

电流和电压值　　表3-9

被测量	I_1(mA)	I_2(mA)	I_3(mA)	U_1(V)	U_2(V)	U_{EA}(V)	U_{AB}(V)	$U_{AD}N$(V)	$U_{CD}N$(V)	U_{DE}(V)
计算值										
测量值										
相对误差										

五、注意事项

（1）本实验线路板系多个操作通用，本次实验中需用到电流插头。DG05上的K_3应拨向330Ω侧，3个故障按键均不得按下。

（2）所有需要测量的电压值，均以电压表测量的读数为准。U_1、U_2也要测量，不应取电源本身的显示值。

（3）防止稳压电源2个输出端碰线短路。

（4）用指针式电压表或电流表测量电压或电流时，如果仪表指针反偏，则必须调换仪表的极性，重新测量。此时仪表指针正偏，可读得电压值或电流值。若用数字式电压表或电流表测量，则可直接读出电压值或电流值。注意：所读得的电压值或电流值的正、负号应根据设定电流的参考方向来判断。

六、操作报告

（1）根据测量数据，选定节点*A*，验证KCL的正确性。

（2）根据测量数据，选定电路中的任一个闭合回路，验证KVL的正确性。

（3）将支路和闭合回路的电流方向重新设定，重复（1）、（2）两项验证。

（4）分析误差原因。

（5）心得体会及其他。

技能训练五

电源外特性的测试及等效变换

一、操作目的

（1）掌握电源外特性的测试方法。

（2）验证电压源与电流源等效变换的条件。

二、操作器材

操作器材见表3-10。

操作器材　　表3-10

序号	名称	型号与规格	数量	备注
1	可调直流稳压电源	0～30V	1	
2	可调直流恒流源	0～200mA	1	
3	直流数字电压表	0～200V	1	
4	直流数字毫安表	0～200mA	1	
5	万用表	—	1	自备
6	电阻器	51Ω、200Ω 300Ω、1kΩ	—	DGJ-05
7	可调电阻箱	0～99999.9Ω	1	DGJ-05

三、操作原理

（1）一个直流稳压电源在一定的电流范围内，具有很小的内阻。因此，在使用中，常将直流稳压电源视为一个理想电压源，即其输出电压不随负载电流而变。其外特性曲线（伏安特性曲线）$U = f(I)$是一条平行于I轴的直线。实际的恒流源在一定的电压范围内,可视为一个理想电流源。

(2)一个实际电压源(实际电流源),其端电压(输出电流)不可能不随负载而变,因为它具有一定的内阻值。因此,在实验中,用一个小阻值的电阻(或大电阻)与稳压源(恒流源)相串联(并联)来模拟一个实际的电压源(电流源)。

(3)一个实际的电源,就其外部特性而言,既可以看成一个电压源,又可以看成一个电流源。若视其为电压源,则可用一个理想电压源U_S与一个电阻R_0串联的组合来表示;若视其为电流源,则可用一个理想电流源I_S与一电导g_0并联的组合来表示。如果这两种电源能向同样大小的负载供出同样大小的电流或端电压,则称这两个电源是等效的,即具有相同的外特性。

(4)一个电压源与一个电流源等效变换(图3-46)的条件为

$$I_S=\frac{U_S}{R_0},g_0=\frac{1}{R_0}\text{或}U_S=I_SR_0,R_0=\frac{1}{g_0}$$

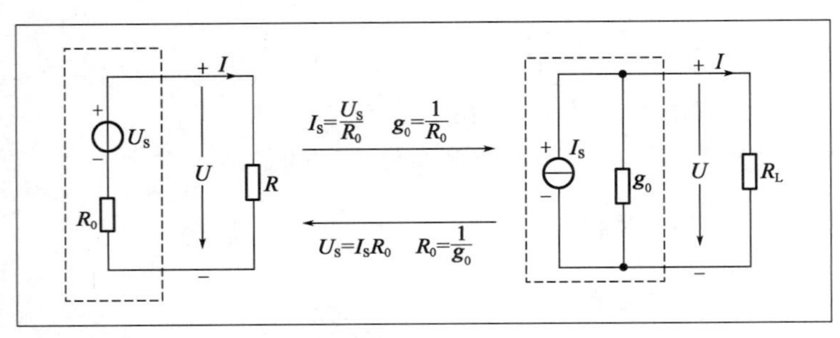

图3-46 等效变换

四、操作内容与步骤

1. 测定直流稳压电源与实际电压源的外特性

(1)按图3-47接线,U_S为+6V直流稳压电源。调节R_2,令其阻值由大至小变化,在表3-11中记录两表的读数。

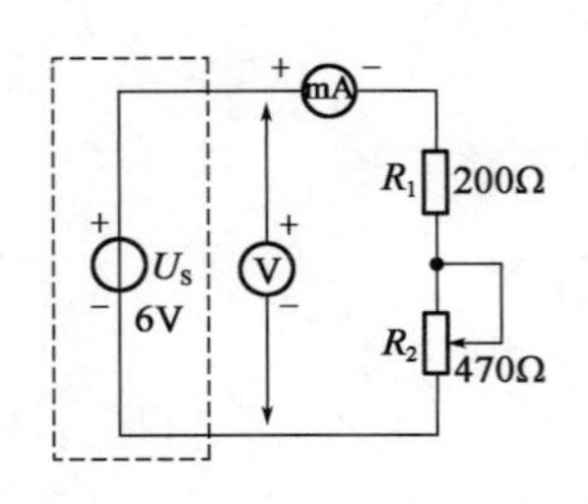

图3-47 接线图①

实验数据1 表3-11

U(V)								
I(mA)								

(2)按图3-48接线,虚线框可模拟为一个实际的电压源。调节R_2,令其阻值由大至小变化,在表3-12中记录两表的读数。

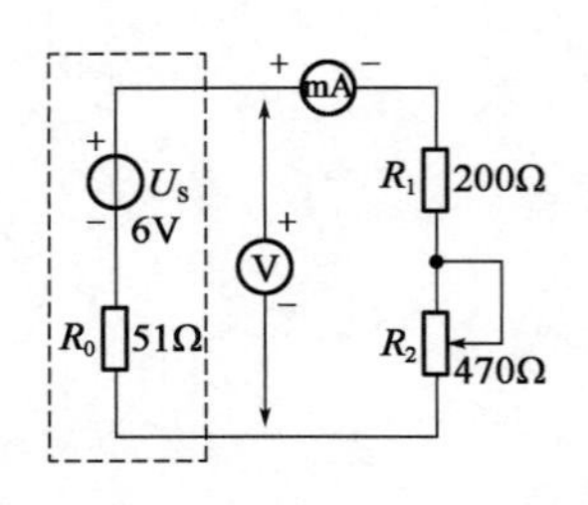

图3-48 接线图②

实验数据2 表3-12

U(V)							
I(mA)							

2. 测定电流源的外特性

按图3-49接线，I_S为直流恒流源，调节其输出为10mA，令R_0分别为1kΩ和∞(接入和断开)，调节电位器R_L(0 ~ 470Ω)，测出这两种情况下的电压表和电流表的读数。自拟数据表格，记录操作数据。

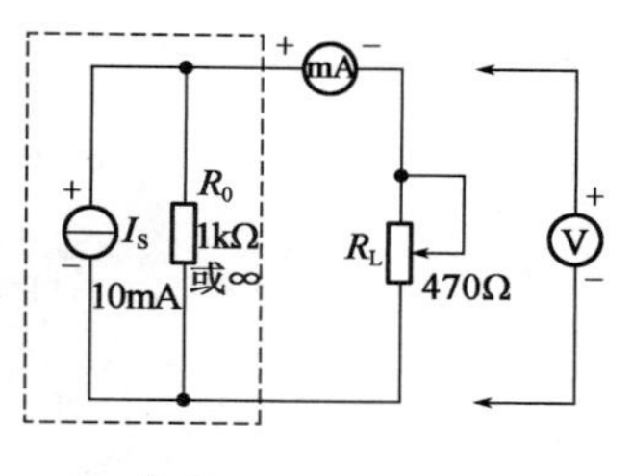

图3-49 接线图③

3. 测定电源等效变换的条件

首先按图3-50a)所示线路接线，记录线路中两表的读数。然后利用图3-50a)中右侧的元件和仪表，按图3-50b)接线。调节恒流源的输出电流I_S，，使两表的读数与图3-50a)的数值相等，记录I_S的值，验证等效变换条件的正确性。

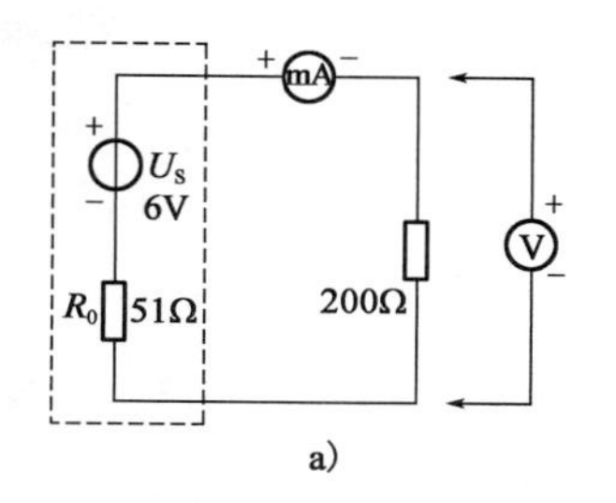

a)

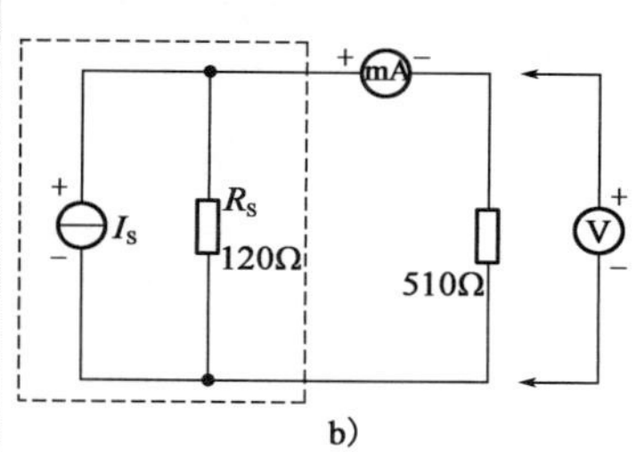

b)

图3-50 接线图④

五、注意事项

(1)在测量电压源外特性时，不要忘记测空载时的电压值；测量电流源外特性时，不要忘记测短路时的电流值。**注意**：恒流源负载电压不要超过20V，负载不要开路。

(2)换接线路时，必须关闭电源开关。

(3)直流仪表的接入应注意极性与量程。

六、操作报告

(1)根据实验数据绘出电源的4条外特性曲线，并总结、归纳各类电源的特性。

(2)由操作结果，验证电源等效变换的条件。

(3)心得体会及其他。

技能训练六

叠加原理的验证

一、操作目的

（1）验证线性电路叠加原理的正确性。

（2）加深对线性电路的叠加性和齐次性的认识和理解。

二、操作器材

操作器材见表3-13。

操作器材 表3-13

序号	名称	型号与规格	数量	备注
1	直流稳压电源	0～30V（可调）	二路	
2	万用表	—	1	自备
3	直流数字电压表	0～200V	1	
4	直流数字毫安表	0～200mA	1	
5	叠加原理实验电路板	—	1	DGJ-03

三、操作原理

叠加原理指出：在多个独立源共同作用下的线性电路中，通过每一个元件的电流或其两端的电压可以看成由每一个独立源单独作用时在该元件上所产生的电流或电压的代数和。线性电路的齐次性是指当激励信号（某独立源的值）增大K倍或减小时，电路的响应（在电路中各电阻元件上所建立的电流和电压值）也将同比例增大K倍或减小。

四、操作内容与步骤

操作线路如图3-51所示。

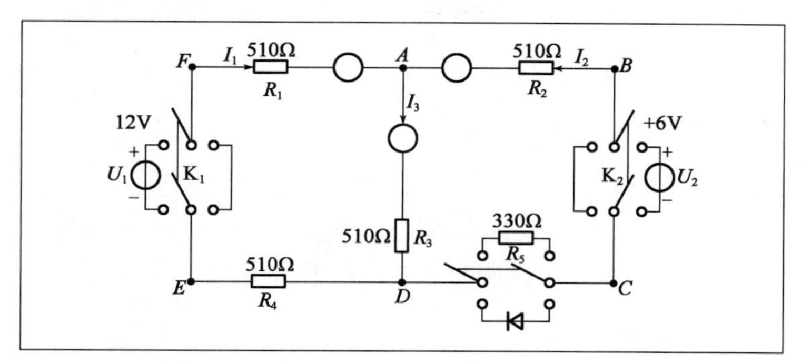

图3-51　操作线路

用DGJ-03挂箱的"基尔霍夫定律/叠加原理"线路:

(1)将两路稳压电源的输出分别调节为12V和6V,接到U_1和U_2处。

(2)令U_1电源单独作用(将开关K_1拨向U_1侧,开关K_2拨向短路侧)。用直流数字电压表和毫安表(接电流插头)测量各支路电流及各电阻元件两端的电压,同时将数据记入表3-14。

数据表1　　表3-14

实验内容	测量项目									
	U_1(V)	U_2(V)	I_1(mA)	I_2(mA)	I_3(mA)	U_{AB}(V)	U_{CD}(V)	U_{AD}(V)	U_{DE}(V)	U_{FA}(V)
U_1单独作用										
U_2单独作用										
U_1、U_2共同作用										
$2U_2$单独作用										

(3)令U_2电源单独作用(将开关K_1拨向短路侧,开关K_2拨向U_2侧),重复实验内容2的测量和记录,同时将数据记入表3-14。

(4)令U_1和U_2共同作用(开关K_1和K_2分别拨向U_1和U_2侧),重复上述的测量和记录,同时将数据记入表3-14。

(5)将U_2的数值调至+12V,重复(3)的测量并记录,同时将数据记入表3-14。

(6)将R_5(330Ω)换成二极管IN4007(将开关K_3拨向二极管IN4007侧),重复(1)~(5)的测量过程,同时将数据记入表3-15。

数据表 2　　表 3-15

实验内容	测量项目									
	U_1(V)	U_2(V)	I_1(mA)	I_2(mA)	I_3(mA)	U_{AB}(V)	U_{CD}(V)	U_{AD}(V)	U_{DE}(V)	U_{FA}(V)
U_1单独作用										
U_2单独作用										
U_1、U_2共同作用										
$2U_2$单独作用										

(7)任意按下某个故障设置按键，重复(4)的测量和记录，再根据测量结果判断出故障的性质。

五、注意事项

(1)用电流插头测量各支路电流，或者用电压表测量电压降时，应注意仪表的极性，正确判断测得值的“+”“-”后，将数据记入表格。

(2)注意仪表量程及时更换。

六、思考

(1)在叠加原理实验中，要令 U_1、U_2 分别单独作用，应如何操作？可否直接将不作用的电源(U_1 或 U_2)短接置零？

(2)操作电路中若有一个电阻器改为二极管，叠加原理的叠加性与齐次性还成立吗？为什么？

七、实验报告

(1)根据数据表格进行分析、比较，然后归纳、总结实验结论，即验证线性电路的叠加行与齐次性。

(2)各电阻器所消耗的功率能否用叠加原理计算得出？使用上述测量数据，进行计算并给出结论。

(3)通过实验步骤(6)及分析表格 3-15 的数据，你能得出什么样的结论？

(4)心得体会及其他。

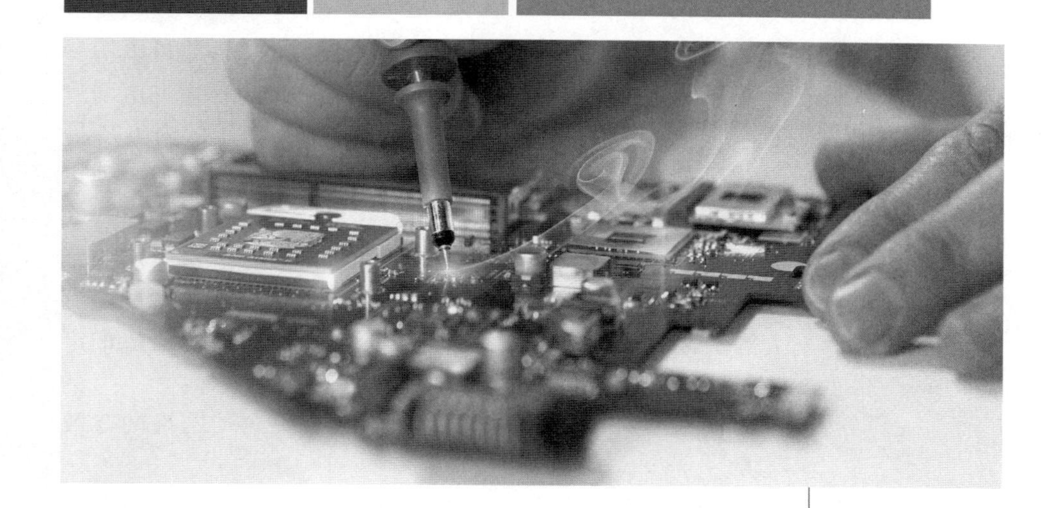

技能训练七
戴维南定理的验证

一、操作目的

（1）验证戴维南定理的正确性，加深对戴维南定理的理解。

（2）掌握测量有源二端网络等效参数的一般方法。

二、操作器材

操作器材见表3-16。

操作器材　　表3-16

序号	名称	型号与规格	数量	备注
1	可调直流稳压电源	0～30V	1	
2	可调直流恒流源	0～500mA	1	
3	万用表	—	1	自备
4	直流数字电压表	0～200V	1	
5	直流数字毫安表	0～200mA	1	
6	可调电阻箱	0～99999.9Ω	1	DGJ-05
7	电位器	1kΩ/2W	1	DGJ-05
8	戴维南定理实验电路板	—	1	DGJ-05

三、操作原理

（1）任何一个线性含源网络，如果仅研究其中一条支路的电压和电流，则可将电路的其余部分看作一个有源二端网络，或称为含源一端口网络。

戴维南定理指出:任何一个线性有源网络,总可以用一个电压源与一个电阻的串联来等效代替,此电压源的电动势 U_S 等于这个有源二端网络的开路电压 U_{OC},其等效内阻 R_0 等于该网络中所有独立源均置零(理想电压源视为短接,理想电流源视为开路)时的等效电阻。

诺顿定理指出:任何一个线性有源网络,总可以用一个电流源与一个电阻的并联组合来等效代替,此电流源的电流 I_S 等于这个有源二端网络的短路电流 I_{SC},其等效内阻 R_0 的定义同戴维南定理。

$U_{OC}(U_S)$ 和 R_0 或 $I_{SC}(I_S)$ 和 R_0 称为有源二端网络的等效参数。

(2)有源二端网络等效参数的测量方法。

①开路电压、短路电流法测 R_0。

在有源二端网络输出端开路时,用电压表直接测其输出端的开路电压 U_{OC},然后将其输出端短路,用电流表测其短路电流 I_{SC},则等效内阻为

$$R_0 = \frac{U_{OC}}{I_{SC}}$$

如果有源二端网络的内阻很小,若将其输出端口短路,则易损坏其内部元件,此时不宜用此法。

②伏安法测 R_0。

用电压表、电流表测量并绘制有源二端网络的外特性曲线,如图3-52所示。

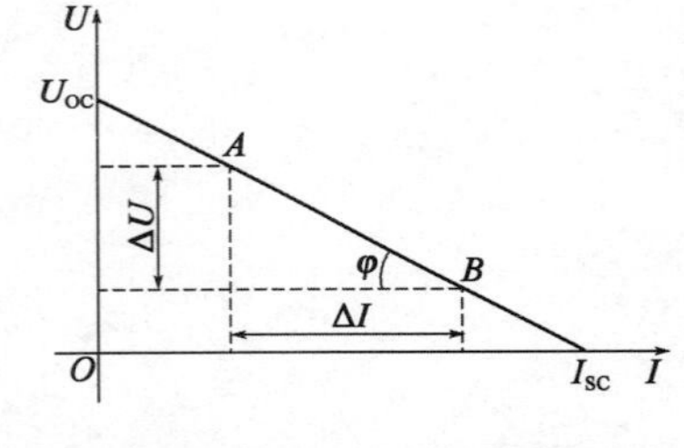

图3-52　有源二端网络的外特性曲线

根据外特性曲线求出斜率 $\tan\varphi$,则内阻为

$$R_0 = \tan\varphi = \frac{\Delta U}{\Delta I} = \frac{U_{OC}}{I_{SC}}$$

也可以先测量开路电压 U_{OC},再测量电流为额定值 I_N 时的输出端电压值 U_N,则内阻为

$$R_0 = \frac{U_{OC} - U_N}{I_N}$$

③半电压法测 R_0。

如图3-53所示,当负载电压为被测网络开路电压的一半时,负载电阻(由电阻箱的读数确定)即被测有源二端网络的等效内阻值。

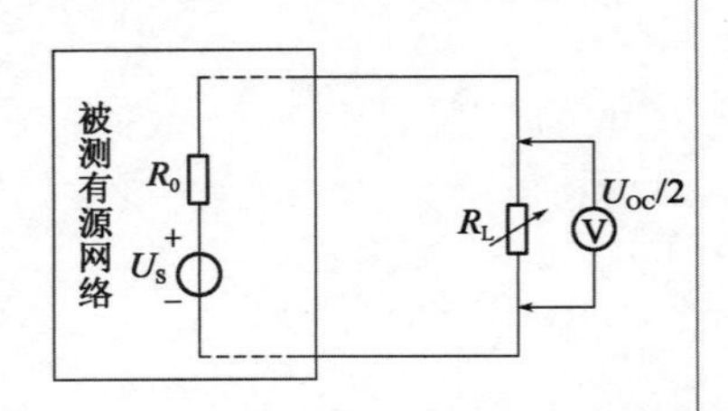

图3-53　半电压法测量电路

④零示法测 U_{OC}。

在测量具有高内阻有源二端网络的开路电压时,用电压表直接测量会造成较大的误差。为了消除电压表内阻的影响,往往采用零示法测量,如图3-54所示。

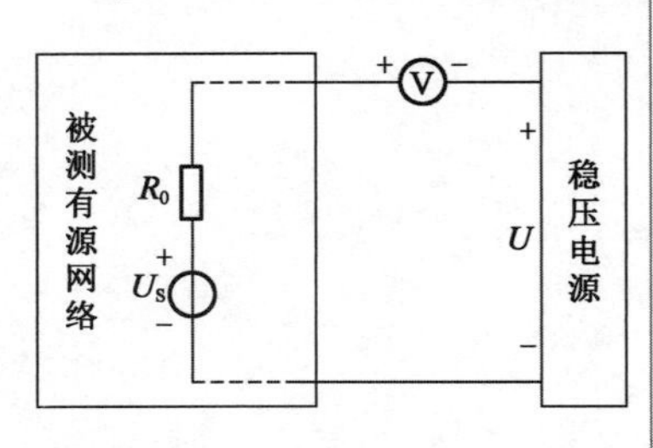

图3-54　零示法测量电路

零示法测量原理:用一低内阻的稳压电源与被测有源二端网络进行比较,当稳压电源的输出电压与有源二端网络的

开路电压相等时，电压表的读数为“0”；然后将电路断开，测量此时稳压电源的输出电压，即被测有源二端网络的开路电压。

四、操作内容与步骤

被测有源二端网络如图3-55a)所示。

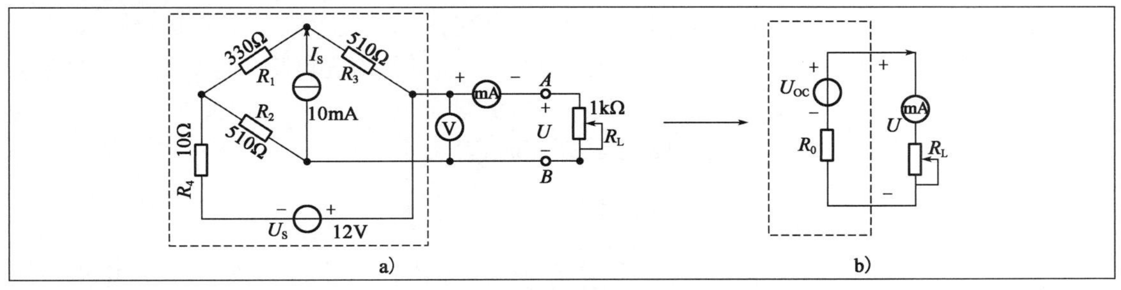

图3-55　有源二端网络等效

(1)用开路电压、短路电流法测定戴维南等效电路的U_{OC}、R_0和诺顿等效电路的I_{SC}、R_0。

按图3-55a)所示接入稳压电源U_S = 12V和恒流源I_S = 10mA，不接入R_L。测出U_{OC}和I_{SC}，并计算R_0，填入表3-17。

注意：当测U_{OC}时，不接入毫安表。

数据表1　　　　表3-17

U_{OC}(V)	I_{SC}(mA)	$R_0=U_{OC}/I_{SC}$(Ω)

(2)负载实验。按图3-55a)接入R_L。改变R_L阻值，测量有源二端网络的外特性曲线，见表3-18。

数据表2　　　　表3-18

U(V)									
I(mA)									

(3)验证戴维南定理：首先从电阻箱上取得按步骤(1)所得的等效电阻R_0的值，然后令其与直流稳压电源[调到步骤(1)时所测得的开路电压U_{OC}之值]相串联，如图3-55b)所示，仿照步骤(2)测其外特性，对戴维南定理进行验证。

(4)有源二端网络等效电阻(又称入端电阻)的直接测量法。如图3-55a)所示，将被测有源二端网络内的所有独立电源置零(去掉电流源I_S和电压源U_S，并在原电压源所接的两点用一根短路导线相连)，然后用伏安法或者直接用万用表的欧姆挡去测定负载R_L开路时A、B两个节点间的电阻即被测网络的等效内阻R_0，或称网络的入端电阻R_i。

(5)用半电压法和零示法测量被测网络的等效内阻R_0及其开路电压U_{OC}。线路及数据表格自拟。

五、注意事项

(1)测量时应注意电流表量程的更换。

(2)进行步骤(5)操作时,电压源置零时不可将稳压源短接。

(3)用万用表直接测R_0时,网络内的独立源必须先置零,以免损坏万用表。其次,欧姆挡必须调零后再进行测量。

(4)用零示法测量U_{OC}时,应先将稳压电源的输出调至接近U_{OC},再按图3-54测量。

(5)改接线路时,要关掉电源。

六、思考

(1)在求戴维南等效电路或诺顿等效电路时,做短路实验,测I_{SC}的条件是什么?在本实验中可否直接做负载短路实验?请在操作前对图3-55a)所示的线路预先做好计算,以便调整操作线路及测量时可准确地选取电流表的量程。

(2)说明测有源二端网络开路电压及等效内阻的几种方法,并比较其优缺点。

七、操作报告

(1)根据操作步骤(2)~(4),分别绘出曲线,验证戴维南定理和诺顿定理的正确性,并分析产生误差的原因。

(2)根据操作内容中的几种方法测得的U_{OC}与R_0与预习时电路计算的结果作比较,你能得出什么结论?

(3)归纳、总结实验结果。

(4)心得体会及其他。

FOUR Unit

单元四　单相正弦交流电路

学习目标

【知识目标】

1. 了解正弦交流电的概念及其特征；
2. 掌握正弦交流电的常用表示方法；
3. 掌握纯电阻、纯电感、纯电容电路中电压与电流的大小、相位关系、元件功率的性质和计算方法；
4. 掌握复合参数电路中阻抗性质、相位关系的判断及相关计算方法；
5. 了解提高功率因数的意义，熟悉并联电容提高功率因数的原理；
6. 了解谐振产生的原因和谐振电路的特点。

【技能目标】

1. 能识别正弦交流电的三要素；
2. 会计算电流的功率和功率因数，会使用电工测量仪表测量电路；
3. 能根据负载功率和电力部门的功率要求选择并联电容器的容量和连接方式。

【素养目标】

1. 培养自律意识和自主学习能力；
2. 培养勤奋踏实、勇于奋斗的职业素质；
3. 树立爱岗敬业、忠于职守的事业精神；
4. 努力学习，成为担当民族复兴大任的时代新人。

模块一 正弦交流电的基本概念

正弦交流电是常用的交流电。你肯定应用过交流电，如家庭中照明灯、电视机、电冰箱和电风扇等工作时，都需要“220V，50Hz”的交流电。那么，什么是交流电？“220V，50Hz”表示什么意思？本模块重点分析单相正弦交流电的概念和有关物理量的含义。

正弦交流电的由来

一、正弦交流电的概念

大小和方向都不随时间变化的电流称为直流电。直流电流、直流电压和直流电动势都是直流电。大小和方向随时间作周期性变化的电流称为交流电。交流电流、交流电压和交流电动势都是交流电。

交流电按随时间周期性变化的规律不同分正弦交流电和非正弦交流电两种。电流、电压或电动势在某一时刻的大小称为瞬时值。若以时间轴为横轴，电流、电压或电动势的大小为纵轴，将各个时刻对应的瞬时值连接起来所得到的曲线，称为波形图或波形曲线（简称波形）。

正弦交流电是指随时间按正弦函数规律变化的电流。正弦交流电压波形图如图4-1所示。

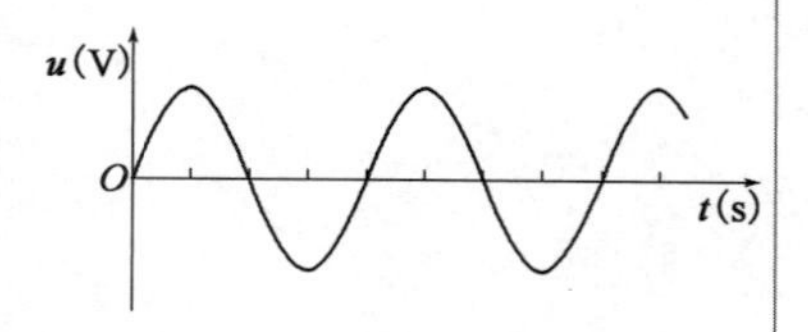

图4-1 正弦交流电压波形图

不按正弦规律变化的交流电叫非正弦交流电。常见的非正弦交流电波形图如图4-2所示。

二、交流电的物理量

1. 瞬时值与最大值

瞬时值随时间的变化而改变，交流电流、电压和电动势的瞬时值分别用符号 i、u 和 e 表示。如图4-3所示，正弦曲线上的各点对应了相应时刻的瞬时值。

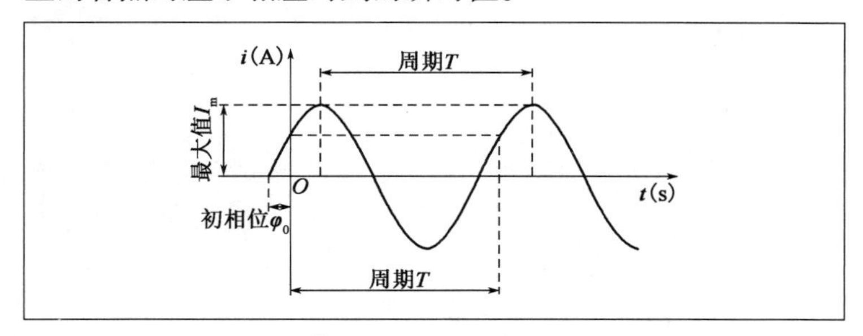

图4-3　交流电波形图

交流电在一次变化过程中出现的最大瞬时值称为最大值，也称为幅值。交流电的最大值是不随时间的变化而改变的，交流电流、交流电压和交流电动势的最大值分别用符号 I_m、U_m 和 E_m 表示。

2. 有效值与平均值

根据交流电的热效应与直流电的热效应等效的原理，在同一个电阻上，通电时间相同，若交流电产生的热量与直流电产生的热量相同，就把直流电的大小称为交流电的有效值。交流电流、交流电压和交流电动势的有效值分别用符号 I、U 和 E 表示。

根据数学计算，最大值是有效值的 $\sqrt{2}$ 倍。由此可得

$$I = \frac{I_m}{\sqrt{2}} = 0.707I_m, U = \frac{U_m}{\sqrt{2}} = 0.707U_m, E = \frac{E_m}{\sqrt{2}} = 0.707E_m \quad (4\text{-}1)$$

交流电半个周期内所有瞬时值的平均值称为交流电的平均值。交流电流、交流电压和交流电动势的平均值分别用符号 I_{av}、U_{av} 和 E_{av} 表示。

交流电平均值与最大值的关系为

$$I_{av} = \frac{2}{\pi}I_m = 0.637I_m, U_{av} = \frac{2}{\pi}U_m = 0.637U_m, E_{av} = \frac{2}{\pi}E_m = 0.637E_m \quad (4\text{-}2)$$

3. 周期与频率

交流电变化一次所用的时间称为周期，用符号 T 表示。周期的单位有 s、ms、μs 和 ns 等。用周期来描述交流电变化

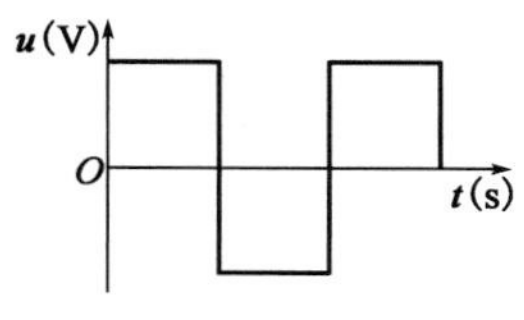

a）矩形波

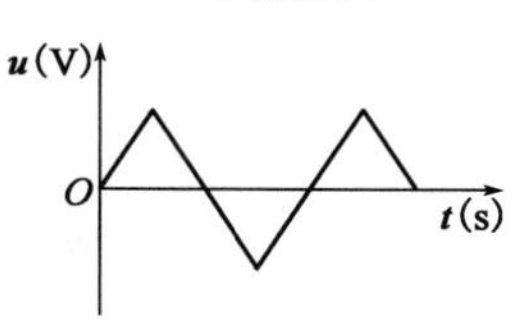

b）三角波

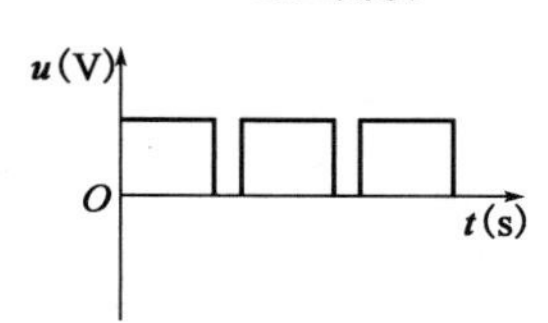

c）矩形脉冲波

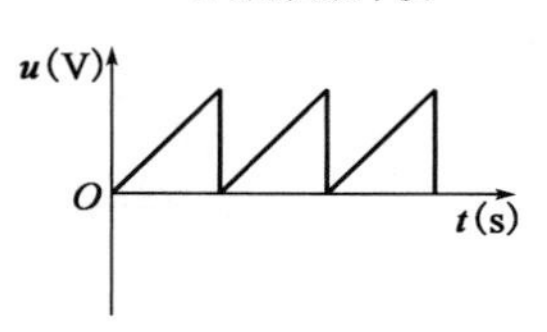

d）锯齿脉冲波

图4-2　非正弦交流电波形图

的快慢时,周期越小,交流电的变化越快。

交流电每秒变化的次数称为频率,用符号f表示。频率的单位有Hz、kHz、MHz和GHz等。用来描述交流电变化的快慢时,频率越高,交流电的变化越快。

当周期用s作为单位,频率用Hz作为单位时,频率和周期为互为倒数的关系,即

$$f=\frac{1}{T}\text{或}T=\frac{1}{f} \tag{4-3}$$

知识拓展

我国电力系统中交流电的频率为50Hz,周期为0.02s。平时家里用的电是50Hz,代表1s电流周期性变换方向的次数,50Hz表示1s电流有50个周期,方向改变100次。

世界上有些国家(如英国、美国等)用的是60Hz的交流电,因为采用的是十二进制,如12星座、12小时、12先令等于1英镑等。后来的国家都采用十进制,所以频率是50Hz。

4. 机械角度与电角度

物体绕某一转轴旋转一周所经历的角度定义为360°,该角度称为机械角度。交流电变化一次所经历的角度定义为360°,该角度称为电角度。

电角度与机械角度的关系式如下:

电角度=磁极对数p×机械角度。

5. 相位与初相位

交流电在某一个时刻对应的电角度称为相位角(简称相位)。

在$t=0$时刻,即开始时刻交流电所对应的相位,称为初相位(简称初相)。初相表示交流电的初始状态,单位是度或弧度。

6. 角频率

交流电每秒变化的相位称为角频率,用符号ω表示,单位是弧度每秒(rad/s)。

交流电变化一次所用的时间为T,在时间T内相位变化的角度为360°或2π。因此,角频率ω与周期T、频率f的关系为

$$\omega=\frac{2\pi}{T}=2\pi f \tag{4-4}$$

1. 一个电容器的耐压为250V,把其接入正弦交流电路,电容器的电压有效值是多少?

2. 正弦交流电流在$t=0$时,已知:瞬时值$i_0=1\text{A}$,初相位$\varphi_0=\pi/6$。试求该正弦交流电的有效值。

模块二
正弦量的表示

描述事物可以用文字，也可以用数学表达式，还可以用图像。为表示清楚交流电的特性和变化规律，常用数学表达式（也称函数式或解析式）、波形图和相量图来描述交流电。

一、正弦交流电的三要素

由图4-4可以看出，正弦量的特征表现在变化幅值的大小、快慢及初相位三个方面。这些特征量是正弦交流电的三要素，即幅值、角频率和初相位。

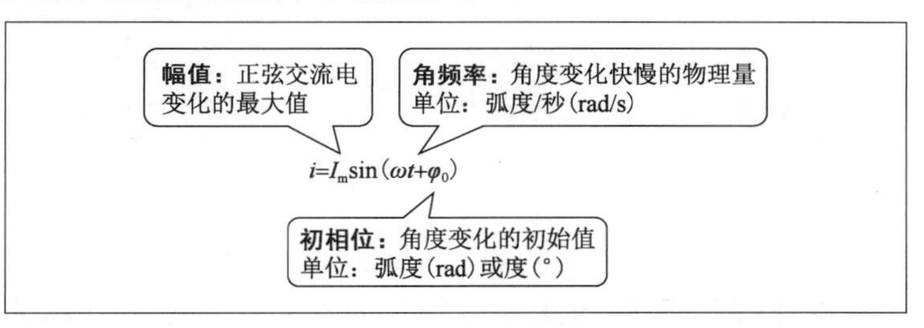

图4-4　正弦交流电的三要素

知识拓展

单相正弦交流电路（交流220V）普遍用于人们的日常生活和生产，如照明和家庭用电等。通常，家庭中所使用的单相正弦交流电路往往是三相电源分配过来的。这种电源由3根相位差为120°的相线（又称火线）和1根零线（又称中性线）构成。3根相线之间的电压为380V，而每根相线与零线之间的电压为220V。三相交流380V电源可以分成3组单相220V电源使用。

从结构上看，单相正弦交流电路是由1根相线和1根零线组成的，幅值为380V，频率为50Hz。

想一想：如果我们知道了初相位的大小，能不能把家庭用电的正弦交流电表示出来呢？

二、正弦交流电的表示方法

可以说，只要能够体现正弦交流电的三要素，就可以表示正弦交流电。正是基于这一点，出现了正弦交流电的各种表示方法，每种表示方法都是为了观察或计算的方便而设计，各具特定的优势。

1. 用数学表达式来描述交流电

用数学表达式描述交流电时，首先要选定参考方向。交流电的实际方向总是随时间变化。在指定的参考方向下，交流电的瞬时值为正，表示与指定的参考方向相同；交流电的瞬时值为负，表示与指定的参考方向相反。

用数学表达式描述交流电的方法如图4-5所示。

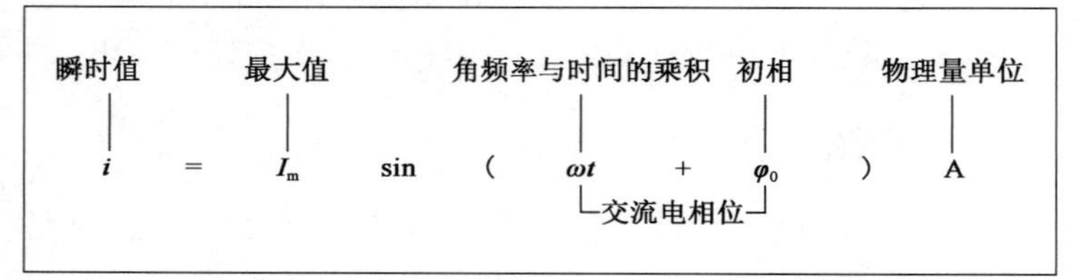

图4-5　用数学表达式描述交流电

交流电流的数学表达式为

$$i = I_m \sin(\omega t + \varphi_0)\mathrm{A}$$

交流电压的数学表达式为

$$u = U_m \sin(\omega t + \varphi_0)\mathrm{V}$$

交流电动势的数学表达式为

$$e = E_m \sin(\omega t + \varphi_0)\mathrm{V}$$

注意：将时间t的值代入交流电的数学表达式，可计算对应的时刻交流电的瞬时值；根据最大值和有效值的关系，可以从交流电的数学表达式中知道交流电的有效值；根据角频率与周期、频率的关系，可以从交流电的数学表达式中知道交流电的周期和频率。

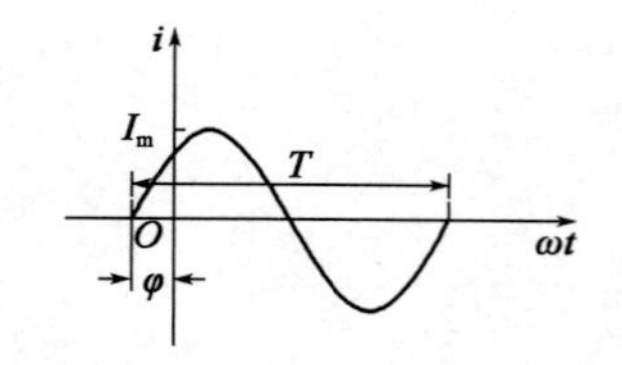

图4-6　正弦交流电的波形图

2. 用波形图来描述交流电

图4-6所示为正弦交流电流$i = I_m \sin(\omega t + \varphi)$的波形图，体现正弦量特征的是幅值、周期和初相位三个要素。图4-7所示为两个正弦交流电流的波形图。图中的两个正弦量周期（频率）相同，幅值和初相位不同。i_1与i_2的相位差为$\varphi =$

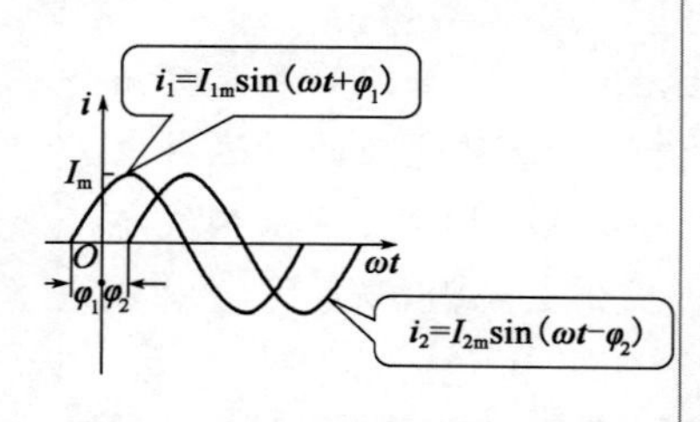

图4-7　两个正弦交流电的波形图

$\varphi_{i1}-(-\varphi_{i2})=\varphi_{i1}+\varphi_{i2}$。

【例4-1】 有两个正弦交流电流，$i_1=I_{1m}\sin(\omega t+\varphi_1)$，$i_2=I_{2m}\sin(\omega t-\varphi_2)$。试求两个电流之和$i$。

解：本例尝试分别用数学表达式和波形图叠加的方式求解两个电流之和。

方法1：用数学表达式表示。

要计算交流电流i的值，需要确定i的三要素，即幅值、角频率和初相位。根据和差化积的计算方法，确定i的三要素分别如下。

(1)幅值：$I_m=\sqrt{(I_{1m}\cos\varphi_1+I_{2m}\cos\varphi_2)^2+(I_{1m}\sin\varphi_1-I_{2m}\sin\varphi_2)^2}$。

(2)角频率：同频率(周期/角速度)的两个正弦量进行和差运算时，其频率不变。

(3)初相位：$\varphi=\arctan\left(\dfrac{I_{1m}\sin\varphi_1-I_{2m}\sin\varphi_2}{I_{1m}\cos\varphi_1+I_{2m}\cos\varphi_2}\right)$。

把以上三要素代入，可得

$$i=I_m\sin(\omega t+\varphi)$$

方法2：用波形图表示。

采用波形图表示两个正弦量求和时，需要把同一时刻对应的两个点逐一求和，其结果如图4-8所示，结论与方法1相同。

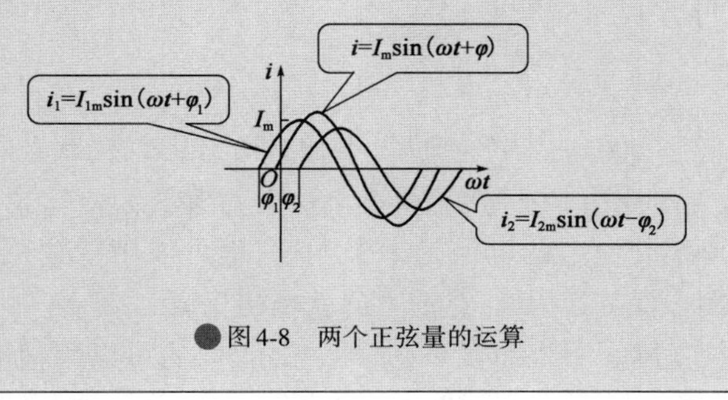

图4-8　两个正弦量的运算

从例4-1可以看出，在进行两个正弦交流电物理量的运算时，这两种表示方法都显得比较烦琐。如果不借助其他工具，有时甚至无法完成计算。为方便运算，需要寻求其他更为简便的表示方法。

例4-1的计算结果显示，两个正弦交流电量进行和差运算时，频率(周期/角速度)不发生变化。为方便计算和比较，在表示几个同频率正弦交流电量时，往往只表达出它的大小和方向，即幅值和初相位。

3. 用相量(复数)和相量图来描述交流电

在物理学中，只有大小、没有方向的量称为标量，如质量、密度、温度、功、能量、路程、速率、体积、热量、电阻等；既有大小又有方向的量称为矢量，如力、速度、位移等。

把一个矢量在复平面上用一个复数表达出来，其目的是借助复数的运算法则进行计算。

如图4-9所示，矢量$\dot{F}$是一个既有大小又有方向的量，它的大小为F，方向与正实轴的夹角为φ。这样，就可以用一个复数来表示矢量$\dot{F}$的大小和方向。

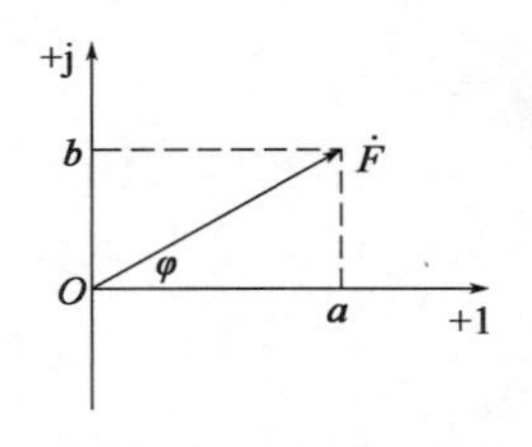

图4-9　力的矢量表示

用复数表示矢量的方法有以下两种：

(1)在复平面上用一条有向线段来表示，如图4-9所示。

(2)用复数的代数式来表示，如

$$\dot{F} = a + \mathrm{j}b = F\cos\varphi + \mathrm{j}F\sin\varphi$$

高中数学已经有复数、复平面以及复数的运算。复数的和差运算非常方便。使用复数来表示矢量后，可以借助复数的运算法则进行两个矢量的计算。

【例4-2】　有两个矢量，$\dot{F}_1 = a_1 + \mathrm{j}b_1$，$\dot{F}_2 = a_2 + \mathrm{j}b_2$。试求这两个矢量的和与差。

解：通过本例，复习矢量加减计算的基本方法。

$$\dot{F} = \dot{F}_1 \pm \dot{F}_2 = (a_1 \pm a_2) + \mathrm{j}(b_1 \pm b_2)$$

$$F = \sqrt{(a_1 \pm a_2)^2 + (b_1 \pm b_2)^2}$$

$$\varphi = \arctan\left(\frac{b_1 \pm b_2}{a_1 \pm a_2}\right)$$

正弦交流电路中的电压、电流是既有大小又有方向的物理量，在电路中，专门用相量表示这类物理量。

正弦交流电的电流是一个相量，也可以用复数来表示。它的大小就是其幅值，它的方向就是初相位。

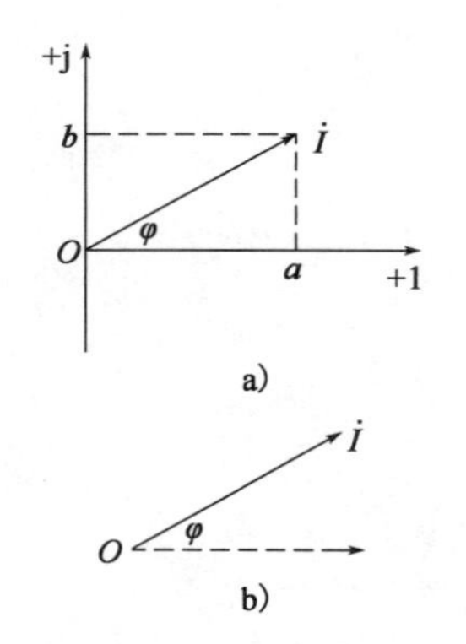

图4-10　复数与相量图

相量除了可以用复数的形式表示外，还可以用相量图的形式表示。相量图实际上是复数表示法的简化。相量图表示法主要用于观察多个相量的相对关系，进行相量的和差估算。

在复平面中，去掉复坐标，设置一个初相位为0°的参考相量[图4-10b)中虚线所示]。在相量图表示法中，需要按比例画出相量的大小和相对于参考相量的初相位。

1. 什么是正弦量的三要素？正弦量的幅值和有效值之间是什么关系？

2. 正弦量的表示方法有哪些？各有哪些特点？

模块三 单一元件的正弦交流电路分析

交流电路中常用的元件有电阻、电容和电感，本模块要求了解电路的常用元件和特点，掌握单一元件电路的有关规律。

一、纯电阻电路

纯电阻电路是指组成电路的元件只含有电阻元件，可以由一个或多个电阻元件组合而成。纯电阻电路通过等效变换，总是可以用一个等效电阻替代。例如，焊接用的电烙铁、烘干用的电阻炉、洗澡用的电热水器等都可看作电阻性负载。纯电阻交流电路如图4-11所示。

1. 电压与电流的关系

电阻元件的电压-电流关系可以用瞬时值、波形图、相量的形式表示。

(1)瞬时值表示。

设通过R的电流$i=\sqrt{2}I\sin\omega t$，则其两端的电压为

$$u=Ri=\sqrt{2}RI\sin\omega t=\sqrt{2}U\sin\omega t \tag{4-5}$$

(2)波形图表示。

以波形图表示的电压-电流关系如图4-11b)所示。

(3)相量表示。

以相量表示的电压-电流关系如图4-11c)所示。在图中，

$$\begin{cases}\dot{I}=I\angle 0^\circ \\ \dot{U}=RI\angle 0^\circ=U\angle 0^\circ\end{cases} \tag{4-6}$$

从图4-11可以看出，在纯电阻交流电流中，电压与电流

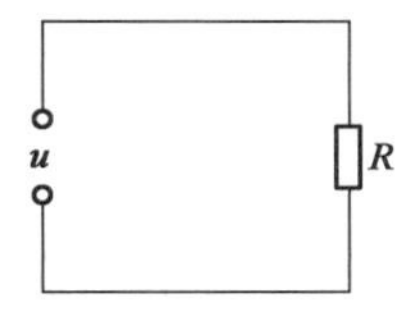

a)电路图

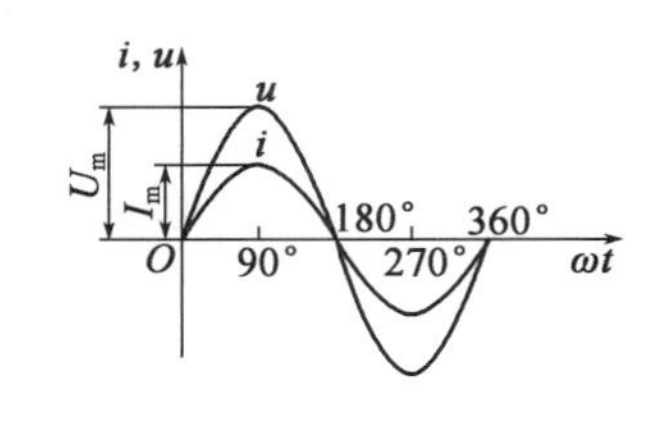

b)波形图

c)相量图

图4-11　纯电阻交流电路

的频率、初相位、相位相同，电阻元件上的电压和电流的瞬时值、有效值和最大值关系仍遵循欧姆定律，即

$$\begin{cases} u = Ri = \sqrt{2}RI\sin(\omega t+\varphi_0) = \sqrt{2}U\sin(\omega t+\varphi_0) \\ U_{\mathrm{m}} = I_{\mathrm{m}}R \\ U = IR \end{cases} \tag{4-7}$$

2. 电阻元件的功率

交流电路的功率有瞬时功率和平均功率两种表示方法。通常，电路元件在交流电路中的功率是指平均功率。

(1)瞬时功率。

纯电阻元件的瞬时功率等于电阻上瞬时电流和瞬时电压的乘积，它表示电阻元件的功率随时间变化的规律。

$$p = ui = \sqrt{2}U\sin\omega t\cdot\sqrt{2}I\sin\omega t = 2UI\sin^2\omega t = UI - UI\cos(2\omega t) \tag{4-8}$$

电阻元件上功率的波形如图4-12所示。从图4-12中可以得出以下结论：

①瞬时功率的变化频率是电压、电流变化频率的2倍。

②由于电压、电流同相位，瞬时功率的值总是大于零。

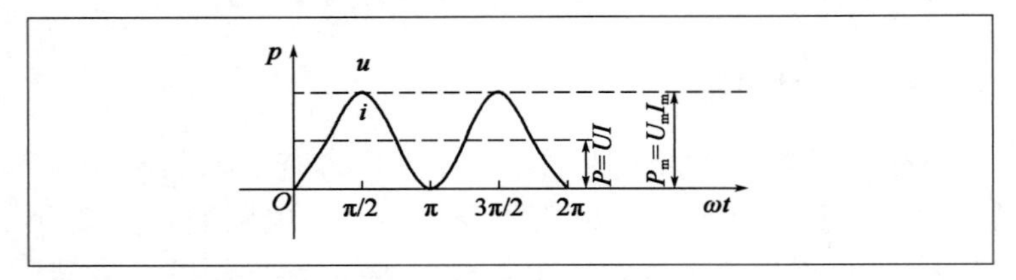

图4-12　电阻元件上功率的波形图

(2)平均功率。

纯电阻元件的平均功率是电阻元件瞬时功率在一个周期内的平均值，即

$$P = \frac{1}{2\pi}\int_0^{2\pi}[UI - UI\cos(2\omega t)]\,\mathrm{d}t = UI = I^2R = \frac{U^2}{R} \tag{4-9}$$

从式(4-9)可以看出，在交流电路中，纯电阻元件的平均功率为电压、电流有效值的乘积，与直流电路中功率的计算方法相同。电阻元件吸收的功率最终通过做功变为热量。在交流电流中，实际做功的功率定义为有功功率，与直流电路一样，仍用P表示，单位为W。

(3)消耗电能。

一个纯电阻元件在电路中一直处于消耗电能的状态。消耗的电能除了与电压、电流相关外，还与运行时间有关，即

$$W = Pt = I^2Rt = \frac{U^2}{R}t \tag{4-10}$$

【例 4-3】 将一个阻值为48.4Ω的电阻丝接到电压$u = 220\sqrt{2}\sin\omega t$的交流电路中。试求其工作电流、有功功率、运行1h消耗的电能。

解：通过本例，学习纯电阻电路中的电压-电流-功率之间的关系。

在纯电阻电路中，电阻丝的工作电流可用式(4-5)来计算，具体为

$$i = \frac{u}{R} = \frac{220\sqrt{2}\sin\omega t}{48.4} = 4.545\sqrt{2}\sin\omega t(\text{A})$$

电流的有效值为$I = 4.545\text{A}$。有功功率可用式(4-9)来计算，具体为

$$P = UI = 220 \times 4.545 = 1000(\text{W})$$

运行1h消耗的电能可用式(4-10)来计算，具体为

$$W = Pt = 1000\text{W} \cdot 1\text{h} = 1(\text{kW} \cdot \text{h})$$

即消耗了1kW·h电能。

二、纯电容电路

纯电容电路是指组成电路的元件只含有电容，如果电路由多个电容元件组成，可以通过等效变换用一个电容替代。电容器在电子电路和供配电系统中随处可见。

1. 电压与电流的关系

电阻元件的电压-电流关系可以用瞬时值、波形图、相量的形式表示。在图4-13中，电压和电流标注为关联方向。

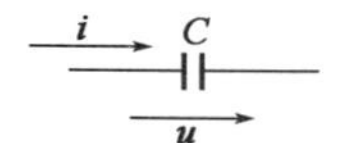

图4-13 电压与电流方向

(1)瞬时值表示。

设电流的电容量为C，加在电容两端的电压$u = \sqrt{2}U\sin\omega t$，电容电路中的电流为

$$\begin{aligned} i &= C\frac{\text{d}u}{\text{d}t} \\ &= C\frac{\text{d}\left(\sqrt{2}U\sin\omega t\right)}{\text{d}t} \\ &= \omega CU\sqrt{2}\cos\omega t \\ &= \omega CU\sqrt{2}\sin(\omega t + 90^\circ) \\ &= \sqrt{2}I\sin(\omega t + 90^\circ) \end{aligned} \tag{4-11}$$

在交流电压的作用下，电容元件中的电流并未穿过电容器从一级到达另一极，而是通过连接在电路中的两块电容极板来回进行充放电，形成电荷在极板间的积累与释放。

(2)波形图表示。

以波形图表示的电压-电流关系如图4-14a)所示。

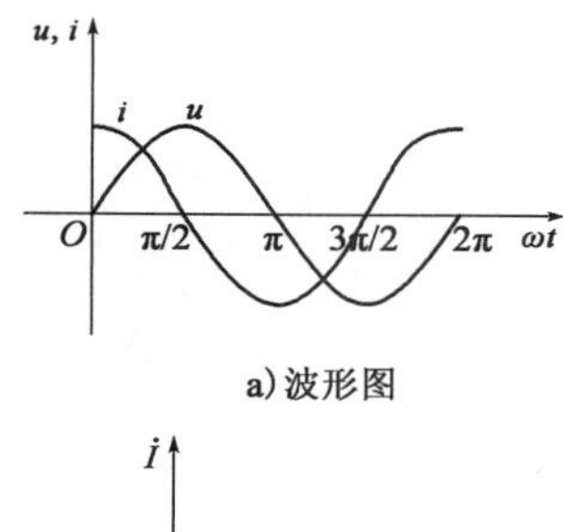

a)波形图

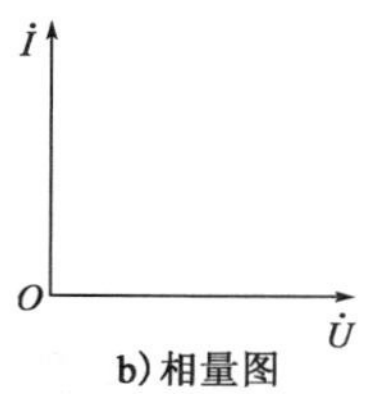

b)相量图

图4-14 电容元件上的电流与电压

(3)相量表示。

以相量表示的电压-电流关系如图4-14b)所示。在图中，

$$\begin{cases}\dot{U}=U\angle 0^\circ \\ \dot{I}=I\angle 90^\circ=\omega CU\angle 90^\circ=\dfrac{U\angle 90^\circ}{\dfrac{1}{\omega C}}=\dfrac{\dot{U}}{\dfrac{1}{\omega C}\angle(-90^\circ)}\end{cases} \tag{4-12}$$

用$X_C=1/\omega C$表示电容对电流的阻碍作用，记为电容器的电抗值，也称容抗。在式(4-12)中引入旋转因子$-j=1\angle(-90^\circ)$，记$U=X_C I$。这样，电压和电流的关系可表示为

$$\begin{cases}\dot{I}=\dfrac{\dot{U}}{-jX_C}=j\dfrac{\dot{U}}{X_C} \\ \dot{U}=-jX_C\dot{I}\end{cases} \tag{4-13}$$

从式(4-12)和式(4-13)可得到以下结论：

①电容器的电抗$X_C=\dfrac{1}{\omega C}=\dfrac{1}{2\pi fC}$，单位为Ω。

②由于$X_C\propto\dfrac{1}{f}$，电容元件在交流电路中具有通高频、阻低频的作用。

③在纯电容电路中，电压与电流的频率相同；在相位上，电压滞后电流90°。

④电容元件上电压和电流的关系遵循相量形式的欧姆定律。

2. 电容元件的功率

电容器在交流电路中的功率有瞬时功率和平均功率两种表示方法。

(1)瞬时功率。

纯电容元件的瞬时功率表示电容元件的功率随时间变化的规律。设电容的电压$u=\sqrt{2}U\sin\omega t$，电流$i=\sqrt{2}I\sin(\omega t+90^\circ)$，则

$$p=ui=\sqrt{2}U\sin\omega t\cdot\sqrt{2}I\sin(\omega t+90^\circ)=UI\sin(2\omega t) \tag{4-14}$$

电容元件上功率的波形如图4-15所示，从图中得出以下结论：

①瞬时功率是一个按2倍电压或电流的频率呈正弦规律变化的量。

②在相位上，电压滞后电流90°；瞬时功率的值在一个周期内，每$T/4$正、负交替一次，进行电能的存储和释放。

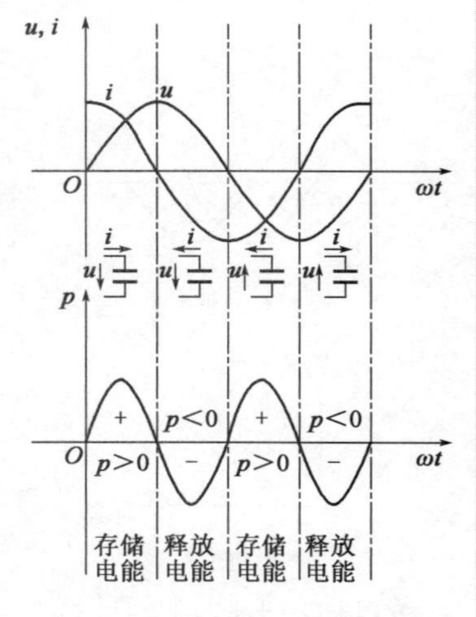

图4-15 电容元件上功率的波形

(2)平均功率。

纯电容元件的平均功率是电容元件瞬时功率在一个周期内的平均值,即

$$P = \frac{1}{2\pi}\int_{0}^{2\pi} p\mathrm{d}t = \frac{1}{2\pi}\int_{0}^{2\pi}[UI\sin(2\omega t)]\mathrm{d}t = 0 \quad (4\text{-}15)$$

从式(4-15)可以看出,在交流电路中,纯电容元件的平均功率为0。在每个周期中,前半周期吸收的能量在后半周期释放出去,仅与电源进行能量交换,总体上不消耗功率。

(3)无功功率。

电容器作为储能元件,在电路上不消耗功率。为表征电容器与电源交换功率的大小,记电容器瞬时功率的最大值UI为无功功率,单位为乏(var),以Q_C表示,即

$$Q_C = UI = I^2X_C = \frac{U^2}{X_C} \quad (4\text{-}16)$$

式中:Q_C——电容器瞬时功率的最大值,var;

U——电容元件上的电压有效值,V;

I——电容元件上的电流有效值,A;

X_C——电容器的电抗,Ω。

电容器的无功功率不是无用功率,电容器工作时不消耗功率,但在电路中存储电场能量。

3. 电容元件的储能作用

电容元件中存储的电场能量取决于电容元件极板间电压的大小。在交流电路中,由于电容器极板间的电压呈正弦规律变化,在任意时刻,电容器中存储的电场能量取决于该时刻极板间的电压值,即

$$W_C = \frac{1}{2}Cu^2 \quad (4\text{-}17)$$

式中:W_C——电容器中存储的电场能量,J;

C——电容的电容量,F;

u——电容元件上的电压瞬时值,V。

由于电容器有存储电能的作用,当电容器断电后,电容器中依然存储有电能。再次使用时,应该做安全放电处理,否则会造成设备损坏,甚至危及人身安全。

【例4-4】 将一个电容量为100μF、额定电压为220V的电容器分别接到电压$u_1 = 100\sqrt{2}\sin(100t)$V,$u_2 = 100\sqrt{2}\sin(1000t)$V的交流电路中。试分别求其工作电流、无功功率的值。

解:通过本例,学习纯电容电路中的电抗、电流和功率之间的关系。电容器工作电流采用相量计算比较方便,具体可用式(4-13)进行计算。

(1)当 $u_1 = 100\sqrt{2}\sin(100t)$ 时，电压 u_1 的相量可表示为

$$\dot{U}_1 = 100\angle 0^\circ \text{V}$$

电容器此时的电抗为

$$X_{C1} = \frac{1}{\omega_1 C} = \frac{1}{100 \times 100 \times 10^{-6}} = 100(\Omega)$$

$$\dot{I}_1 = \frac{\dot{U}}{-jX_{C1}} = \frac{100\angle 0^\circ}{100\angle(-90^\circ)} = 1\angle(90^\circ)(\text{A})$$

电路的工作电流 $i_1 = 1\sqrt{2}\sin(100t + 90^\circ)$A，其有效值 $I_1 = 1$A。

无功功率可用式(4-16)进行计算，具体为

$$Q_1 = UI_1 = 100 \times 1 = 100(\text{var})$$

(2)当 $u_2 = 100\sqrt{2}\sin(1000t)$ 时，计算方法同上，即

$$\dot{U}_2 = 100\angle 0^\circ \text{V}$$

$$X_{C2} = \frac{1}{\omega_2 C} = \frac{1}{1000 \times 100 \times 10^{-6}} = 10(\Omega)$$

$$\dot{I}_2 = \frac{\dot{U}}{-jX_{C2}} = \frac{100\angle 0^\circ}{10\angle(-90^\circ)} = 10\angle(90^\circ)(\text{A})$$

$$Q_2 = UI_2 = 100 \times 10 = 1000(\text{var})$$

结论：同一个电容器在不同频率下的电抗不同。频率越高，电容器对电流的阻碍作用越小，产生的电流和无功功率就越大。

电感器在交流电路中的作用是什么

三、纯电感电路

纯电感电路是指组成电路的元件只含有电感。如果电路由多个电感元件组成，也可以通过等效变换，用一个等效电感替代。实际的电感元件由有一定阻值的导线绕制而成，所以纯电感元件极少单独存在。如果电感元件中的阻值相对很小，可近似看作纯电感。荧光灯的镇流器、变压器的绕组、继电器的线圈可近似看作纯电感。

1. 电压与电流的关系

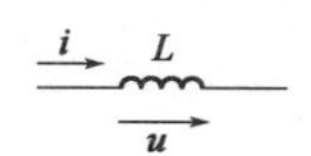

图4-16 电压与电流方向

电感元件的电压-电流关系可以用瞬时值、波形图、相量的形式表示。在图4-16中，电压和电流标注为关联参考方向。

(1)瞬时值表示。

设电路的电感为 L，通过电感的电流 $i = \sqrt{2}I\sin\omega t$，则其两端的电压为

$$\begin{aligned} u &= L\frac{\text{d}i}{\text{d}t} = L\frac{\text{d}(\sqrt{2}I\sin\omega t)}{\text{d}t} = \omega LI\sqrt{2}\cos\omega t \\ &= \omega LI\sqrt{2}\sin(\omega t + 90^\circ) = \sqrt{2}U\sin(\omega t + 90^\circ) \end{aligned} \tag{4-18}$$

(2)波形图表示。

以波形图表示的电压-电流关系如图4-17a)所示。

(3)相量表示。

用相量表示的电压-电流关系如图4-17b)所示。在图中，

$$\begin{cases} \dot{I} = I\angle 0^\circ \\ \dot{U} = U\angle 90^\circ = \omega LI\angle 90^\circ = \omega L\angle 90^\circ \cdot \dot{I} \end{cases} \tag{4-19}$$

用$X_L = \omega L$表示电感线圈对电流的阻碍作用，记为电感线圈的电抗值，也称感抗。在式(4-19)中引入旋转因子$\mathrm{j} = 1\angle 90^\circ$，记$U = X_L I$。这样，电压和电流的关系可表示为

$$\dot{U} = \mathrm{j}\omega L\dot{I} = \mathrm{j}X_L\dot{I} \tag{4-20}$$

从式(4-19)和式(4-20)可得出以下结论：

①电感元件的感抗$X_L = \omega L = 2\pi fL$，单位为Ω。

②由于$X_L \propto f$，电感元件在交流电路中具有通低频、阻高频的作用。

③在纯电感电路中，电压与电流的频率相同；在相位上，电压超前电流90°。

④电感元件上电压和电流的关系遵循相量形式的欧姆定律。

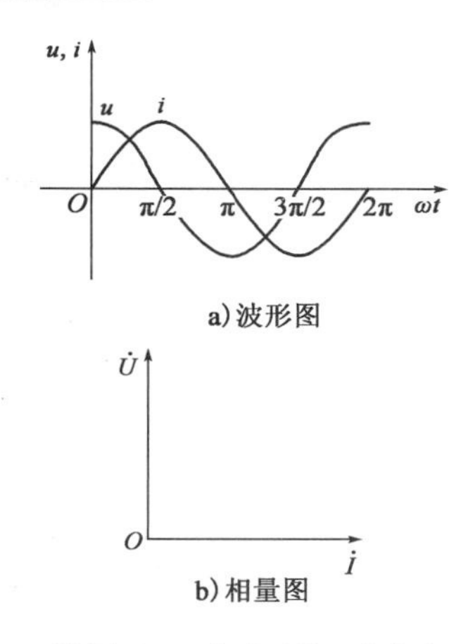

图4-17　电感元件上的电流与电压

2. 电感元件的功率

电感线圈在交流电路中的功率有瞬时功率和平均功率两种表示方法。

(1)瞬时功率。

纯电感元件的瞬时功率为其瞬时电流和瞬时电压的乘积，它表示电感元件的功率随时间变化的规律。设电感的电流$i = \sqrt{2}I\sin\omega t$，电压$u = \sqrt{2}U\sin(\omega t + 90^\circ)$，则

$$p = ui = \sqrt{2}U\sin(\omega t + 90^\circ) \times \sqrt{2}I\sin\omega t = UI\sin(2\omega t) \tag{4-21}$$

电感元件上功率的波形如图4-18所示。

从图4-18中得出以下结论：

①瞬时功率是一个按2倍电压或电流的频率呈正弦规律变化的量。

②在相位上，电压超前电流90°；瞬时功率的值在一个周期内，每$T/4$正、负交替一次，进行磁能的存储和释放。

(2)平均功率。

纯电感元件的平均功率是电感元件瞬时功率在一个周期内的平均值，即

$$P = \frac{1}{2\pi}\int_0^{2\pi} p\mathrm{d}t = \frac{1}{2\pi}\int_0^{2\pi}[UI\sin(2\omega t)]\mathrm{d}t = 0 \tag{4-22}$$

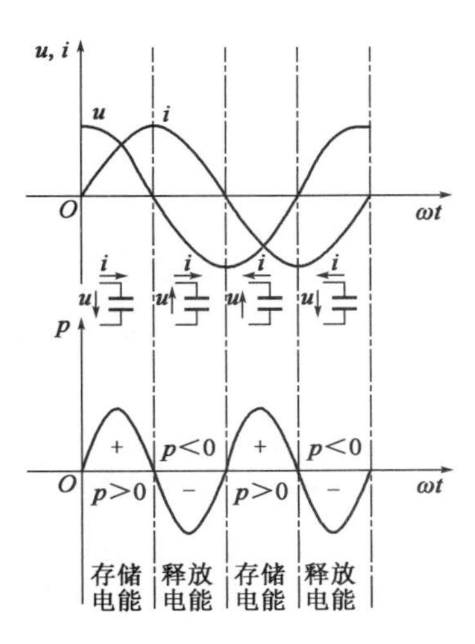

图4-18　电感元件的功率

从式(4-22)可以看出，在交流电路中，纯电感元件的平均功率为0。在每个功率周期中，前半周期吸收的能量在后半周期释放出去，仅与电源进行能量交换，总体上不消耗功率。

(3)无功功率。

电感元件作为储能元件，在电路中不消耗功率，但是在很多情况下，这个功率必不可少，如变压器、电动机等建立磁场需要电感线圈提供功率。为表征电感线圈与电源交换功率的大小，记电感线圈瞬时功率的最大值UI为无功功率，单位为乏(var)，以Q_L表示，即

$$Q_L = UI = I^2X_L = \frac{U^2}{X_L} \tag{4-23}$$

式中：Q_L——电感元件瞬时功率的最大值，var；

U——电感元件上的电压有效值，V；

I——电感元件上的电流有效值，A；

X_L——电感元件的感抗，Ω。

无功功率不是无用功率，由于平均功率为0，电感元件不消耗功率，但在电路中存储磁场能量。

3. 电感元件的储能作用

电感元件中存储的磁能取决于电感元件中电流的大小。在交流电路中，由于电感线圈中的电流呈正弦规律变化，在任意时刻，电感线圈中存储的磁场能量仅取决于该时刻的电流值，即

$$W_L = \frac{1}{2}Li^2 \tag{4-24}$$

式中：W_L——电感线圈中存储的磁场能量，J；

L——电路的电感，H；

i——电感线圈上的电流瞬时值，A。

由于电感线圈有存储磁能的作用，当电感线圈突然失电时，根$u = L(di/dt)$可以判断，如果该时刻电路中的电流不为0，则在电感线圈两端会感应产生极大的端电压，处理不当会造成设备损坏，甚至危及人身安全。

【例4-5】 将一个电感量为0.1H、额定电压为220V的电感线圈分别接到电压$u_1 = 100\sqrt{2}\sin(100t)$V，$u_2 = 100\sqrt{2}\sin(1000t)$V的交流电路中。试分别求其工作电流、无功功率的值。

解：通过本例，学习纯电感电路中的感抗、电流和功率之间的关系。

电感线圈工作电流采用相量计算比较方便，具体可用式(4-20)进行计算。

(1)当$u_1 = 100\sqrt{2}\sin(100t)$时，电压$u_1$的相量可表示为

$$\dot{U}_1 = 100\angle 0°\text{V}$$

电感线圈此时的感抗为

$$X_{L1} = \omega_1 L = 100 \times 0.1 = 10(\Omega)$$

因为

$$\dot{U} = jX_L \dot{I}$$

所以

$$\dot{I}_1 = \frac{\dot{U}}{jX_{L1}} = \frac{100\angle 0^\circ}{10\angle 90^\circ} = 10\angle(-90^\circ)(A)$$

电路的工作电流为 $i_1 = 10\sqrt{2}\sin(100t - 90^\circ)$A，其有效值为 $I_1 = 10$A。

无功功率可用式(4-23)进行计算，具体为

$$Q_1 = UI_1 = 100 \times 10 = 1000(\text{var})$$

(2)当 $u_2 = 100\sqrt{2}\sin(1000t)$ 时，计算方法同上。

$$\dot{U}_2 = 100\angle 0^\circ \text{V}$$

$$X_{L2} = \omega_2 L = 1000 \times 0.1 = 100(\Omega)$$

$$\dot{I}_2 = \frac{\dot{U}}{jX_{L2}} = \frac{100\angle 0^\circ}{100\angle 90^\circ} = 1\angle(-90^\circ)(A)$$

$$i_2 = 1\sqrt{2}\sin(1000t - 90^\circ)(A)$$

$$Q_2 = UI_2 = 100 \times 1 = 100(\text{var})$$

结论：同一个电感线圈在不同频率下的感抗不同。频率越高，电感线圈对电流的阻碍作用越大，产生的电流和无功功率就越小。

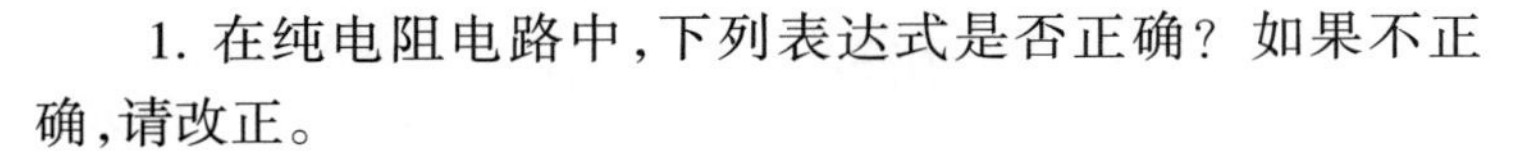

1. 在纯电阻电路中，下列表达式是否正确？如果不正确，请改正。

(1) $i = \dfrac{u}{R}$；

(2) $I = \dfrac{\dot{U}}{R}$；

(3) $\dot{I} = \dfrac{\dot{U}}{R}$；

(4) $P = I^2R$。

2. 将一个 $L = 10$mH 的电感线圈接在频率为100Hz和1000Hz的电路中，其感抗分别是多少？这个结论说明电感的何种性质？

3. 一元件两端的电压 $u = 311\sin(\omega t + 60^\circ)$V，通过的电流 $i = 31.1\sin(\omega t - 30^\circ)$A。试确定该元件的性质，并计算阻抗值。

模块四

复合元件的正弦交流电路分析

实际的交流电路总是由多个元件组成,电路元件之间的连接方式有串联、并联和混联。不论连接方式如何,电路分析始终关注的是电路中各元件上的电流、电压、功率和电能及其关系。复合元件的电压-电流-功率关系取决于电路阻抗的组成和性质。

具备了单一参数元件电压-电流-功率关系的基础知识之后,本模块学习复合元件的电压-电流-功率关系。

一、RLC串联电路

1. 基尔霍夫定律的相量表示

KCL指出,对电路中的任一节点都有

$$\sum i = 0$$

当电路中的电流都为同频率的正弦量时,可用相量表示,则有

$$\sum \dot{I} = 0 \tag{4-25}$$

式(4-25)称为KCL的相量表示式,它表明,在正弦交流电路中,任意一个节点上同频率正弦电流所对应相量的代数和为零。

KVL指出,对电路中的任一回路都有

$$\sum u = 0$$

当电路中的电压都为同频率的正弦量时,可用相量表示,则有

$$\sum \dot{U} = 0 \tag{4-26}$$

式(4-26)称为KVL的相量表示式,它表明,在正弦交流电路中,任意一回路中同频率正弦电压所对应相量的代数和为零。

2. RLC串联电路电压与电流的关系

图4-19所示为RLC串联的正弦交流电路。

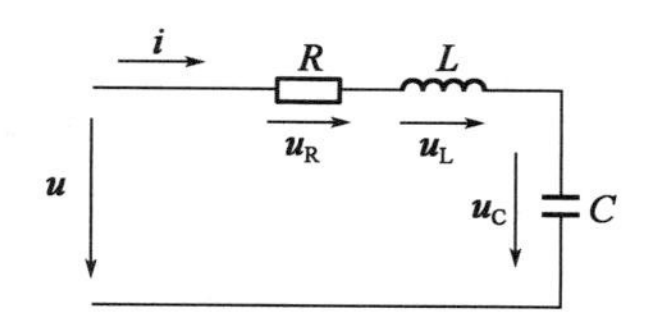

图4-19 RLC串联的正弦交流电路

电路中各元件流过同一电流i，通过R、L、C元件后，分别产生的电压降为u_R、u_L和u_C，设电流

$$i = I_m \sin \omega t$$

为参考正弦量，则u_R、u_L和u_C分别为

$$u_R = U_{Rm} \sin \omega t, u_L = U_{Lm} \sin(\omega t + 90°), u_C = U_{Cm} \sin(\omega t - 90°)$$

电源电压u为

$$u = U_m \sin(\omega t + \varphi)$$

RLC串联电路电流与电压的相量图如图4-20所示。

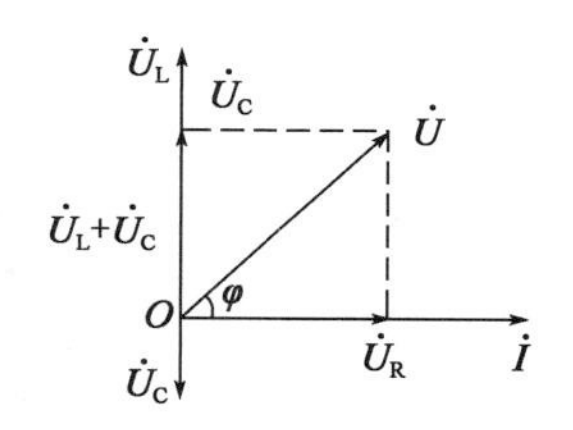

图4-20 RLC串联电路电流与电压的相量图

根据KVL的相量表示式可知

$$\dot{U} = \dot{U}_R + \dot{U}_L + \dot{U}_C = R\dot{I} + jX_L\dot{I} - jX_C\dot{I} = [R + j(X_L - X_C)]\dot{I} \quad (4\text{-}27)$$

若令$\dot{U}_X = \dot{U}_L + \dot{U}_C$(图4-20)，$\dot{U}_R$、$\dot{U}_X$和$\dot{U}$能够组成一个直角三角形，称为电压三角形，如图4-21所示。

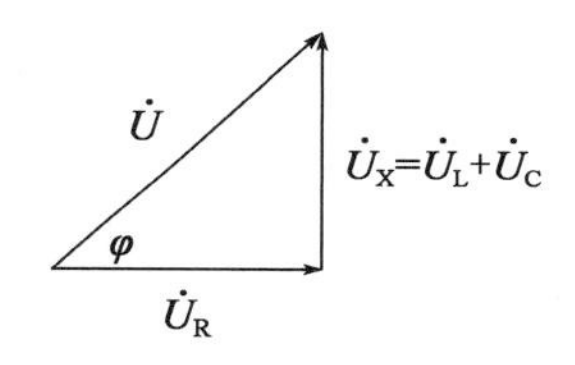

图4-21 电压三角形

式(4-27)中，令$Z = R + j(X_L - X_C) = R + jX$，$Z$称为电路的复阻抗，单位为欧姆(Ω)。其中，$X = X_L - X_C$，称为电抗，单位为欧姆(Ω)。

复阻抗只是一个复数，不是相量，所以，书写时上面不能加"·"。复阻抗也可写成

$$Z = \frac{\dot{U}}{\dot{I}} = \frac{U}{I}\angle\varphi = |Z|\angle\varphi \quad (4\text{-}28)$$

式中：$|Z|$——阻抗的模，表示电压和电流的大小关系；

φ——阻抗的辐角，表示电压和电流的相位关系，(°)。

$|Z|$、φ的值可表示为

$$\begin{cases} |Z| = \dfrac{U}{I} = \sqrt{R^2 + (X_L - X_C)^2} = \sqrt{R^2 + X^2} \\ \varphi = \arctan\dfrac{U_L - U_C}{U_R} = \arctan\dfrac{X_L - X_C}{R} = \arctan\dfrac{X}{R} \end{cases} \quad (4\text{-}29)$$

由式(4-29)可以看出，辐角的大小和正负由电路参数决定。当$X_L > X_C$时，$\varphi > 0°$，电压超前于电流，此电路为电感性电路；当$X_L < X_C$时，$\varphi < 0°$，电压滞后于电流，此电路为电容性电路；当$X_L = X_C$时，$\varphi = 0°$，电压和电流同相，此电路为电阻性电路。

$|Z|$、R和X三者之间的关系也可以用一个直角三角形来表示，称为阻抗三角形，如图4-22所示。

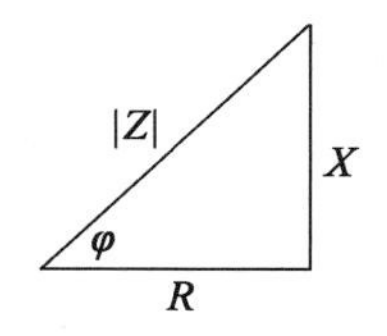

图4-22 阻抗三角形

3. RLC串联电路的功率

RLC串联电路中的功率有瞬时功率、有功功率、无功功率和视在功率等。

(1)瞬时功率。

RLC串联电路中的瞬时功率为

$$p = ui = U_{\mathrm{m}} I_{\mathrm{m}} \sin(\omega t + \varphi) \sin \omega t = UI\cos\varphi - UI\cos(2\omega t + \varphi) \tag{4-30}$$

(2)有功功率。

RLC串联电路中的有功功率为

$$P = \frac{1}{T}\int_0^T p\mathrm{d}t = \frac{1}{T}\int_0^T [UI\cos\varphi - UI\cos(2\omega t + \varphi)]\mathrm{d}t = UI\cos\varphi \tag{4-31}$$

式(4-31)表明,在正弦交流电路中,有功功率的大小不仅与电压、电流有效值的乘积有关,还与$\cos\varphi$有关。$\cos\varphi$称为功率因数,它是衡量电能传输效果的重要指标。

(3)无功功率。

由图4-21所示相量图可以看出

$$U\cos\varphi = U_{\mathrm{R}} = IR$$

于是

$$P = UI\cos\varphi = U_{\mathrm{R}} I = I^2 R \tag{4-32}$$

式(4-32)表明,有功功率仅反映电阻元件所吸收的功率,而电感元件与电容元件都要与电源进行能量互换,其无功功率可得

$$Q = Q_{\mathrm{L}} - Q_{\mathrm{C}} = (U_{\mathrm{L}} - U_{\mathrm{C}})I = (X_{\mathrm{L}} - X_{\mathrm{C}})I^2 = UI\sin\varphi \tag{4-33}$$

(4)视在功率。

由于RLC串联电路中电压和电流存在相位差,所以,电路的有功功率一般不等于电压和电流有效值的乘积UI。我们把UI称为视在功率,用大写字母S表示,即

$$S = UI = |Z|I^2 \tag{4-34}$$

为了与有功功率和无功功率进行区别,视在功率的单位为伏安(V·A)或千伏安(kV·A)。

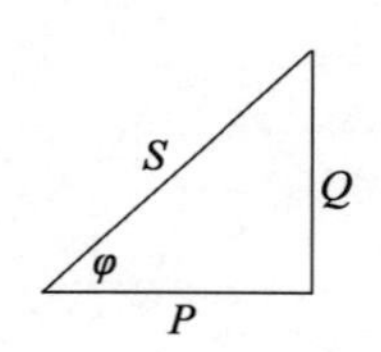

图4-23 功率三角形

视在功率是有实际意义的。交流电源都有确定的额定电压U_{N}和额定电流I_{N},其额定视在功率$U_{\mathrm{N}} I_{\mathrm{N}}$表示该电源可能提供的最大有功功率,故称为电源的容量。

P、Q和S三者之间的关系也可以用一个直角三角形来表示,称为功率三角形,如图4-23所示。

【例4-6】 在图4-19所示的电路中,已知:$R = 30\Omega$,$L = 31.53\mathrm{mH}$,$C = 79.6\mu\mathrm{F}$,交流正弦电源的电压$U = 220\mathrm{V}$,频率$f = 50\mathrm{Hz}$。求:

(1)电路中的电流I;

(2)各元件两端的电压U_R、U_L和U_C;

(3)电路的功率因数及电路中的功率P、Q、S。

解:(1)因

$$X_L = 2\pi fL = 2 \times 3.14 \times 50 \times 31.53 \times 10^{-3} = 10(\Omega)$$

$$X_C = \frac{1}{2\pi fC} = \frac{1}{2 \times 3.14 \times 50 \times 79.6 \times 10^{-6}} = 40(\Omega)$$

所以

$$Z = R + j(X_L - X_C) = 30 + j(10 - 40) = 30 - j30 = 42.43\angle -45^\circ$$

于是,电路的电流I为

$$I = \frac{U}{|Z|} = \frac{220}{42.43} = 5.19(A)$$

(2)各元件两端的电压分别为

$$U_R = IR = 5.19 \times 30 = 155.7(V)$$

$$U_L = IX_L = 5.19 \times 10 = 51.9(V)$$

$$U_C = IX_C = 5.19 \times 40 = 207.6(V)$$

(3)由复阻抗的相量表示可知

$$\cos\varphi = \cos(-45^\circ) = 0.707$$

于是

$$P = U_R I = 155.7 \times 5.19 = 808(W)$$

$$Q = (U_L - U_C)I = (51.9 - 207.6) \times 5.19 = -808(var)$$

$$S = UI = 220 \times 5.19 = 1142(V\cdot A)$$

二、RLC并联电路

1. RLC并联电路电流的计算

图4-24所示为RLC并联的正弦交流电路。电路中各元件产生的电压降为u、u_L和u_C,设通过R、L、C元件的电流分别为i_R、i_L和i_C。

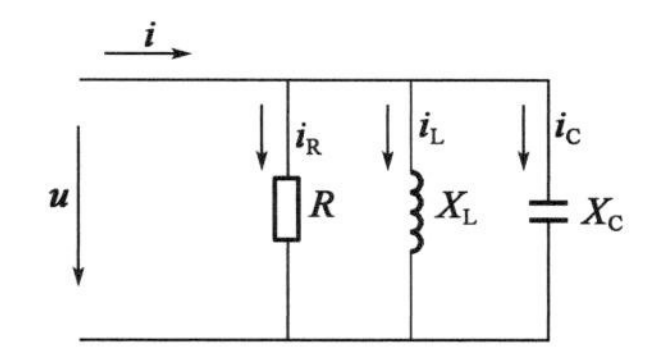

图4-24 RLC并联电路

在已知电路电压和各支路阻抗的情况下,各支路电流相量可根据式(4-35)求出。

$$\begin{cases} \dot{I}_R = \dfrac{\dot{U}}{R} \\ \dot{I}_L = \dfrac{\dot{U}}{jX_L} \\ \dot{I}_C = \dfrac{\dot{U}}{-jX_C} \end{cases} \tag{4-35}$$

电路的总电流可根据式(4-36)求出:

$$\dot{I} = \dot{I}_R + \dot{I}_L + \dot{I}_C = \frac{\dot{U}}{R} + \frac{\dot{U}}{jX_L} + \frac{\dot{U}}{-jX_C} \tag{4-36}$$

各支路电流相量图如图4-25所示。

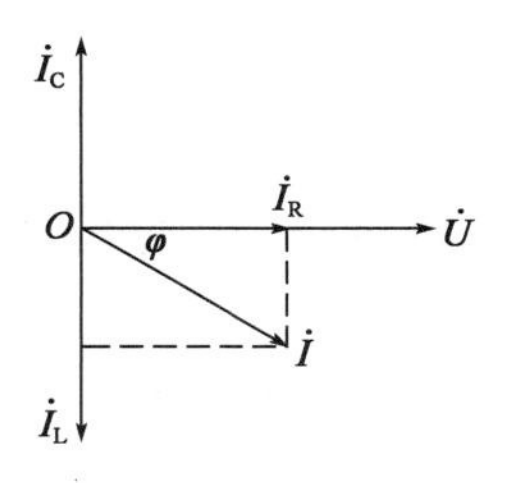

图4-25 各支路电流相量图

2. RLC 并联电路功率的计算

(1)有功功率。

有功功率仅产生于电阻元件,即

$$P = I_R^2 R = I_R U$$

(2)无功功率。

无功功率产生于电感元件和电容元件。由于电感上的电流和电容上的电流在相位上相差180°,二者产生的无功功率在实际电路中起互相抵消的作用,即

$$Q_L = I_L^2 X_L$$

$$Q_C = I_C^2 X_C$$

$$Q = Q_L - Q_C$$

(3)视在功率。

以下两式根据情况择一计算,结果相同。

$$S = UI$$

或

$$S = \sqrt{P^2 + Q^2}$$

(4)功率因数。

$$\cos\varphi = \frac{P}{S}$$

【例 4-7】 在图 4-24 所示的电路中,已知:$R = 27.5\Omega$,$X_L = 22\Omega$,$X_C = 55\Omega$,$u = 311\sin(314t)$V。试求:

(1)电路中的总电流和各支路的电流;

(2)各元件的功率;

(3)电路的功率因数。

解:通过本例,学习并联电路各种参数的基本计算方法。

(1)设参考相量。

设电路的总电压为参考相量,即

$$\dot{U} = 220\angle 0^\circ$$

(2)计算电路中的电流。

支路电流按式(4-35)计算,总电流按式(4-36)计算,即

$$\dot{I}_R = \frac{\dot{U}}{R} = \frac{220\angle 0^\circ}{27.5} = 8\angle 0^\circ = 8(\text{A})$$

$$\dot{I}_L = \frac{\dot{U}}{\text{j}X_L} = \frac{220\angle 0^\circ}{22\angle 90^\circ} = 10\angle(-90^\circ) = -\text{j}10(\text{A})$$

$$\dot{I}_C = \frac{\dot{U}}{-\text{j}X_C} = \frac{220\angle 0^\circ}{55\angle -90^\circ} = 4\angle 90^\circ = \text{j}4(\text{A})$$

$$\dot{I} = \dot{I}_R + \dot{I}_L + \dot{I}_C = 8 - \text{j}10 + \text{j}4 = 8 - \text{j}6 = 10\angle(-36.9^\circ)(\text{A})$$

电流相量图如图 4-26 所示。

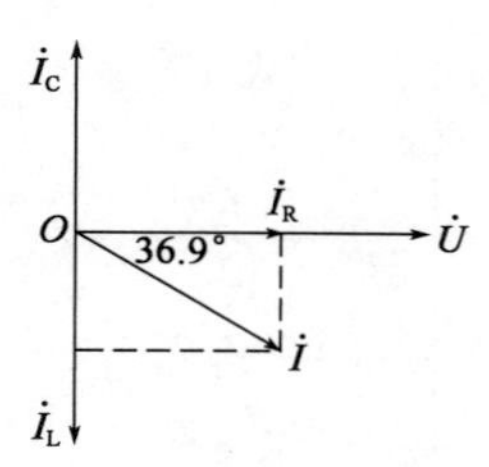

图 4-26 电流相量图

电流瞬时值为

$$i_R = 8\sqrt{2}\sin\omega t(\text{A})$$

$$i_L = 10\sqrt{2}\sin(\omega t - 90°)(\text{A})$$

$$i_C = 4\sqrt{2}\sin(\omega t + 90°)(\text{A})$$

$$i = 10\sqrt{2}\sin(\omega t - 36.9°)(\text{A})$$

(3)计算各元件功率、电路功率因数。

①有功功率。

$$P = I_R^2 \cdot R = 64 \times 27.5 = 1760(\text{W})$$

②无功功率。

$$Q_L = I_L^2 \cdot X_L = 100 \times 22 = 2200(\text{var})$$

$$Q_C = I_C^2 \cdot X_C = 16 \times 55 = 880(\text{var})$$

$$Q = Q_L - Q_C = 2200 - 880 = 1320(\text{var})$$

③视在功率。

$$S = UI = 220 \times 10 = 2200(\text{V·A})$$

④功率因数。

$$\cos\varphi = \frac{P}{S} = \frac{1760}{2200} = 0.8$$

三、RLC混联电路

实际中更常见的是电路混联。求解前首先要厘清混联电路的结构，再根据电路结构确定合适的计算方法。下面通过一个实例学习混联电路的分析和计算方法。

图4-27所示为一个典型的RLC混联电路，并联的两条支路接在同一个电源电压中，各支路内部由两个不同性质的电路元件串联而成。

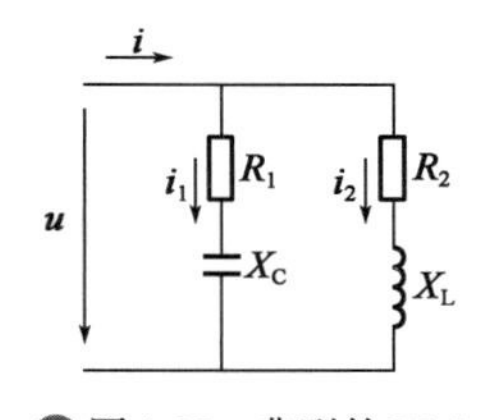

图4-27 典型的RLC混联电路

在求解电路时，需要用到串、并联电路的综合知识和解题技能，具体步骤如下：

(1)确定电路的参考相量。对于并联电路，一般选择总电压为参考相量。

(2)求各支路的阻抗以及电路的总阻抗。

(3)求各支路电流以及电路的总电流。

(4)求电路的功率、功率因数等其他参数。

(5)绘制各物理量之间的相对关系(相量图)。

【例4-8】 在图4-27所示的电路中，已知：$R_1 = 8\Omega$，$R_2 = 4.8\Omega$，$X_C = 6\Omega$，$X_L = 6.4\Omega$，$u = 100\sqrt{2}\sin(314t)\text{V}$。试求：

(1)各支路阻抗和电路总阻抗；

(2)电路中各支路的电流和电路的总电流；

(3)各元件的功率和电路的总功率；

(4)各支路的功率因数和电路的总功率因数；

(5)绘制各支路电压和电流相量图，以及电路总电压和总电流的相量图。

解：通过本例，学习混联电路各种参数的计算方法。

按照上述5个步骤进行电路的计算。

(1)设参考相量。

由于电路总体上为并联结构，设电压U为参考相量，则

$$\dot{U} = 100\angle 0^\circ \text{V}$$

(2)求各支路阻抗及总阻抗。

$$Z_1 = R_1 - jX_C = 8 - j6 = 10\angle(-36.9^\circ)(\Omega)$$

$$Z_2 = R_2 + jX_L = 4.8 + j6.4 = 8\angle 53.1^\circ(\Omega)$$

(3)求各支路电流及电路总电流。

$$\dot{I}_1 = \frac{\dot{U}}{Z_1} = \frac{100\angle 0^\circ}{10\angle(-36.9^\circ)} = 10\angle 36.9^\circ(\text{A})$$

$$\dot{I}_2 = \frac{\dot{U}}{Z_2} = \frac{100\angle 0^\circ}{8\angle 53.1^\circ} = 12.5\angle(-53.1^\circ)(\text{A})$$

$$\begin{aligned}\dot{I} &= \dot{I}_1 + \dot{I}_2 = 10\angle 36.9^\circ + 12.5\angle(-53.1^\circ)\\ &= 8 + j6 + 7.5 - j10 = 15.5 - j4 = 16\angle(-14.4^\circ)(\text{A})\end{aligned}$$

(4)求电路的功率、功率因数。

①有功功率。

$$P_1 = I_1^2R_1 = 10 \times 10 \times 8 = 800(\text{W})$$

$$P_2 = I_2^2R_2 = 12.5 \times 12.5 \times 4.8 = 750(\text{W})$$

$$P = P_1 + P_2 = 800 + 750 = 1550(\text{W})$$

②无功功率。

$$Q_1 = Q_C = I_1^2X_C = 10 \times 10 \times 6 = 600(\text{var})$$

$$Q_2 = Q_L = I_2^2X_L = 12.5 \times 12.5 \times 6.4 = 1000(\text{var})$$

$$Q = Q_L - Q_C = 400(\text{var})$$

③视在功率。

$$S_1 = UI_1 = 100 \times 10 = 1000(\text{V}\cdot\text{A})$$

$$S_2 = UI_2 = 100 \times 12.5 = 1250(\text{V}\cdot\text{A})$$

$$S = \sqrt{P^2 + Q^2} = \sqrt{1550^2 + 400^2} = 1600(\text{V}\cdot\text{A})$$

由上式可知，$S \neq S_1 + S_2$。视在功率的计算不能简单相加，要按照电路的结构和参数，分别计算有功功率和无功功率，最后按照功率三角形的关系进行计算。

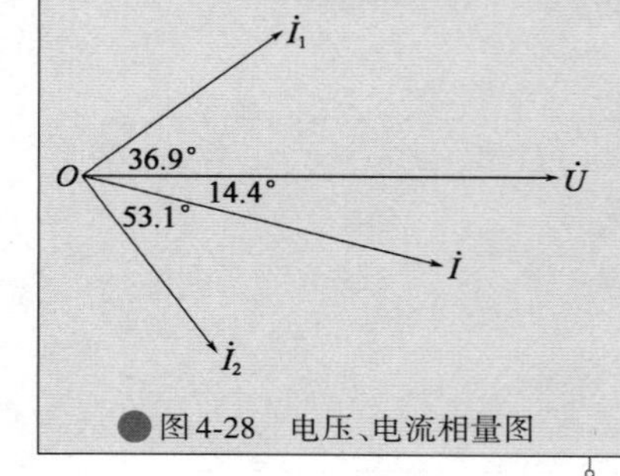

图4-28 电压、电流相量图

④功率因数。

电路中有3条支路，可分别计算各支路的功率因数：

$$\cos\varphi_1 = \cos(-36.9^\circ) = 0.8$$

$$\cos\varphi_2 = \cos 53.1^\circ = 0.6$$

$$\cos\varphi = \cos 14.4^\circ = 0.97$$

(5)绘制相量图。

绘制电压、电流相量图，如图4-28所示。

四、电路参数的测量

在实际工作中，电气工程人员常用三表法测量感性元件的电路参数，测量电路如图4-29所示。图中使用3个测量表分别测量电路电流、电路两端的电压和电路中的有功功率，并根据测量数据计算电路参数。图中的电压表和电流表测量的是有效值，功率表测量的是平均值。

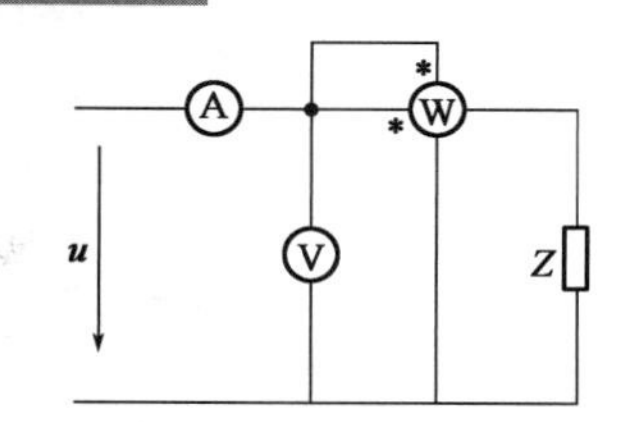

图4-29　测量电路①

注：①图中星号为"同名端"。功率表在接线时需要注意电压线和电流线的同名端，图中以"*"符号做了标注。

【例4-9】 在图4-29所示的电路中，阻抗Z是由电阻R和电感L组成的电路元件。已知：电压表的读数为220V，电流表的读数为10A，功率表的读数为1000W。试确定电路的参数。

解：通过本例，学习一般感性元件参数的测量方法。

已知阻抗Z由电阻R和电感L组成，则电阻与电感的确定方法如下。

（1）电阻的确定。

$$R=\frac{P}{I^2}=\frac{1000}{10^2}=10(\Omega)$$

（2）电感的确定。

电路的阻抗为

$$|Z|=\frac{U}{I}=\frac{220}{10}=22(\Omega)$$

电感量为

$$L=\frac{X_L}{\omega}=\frac{19.6}{314}=62.4(\text{mH})$$

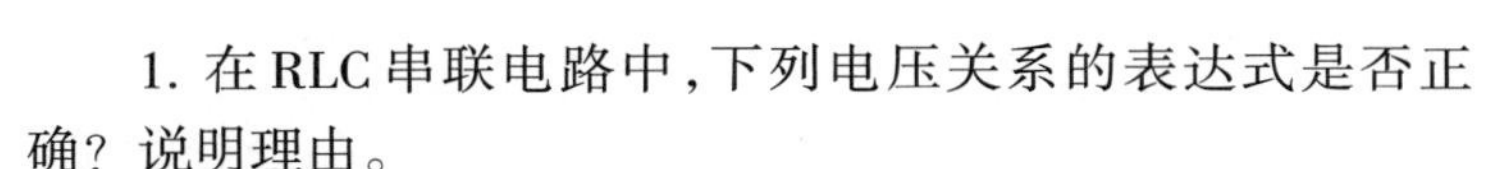

1. 在RLC串联电路中，下列电压关系的表达式是否正确？说明理由。

（1）$u=u_R+u_L+u_C$；

（2）$U=U_R+U_L+U_C$；

（3）$\dot{U}=\dot{U}_R+\dot{U}_L+\dot{U}_C$。

2. 在RLC串联电路中，下列阻抗关系的表达式是否正确？说明理由。

（1）$Z=R+X_L-X_C$；

（2）$Z=R+\text{j}(X_L-X_C)$；

（3）$|Z|=\sqrt{R^2+X_L^2+X_C^2}$。

模块五 正弦交流电路的功率计算

前面讨论了电阻元件、电感元件、电容元件的瞬时功率、有功功率和无功功率，在此基础上，本模块主要讨论电阻、电感、电容组成的正弦交流电路（无源二端网络）的功率。

一、有功功率

交流电路的有功功率又称为平均功率，定义为瞬时功率在一个周期内的平均值。有功功率求解公式根据牛顿-莱布尼茨公式化简可得

$$P=\frac{1}{T}\int_0^T p\mathrm{d}t=\frac{1}{T}\int_0^T UI[\cos(\psi_u-\psi_i)-\cos(2\omega t+\psi_u+\psi_i)]\mathrm{d}t$$

$$=UI\cos(\psi_u-\psi_i)$$

记 $\varphi=\psi_u-\psi_i$ 为电压和电流的相位差，则有

$$P=UI\cos\varphi \tag{4-37}$$

式中：P——有功功率，表示电路实际消耗的功率，W；

U、I——网络端口电压和电流的有效值，V、A；

φ——端口电压与电流的相位差，(°)。对于无源二端网络来说，φ 就是网络等效阻抗的辅角，$\cos\varphi$ 称为无源二端网络的功率因数。

如果网络为纯电阻性、电感性和电容性电路，其有功功率及功率因数分别如下：

电阻 R：$\varphi=0$，$P=UI$，$\cos\varphi=100\%$，表明输入网络的功率全部变为有功功率。

电感L:$\varphi = 90°$, $P = UI\cos 90° $, $\cos\varphi = 0$。

电容C:$\varphi = -90°$, $P = UI\cos(-90°) = 0$, $\cos\varphi = 0$。

可见,输入到电感和电容电路中的功率完全没有变为有功功率,即电感、电容吸收的平均功率为零。

【例4-10】 在RL串联电路中,已知:$f = 50\text{Hz}$, $R = 300\Omega$, 电感$L = 1.65\text{H}$, 端电压的有效值$U = 220\text{V}$。试求电路的功率因数和消耗的有功功率。

解:电路的阻抗

$$Z = R + \text{j}\omega L = 300 + \text{j}2\pi \times 50 \times 1.65 = 598.7\angle 60°(\Omega)$$

由阻抗角$\varphi = 60°$得功率因数:

$$\cos\varphi = \cos 60° = 0.5$$

电路中电流的有效值为

$$I = \frac{U}{|Z|} = \frac{220}{598.7} = 0.367(\text{A})$$

有功功率为

$$P = UI\cos\varphi = 220 \times 0.367 \times 0.5 = 40.4(\text{W})$$

二、无功功率

无功功率

由于交流电路中存在储能元件,而储能元件与电源之间存在能量交换,为了表示这种交换规模,定义储能元件与电源之间能量交换的最大值为无功功率,用Q表示,无功功率的单位为乏(var),即

$$Q = UI\sin\varphi \tag{4-38}$$

式中:φ——电路的功率因数角,(°),即电压与电流之间的夹角(等于阻抗角)。

无功功率可正可负,也可以为零:

当$\sin\varphi > 0$时,无功功率为正,此时称为感性无功功率,表明电路呈电感性;

当$\sin\varphi < 0$时,无功功率为负,此时称为容性无功功率,表明电路呈电容性;

当$\sin\varphi = 0$时,无功功率为零,表明电路呈电阻性。

【例4-11】 荧光灯电路通常被看作RL串联电路。已知:荧光灯功率为100W,在额定电压$U = 220\text{V}$时,其电流$I = 0.91\text{A}$。试求:该荧光灯的功率因数及无功功率。

解:荧光灯的有功功率为

$$P = 100(\text{W})$$

则

$$\cos\varphi = \frac{P}{UI} = \frac{100}{220 \times 0.91} = 0.5 \quad (\varphi = 60^\circ)$$

无功功率为

$$Q = UI\sin\varphi = 220 \times 0.91 \times \sin 60^\circ = 173.4(\text{var})$$

三、视在功率

二端网络端口上的电压、电流有效值的乘积定义为视在功率,用大写字母S表示,单位为V·A(伏安),即

$$S = UI \tag{4-39}$$

电机和变压器等设备都是按照一定的额定电压和额定电流来设计和使用的。电气设备的功率额定值称为容量,它是由额定电压和额定电流来决定的。因此,电气设备都用额定的视在功率来表示它的容量。

由于二端网络的有功功率$P = UI\cos\varphi$,无功功率$Q = UI\sin\varphi$,视在功率$S = UI$,三者构成的直角三角形称为功率三角形,如图4-30所示。

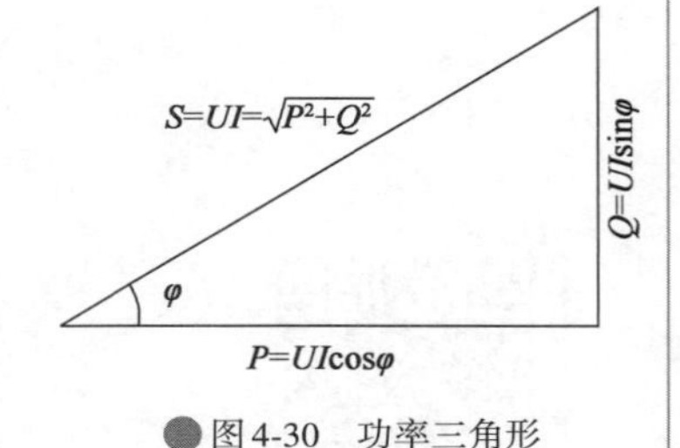

图4-30　功率三角形

P、Q和S之间的数值关系为

$$\begin{cases} S = \sqrt{P^2 + Q^2} \\ \cos\varphi = \dfrac{P}{S} \\ \tan\varphi = \dfrac{Q}{P} \end{cases} \tag{4-40}$$

知识拓展

在我国电路中,电感和电容不做功,只与供电系统交换功率。交换功率的最大值记为无功功率。既然不做功,电感与电容在电路中有什么意义?无功功率是无用功率吗?

感性功率不做功,但不是无用功率。我们在制造发电机和电动机时,需要通过电感元件建立磁场。只要有电感元件,就会产生感性无功功率。在工矿企业中大量使用电动机、变压器等电磁设备,产生了大量的感性功率。

如果电路中的感性无功功率过大,功率因数就会减小,造成电源容量的浪费,增加输电线路的电能损耗。在同一电路中,容性无功和感性无功相位相反,为提高电源的工作效率,工厂需要通过电容器进行无功功率补偿,减少电源的负担。

请写出有功功率、无功功率、视在功率之间的关系表达式。

模块六

正弦交流电路的功率因数

一、功率因数的概念

功率因数是指交流电路有功功率与视在功率的比值，常用$\cos\varphi$表示，即

$$\lambda = \cos\varphi = \frac{P}{S} \tag{4-41}$$

功率因数的大小表示电源功率被利用的程度。因为任何发电机都会受到温升和绝缘问题的限制，所以，使用时必须在额定电压和额定电流范围以内，即额定视在功率以内。电路的功率因数越大，则表示电源所发出的电能转换为热能或机械能越多，而与电感或电容之间相互交换的能量就越少，由于交换的这一部分能量没有被利用，因此，功率因数越大，说明电源的利用率越高。同时，在同一电压下，要输送同一功率，功率因数越大，线路中电流越小，故线路中的损耗也越小。因此，电力工程力求使功率因数接近1。

功率因数

二、提高功率因数的意义

电力用户大量使用电动机、变压器以及其他含有储能元件的用电设备，使得电力用户的电功率中包含大量的无功功率，减小了功率因数。过小的功率因数会造成电源容量浪费，增加输电线路的电能损耗。如何有效增大功率因数，是供电部门和电力用户共同关注的问题。

电力系统以电容补偿的方式增大功率因数，关注三个问题：①以何种方式进行电容补偿；②补偿电容量多少合适；③补偿电容如何接入电路。

三、功率因数过小的不良后果

电力部门向电力用户提供的电功率包含有功功率和无功功率，根据前面的知识可知，只有有功功率消耗电能，无功功率只起与电源交换功率的作用，不消耗电能。尽管无功功率不消耗电能，但在保证一定有功功率的前提下，如果电力用户的无功功率较大，功率因数过小，会产生以下几方面的不利影响。

1. 电源设备的容量不能充分利用

功率因数的表达式为

$$S = \frac{P}{\cos\varphi} \tag{4-42}$$

一个交流电源的容量是一定的，如发电机、变压器都有额定容量。如果 $\cos\varphi$ 较低，在提供相同有功功率 P 的情况下，必然要求提高电源容量 S；在电源容量 S 相同的情况下，输出有功功率 P 必然降低。

2. 增大输电线路的电压降和功率损耗

所有的电功率都是通过输电线路传输的，输电线路中的电流计算公式为

$$I = \frac{P}{U\cos\varphi} \tag{4-43}$$

在传输相同有功功率 P 的情况下，过小的功率因数势必导致视在功率 S 的提高，从而引起输电电流 I 增大。由于输电线路中存在分布电阻 R，输电电流在输电线路中会产生较大的电能损耗（$W = I^2Rt$）。供电线路上的损耗长期存在，产生的各种费用由各级供电部门承担。

3. 增大了人类活动对自然生态环境的压力

功率因数过小，使功率损耗增大、利用率降低，造成了能源的浪费，能源持续消耗会对生态环境造成严重破坏，会产生大量温室气体和大气污染物。

鉴于以上原因，各级供电部门要求生产性电力用户的功率因数大于0.85，并在收取电费时有一定的奖惩措施。对于生产性的电力用户，如果功率因数过小，需要采取措施增大功率因数。

四、增大功率因数的方法

既要增大功率因数，又不改变电路中原有的感性负载的

工作情况，常用的方法是在感性负载的两端并联电容器，称为补偿电容。增大功率因数的电路图如图4-31a)所示。

(1)并联电容前，感性负载两端的电压为 $\dot{U} = U\angle 0^\circ$，则流经感性负载$Z_1$的电流为

$$\dot{I} = \frac{\dot{U}}{Z_1} = \frac{\dot{U}}{R + \mathrm{j}X_1} = \frac{\dot{U}}{|Z|}\angle\varphi_1 \tag{4-44}$$

I_1为并联电容前电路电流有效值，电路的功率因数即感性负载的功率因数，为$\cos\varphi_1$。

(2)并联电容后，因为并联电路电压相等，所以流经感性负载的电流和功率因数均未变化，但电容支路有新的电流产生，该电流相量为

$$\dot{I}_{\mathrm{C}} = -\frac{\dot{U}}{\mathrm{j}X_{\mathrm{C}}} = \mathrm{j}\frac{\dot{U}}{X_{\mathrm{C}}} = \frac{\dot{U}}{X_{\mathrm{C}}}\angle 90^\circ \tag{4-45}$$

通过式(4-45)可知，电容支路电流$\dot{I}_{\mathrm{C}}$超前电压$\dot{U}$ 90°，由KCL可知并联电容后总电流为$\dot{I} = \dot{I}_1 + \dot{I}_{\mathrm{C}}$，相量图如图4-31b)所示。由相量图可知并联电容后，总电压和总电流的相位差减小($\varphi_2 < \varphi_1$)，即功率因数增大($\cos\varphi_2 > \cos\varphi_1$)。需要强调的是，增大功率因数指的是增大电源或整个电路的功率因数，而不是只增大某一感性负载的功率因数。

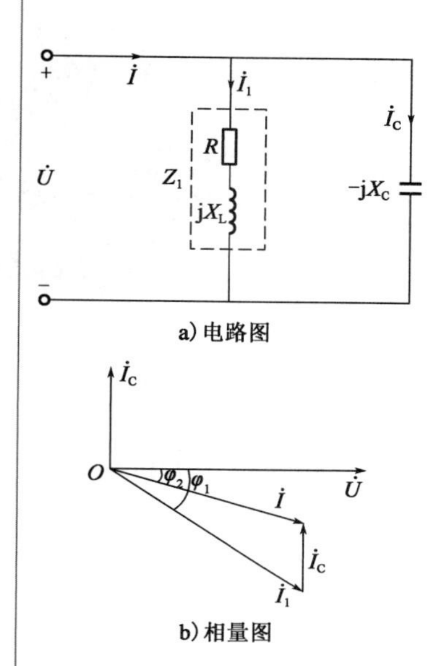

图4-31 增大功率因数的电路

1. 增大功率因数的意义是什么？
2. 增大功率因数的方法有哪些？

模块七

正弦交流电路谐振

由电阻、电感、电容组成的无源二端网络，当其等效阻抗(导纳)的电抗(电纳)等于零时，整个电路呈现阻性，这样的现象称为**电路谐振**。

电路谐振在电子技术和无线电技术中应用广泛，如信号发生器中的振荡器、选频网络等。但谐振有可能产生高电压和强电流，破坏系统的正常工作状态，甚至造成电路严重损坏。所以，研究电路的谐振现象有重要的实际意义。

发生在串联电路中的谐振称为串联谐振，发生在并联电路中的谐振称为并联谐振。

一、串联电路的谐振

1. 串联谐振的条件和谐振频率

在图4-32所示的串联谐振电路中，各元件均为理想元件，其等效阻抗为

$$Z = R + j(X_L - X_C) \tag{4-46}$$

图4-32 串联谐振电路

由于有 $X_L - X_C$ 的存在，电路中的电流与电压的相位是不同的，通过调节电路参数(L、C)或改变外加电压频率，可以使

电抗

$$X = X_L - X_C = 0$$

即

$$\omega L - \frac{1}{\omega C} = 0 \tag{4-47}$$

于是,阻抗Z变为纯电阻R,此时,电流与电压同相位,电路发生了谐振。式(4-47)为串联谐振的条件,由此可得谐振角频率和频率:

$$\omega_0 = \frac{1}{\sqrt{LC}} \tag{4-48}$$

$$f_0 = \frac{1}{2\pi\sqrt{LC}} \tag{4-49}$$

注意:ω_0、f_0只与电路的L、C参数有关,与R无关。

2. 串联谐振的特点

(1)阻抗Z呈现电阻性,为最小值R,阻抗角$\varphi_Z = 0$。

(2)电路中电流达到最大值($I_m = U/R = I_0$),且与电压同相位。

(3)电感上电压$\dot{U}_L$与电容上电压$\dot{U}_C$大小相等,相位相反,互相抵消,对整个电路不起作用,外加电压$\dot{U}$全部降落在电阻上,即$\dot{U} = \dot{U}_R = \dot{I}R$(其相量图如图4-33所示),并且电感和电容上的电压远大于外加电压,是外加电压的Q倍,有

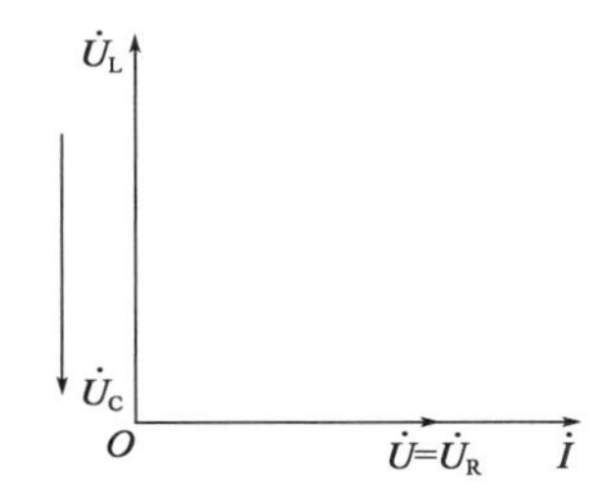

图4-33　串联谐振时电压、电流相量图

$$Q = \frac{U_L}{U} = \frac{X_L}{R} = \frac{\omega_0 L}{R}$$

或

$$Q = \frac{U_C}{U} = \frac{X_C}{R} = \frac{1}{\omega_0 CR}$$

故

$$Q = \frac{\omega_0 L}{R} = \frac{1}{\omega_0 CR} = \frac{1}{R}\sqrt{\frac{L}{C}} \tag{4-50}$$

式(4-50)称为电路的品质因数,其数值一般为几十至几百,因此串联谐振也称为电压谐振。

(4)串联谐振时,电路吸收(消耗)的有功功率为

$$P = UI\cos\varphi = UI = I^2R \tag{4-51}$$

而无功功率Q则为零。电感与电容之间只进行能量交换,形成周期性的电磁振荡。

二、并联电路的谐振

串联谐振电路的电源内电阻较高时,电路的平均因数变小,选择性变差,对于高内电阻的信号源,采用并联谐振电路。

当在某一频率正弦信号作用下,容纳和感纳相等,即电路电抗为零时,电路形成纯电阻电路,其电流和电压同相位,产生谐振,称为并联谐振。

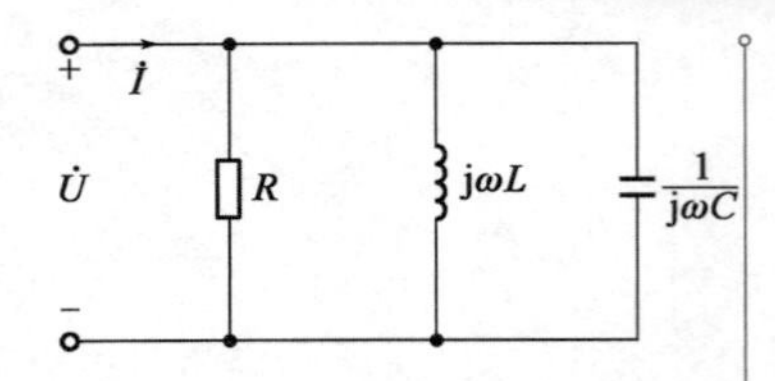

图4-34 RLC并联谐振电路

正弦交流并联谐振电路如图4-34所示。其等效导纳为

$$Y = G + \mathrm{j}(\omega C = \frac{1}{\omega L}) = G + \mathrm{j}(B_C + B_L) = G + \mathrm{j}B \tag{4-52}$$

1. RL和C并联电路发生谐振的条件与谐振频率

$$\dot{I}_L = \frac{\dot{U}}{R + \mathrm{j}X_L} = \frac{\dot{U}}{R + \mathrm{j}\omega L}$$

RL和C并联谐振电路的相量模型如图4-35所示，电容C支路的电流为

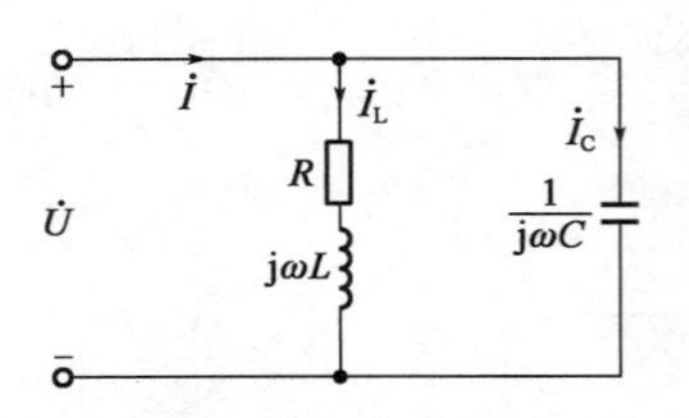

图4-35 RL和C并联谐振电路的相量模型

$$\dot{I}_C = \frac{\dot{U}}{-\mathrm{j}X_C} = \frac{\dot{U}}{-\mathrm{j}\dfrac{1}{\omega C}} = \mathrm{j}\omega C\,\dot{U}$$

故总电流为

$$\dot{I} = \dot{I}_L + \dot{I}_C = \frac{\dot{U}}{R + \mathrm{j}\omega L} + \mathrm{j}\omega C\,\dot{U}$$

$$= \left[\frac{R}{R^2 + (\omega L)^2} + \mathrm{j}(\omega C - \frac{\omega L}{R^2 + (\omega L)^2})\right]\dot{U}$$

上式表明，若要使电路中的电流$\dot{I}$与外加电压$\dot{U}$同相位，则须$\dot{I}$的虚部为零，即电路为纯电导。那么要求谐振条件为

$$\omega C = \frac{\omega L}{R^2 + (\omega L)^2} \tag{4-53}$$

由此得RL和C并联电路的谐振频率为

$$f_0 = \frac{\omega_0}{2\pi} = \frac{1}{2\pi}\sqrt{\frac{1}{LC} - \frac{R^2}{L^2}} = \frac{1}{2\pi\sqrt{LC}}\sqrt{1 - \frac{CR^2}{L}} \tag{4-54}$$

可见并联电路的谐振频率也是由电路参数决定的，它不仅与L、C有关，而且与R有关。从式(4-54)可知，当$R > \sqrt{L/C}$时，f_0为虚数，不存在谐振问题；只有当$R \ll \sqrt{L/C}$时，f_0为实数，电路有可能发生谐振。

在实际中，RL和C并联谐振电路的损耗很小，即电阻$R \ll \omega_0 L$或$R \ll \sqrt{L/C}$，因此RL和C并联电路的谐振频率可近似为

$$f_0 = \frac{1}{2\pi\sqrt{LC}} \tag{4-55}$$

这与串联电路的谐振频率公式相同。

2. 并联谐振的特点

(1)总阻抗最大，电流最小，电流与电压同相，电路呈电阻性。

(2)并联电路谐振时，由于电抗等于零，所以Y_0最小，阻抗Z_0最大，电流最小。

知识拓展

电网谐波的危害

电力系统中某些设备和负荷是非线性的,造成电网谐波的存在。电网谐波不仅会增加电气设备的附加损耗,降低效率,加速设备老化,缩短使用寿命,还会对通信系统产生干扰等。

日常生活和生产中使用的电视机、计算机、复印机、电子式照明设备、变频调速装置、开关电源、电弧炉等用电负载大,都是非线性负载,即谐波源,如将这些设备中的谐波电流注入公用电网,就会造成污染,使公用电网电源的波形发生畸变,增加谐波成分。同时,非线性电力设备的广泛应用导致电力系统中谐波问题越来越严重,主要体现在两个方面:一方面造成了电力设备的损坏,加速了绝缘介质老化;另一方面影响了计算机、电视系统等电子设备正常工作。因此,应合理规划电网,保证电力电子设备(特别是一次设备)符合电磁辐射水平要求,电子设备、电子仪器满足电磁兼容性要求。

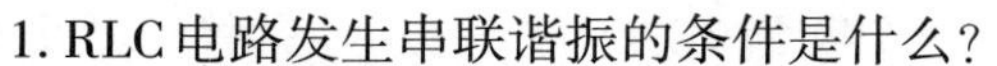
1. RLC电路发生串联谐振的条件是什么?

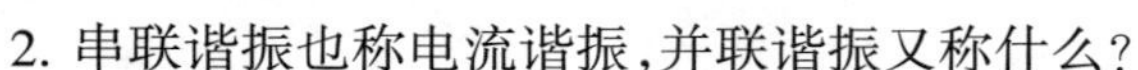
2. 串联谐振也称电流谐振,并联谐振又称什么?

本单元习题

一、填空题

1. 由于正弦电流和电压都是呈正弦规律周期性变化的，所以，在电路图上所标的参考方向代表的是________的方向。在________时，由于参考方向与实际方向相反，其值________。

2. 一个交流电流i和一个直流电流I分别通过相同的电阻R，如果在相同的时间T(交流电流的周期)内，它们产生的热量相等，那么这个交流电流i的________就等于这个直流电流I的大小。

3. 电感线圈对________的阻碍作用很大，而对________则可视为短路，即电感线圈有“________”的作用。电容元件对________的阻碍作用很小，相当于短路，而对________的阻碍作用则很大，可视为开路，即电容元件有“________”的作用。

4. 二端网络的有功功率、无功功率、视在功率三者构成________三角形，称为________。

5. 提高电感性电路功率因数的方法是________。

二、解答题

1. 一个正弦交流电压的瞬时值表达式为$u=311\sin(314t+45°)$V。试写出该电压的幅值、初相位、频率，并画出波形图。

2. 一个工频正弦交流电电流的幅值为14. 14A，初始值为

7.07A。试确定该电流的初相位，并写出电流瞬时值的表达式。

3. 两个同频率正弦交流电的波形如图4-36所示。试确定u和i的初相位、相位差、超前相位。

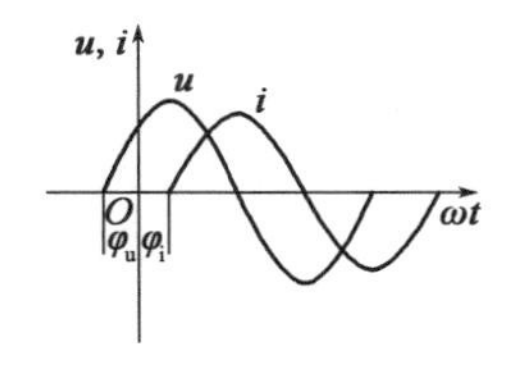

图4-36 题3图

4. 写出下列各正弦量对应的最大值相量表达式，并在同一复平面上画出对应的相量图。

(1)$i = 10\sqrt{2}\sin\omega t$A；

(2)$i = 6\sqrt{2}\sin(\omega t + 60°)$A；

(3)$u = 220\sqrt{2}\sin(\omega t - 45°)$V；

(4)$u = 141.4\sin(\omega t + 120°)$V。

5. 写出下列相量对应的正弦量瞬时值表达式。

(1)$\dot{U} = 220\sqrt{2}\angle 30°$V；

(2)$\dot{U} = 110\sqrt{2}\angle \frac{\pi}{3}$V；

(3)$\dot{I} = (10 - j10)$A；

(4)$\dot{I} = (6 - j8)$A。

6. 两个同频率正弦交流电流i_1和i_2的有效值分别为4A和3A，请使用相量图说明：

(1)在什么情况下，$i_1 + i_2$的有效值为5A；

(2)在什么情况下，$i_1 + i_2$的有效值为1A；

(3)在什么情况下，$i_1 + i_2$的有效值为7A。

7. 一白炽灯泡，工作时的电阻为484Ω，其两端的正弦电压$u = 311\sin(314t - 60°)$。试求：

(1)灯泡中通过电流的相量表示及瞬时值表达式；

(2)白炽灯工作时的功率。

8. 一电感元件，$L = 7.01$H，接入电源电压$u = 220\sqrt{2}\sin(314t + 30°)$的交流电路中。试求：

(1)通过电感元件的电流的相量表示及瞬时值表达式；

(2)电路中的无功功率。

9. 在电容元件电路中，已知：$C = 47\mu$F，$f = 50$Hz，$i = 0.2\sqrt{2}\sin(\omega t + 60°)$。

(1)试求电容元件两端的电压；

(2)若电流的有效值不变，电源的频率变为1000Hz，则电容元件两端的电压变为多少？

10. 已知：$R = 30\Omega$，$L = 127$H，$C = 40\mu$F串联，流过的电流为$i = 4.4\sqrt{2}\sin 314t$A。试求：

(1)感抗、电抗和阻抗；

(2)各元件上的电压有效值及总电压的瞬时值表达式；

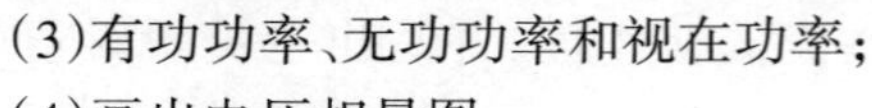

(3)有功功率、无功功率和视在功率；

(4)画出电压相量图。

11. $U = 220V$ 的工频交流电压供电电路，图4-37所示的 R、L 与 C 并联的电路。已知：电路参数 $R = 8\Omega, X_L = 6\Omega, X_C = 10\Omega$。试求：

(1)各支路电流和电路的总电流，并画出相量图；

(2)各元件消耗的功率；

(3)电路的总功率和功率因数。

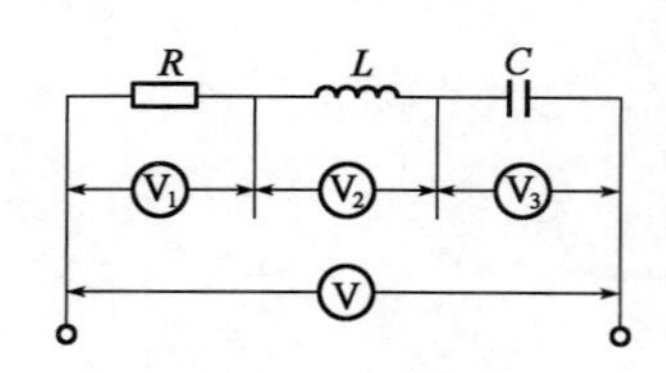

图4-37　题12图

12. 在图4-37所示的电路中，已知：电压表 V_1 读数为8V，V_2 读数为9V，V_3 读数为3V。试确定V的读数。

13. 试求具有以下特点的负载的功率因数：

(1) $I = 3.5A, U = 220V, P = 600W$；

(2) $|Z| = 500\Omega, I = 0.48A, Q = 57.6var$；

(3) $\dot{I} = 10\angle 40^\circ A, U = 400V, |Z| = 25\Omega, \varphi < 0^\circ$。

14. 在一RLC串联电路中，已知：$R = 10\Omega, X_L = 15\Omega, X_C = 5\Omega$，其中电流 $\dot{I} = 2e^{j30^\circ}A$，试求：

(1)总电压 $\dot{U}$；

(2) $\cos\varphi$；

(3)该电路的功率 P、Q、S。

15. 已知感性负载 $Z_1 = (1 + j1)\Omega$，与容性负载 $Z = (2 - j5)\Omega$ 并联，用功率表测得 Z_1 的功率 $P_1 = 20W$。试求：并联电路的总功率和无功功率及功率因数。

技能训练八 单相正弦交流电路研究

一、操作目的

（1）利用示波器观察并读取交流电的参数。

（2）验证电阻、电容、电感上的电压和电流有效值之间的关系。

（3）理解正弦交流电各物理量用相量形式表达的相位关系。

二、操作器材

操作器材见表4-1。

操作器材 表4-1

序号	名称	型号与规格	数量	备注
1	函数信号发生器	—	1	
2	双踪示波器	—	1	
3	交流毫伏表	0～600V	1	
4	交流电流表	0～5A	1	
5	电路板	$U_S=10V, R=50\Omega, C=0.47\mu F$, $R_1=510\Omega, L=8mH, R_2=560\Omega$	1	

三、操作原理

（1）正弦交流电三要素：通常把振幅（最大值或有效值）、频率（或者角频率、周期）、初相位称为交流电的三要素。任何正弦交流电都具备这三要素。

（2）根据交流电的三要素，可以写出其解析式，也可以画出其波形图。反之,知道了交流电解析式或波形图,也可找出其三要素。

(3)在单相正弦交流电路中,用交流电流表测得各支路的电流值,用交流电压表测得回路各元件两端的电压值,它们之间的关系满足相量形式的基尔霍夫定律,即 $\sum I = 0$ 和 $\sum U = 0$。

四、操作内容及步骤

(1)验证电阻、电容、电感上的电压和电流有效值之间的关系:

$$U_R = RI_R$$
$$U_L = \omega_L I_L$$
$$U_C = \frac{I_C}{\omega_C}$$

单相正弦交流电路的操作原理如图4-38所示。

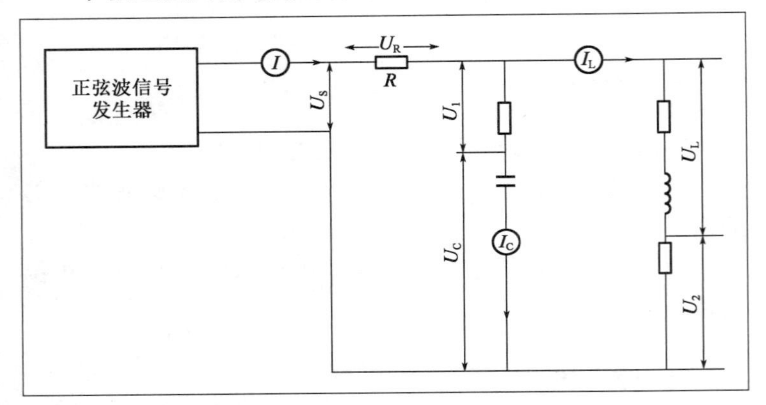

图4-38　单相正弦交流电路的操作原理

元件参考值:$U_S = 10V, R = 50\Omega, C = 0.47\mu F, R_1 = 510\Omega, L = 8mH, R_2 = 560\Omega$。

按照图4-38连接好电路后,用交流毫伏表及交流电流表进行测量,完成表4-2。

测试数据　　表4-2

频率	I(A)	I_C(A)	I_L(A)	U_R(V)	U_C(V)	U_L(V)	U_1(V)	U_2(V)
$f = 1kHz$								
$f = 3kHz$								

根据测量数据验证上述理论公式是否成立。

(2)验证用相量形式表达的元件R、L、C相量形式:

$$\dot{U}_R = R\dot{I}_R$$
$$\dot{U}_L = j\omega L\dot{I}_L$$
$$\dot{U}_C = \frac{1}{j\omega C}\dot{I}_C = -j\frac{1}{\omega C}\dot{I}_C$$

上式表明：电阻R两端的电压U_R与电流的相位相同；电感L中的电流落后于电压U，相位差为90°；电容C中的电流I超前电压U，相位差为90°。

操作参考电路如图4-38所示，以测量电容器C上的电压与电流举例。将双踪示波器YA输入通道接电阻R_1上的电压U_1，将双踪示波器YB输入通道接电容器C上的电压U_C。调节Y轴工作方式，选择开关置“交替”，适当调节YA、YB通道幅度选择开关(VOTS/DIV)，使观察幅度波形适当，再适当选择扫描时间因数转换开关(SEC/DIV)，使波形稳定，并使一个波形周期在荧光屏上占8个格子，即8个格子代表360°，一个格子d代表45°。最后测量两个波形相应点的水平距离$n \times d$(cm)，则相位差$= n \times d \times 45°$。根据测量值画出波形图，验证结果是否符合R、L、C相量形式。

五、注意事项

(1)示波器使用前需要先测试校准信号。

(2)所有需要测量的电压值均以电压表测量的读数为准。

六、思考

(1)开始验证前可先估算，以便正确地选择毫安表和电压表的量程。

(2)操作中，若用指针式万用表直流毫安挡测各支路电流，在什么情况下可能出现指针反偏，应如何处理？在记录数据时应注意什么？若用直流数字毫安表进行测量，会显示什么？

七、操作报告

(1)将测量数据填入表中，验证KCL的正确性。

(2)根据测量数据，选定电路中的任意一个闭合回路，验证KVL的正确性。

(3)重新设定支路和闭合回路的电流方向，重复步骤(1)(2)的验证。

(4)误差原因分析。

(5)心得体会及其他。

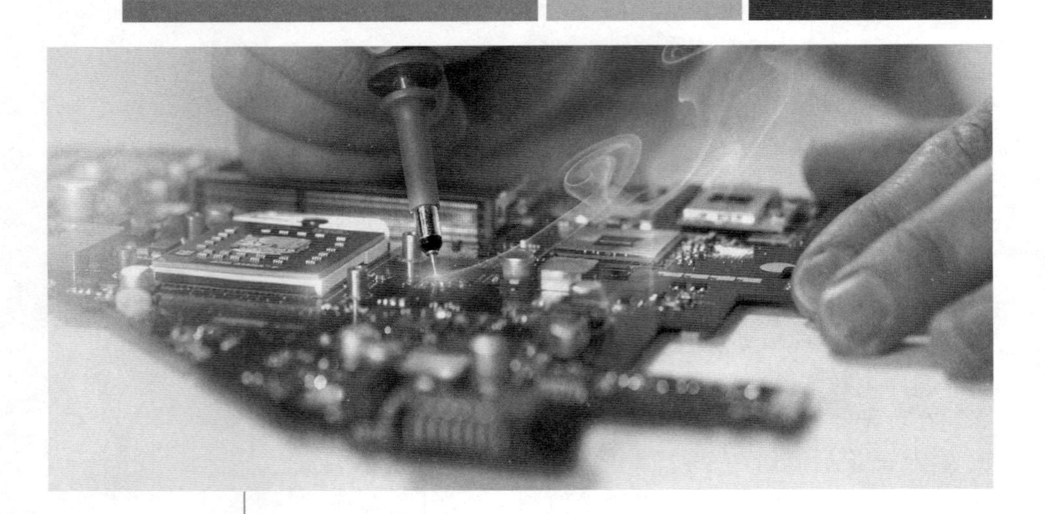

技能训练九

荧光灯电路的研究与功率因数的增大

一、操作目的

(1)了解荧光灯电路的组成、各元件的作用和荧光灯电路的工作原理。

(2)根据电路图连接、组装荧光灯电路。

(3)理解功率因素的概念,了解功率因数大小的影响。

(4)会增大荧光灯电路的功率因数。

二、操作器材

操作器材见表4-3。

操作器材 表4-3

序号	名称	型号与规格	数量	备注
1	荧光灯管(40W)	只	1	
2	启辉器(与40W灯管配用)	只	1	
3	镇流器(与40W灯管配用)	只	1	
4	功率表	只	1	
5	交流电压表	只	1	
6	交流电流表	只	1	
7	电容器(2.2μF)	只	1	

三、操作原理

荧光灯电路是一种使用率很高的电路,它是典型的RL串联电路。

1. 荧光灯电路的研究

荧光灯作为普通的照明用光源已十分普及，那么，大家是否思考过：闭合开关接通电源后荧光灯为什么过一会儿才发光？为什么除灯管外在电路中还带有两个附件？其实，荧光灯的工作是自感现象的一个实际应用。

荧光灯电路通常由灯管、镇流器和启辉器等部分组成，如图4-39所示。

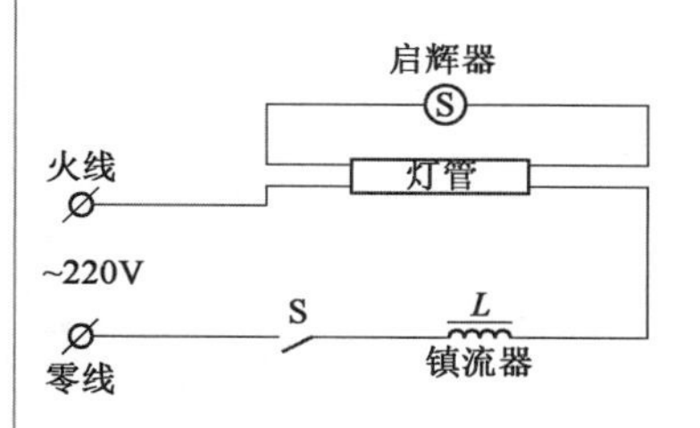

●图4-39　荧光灯电路的组成

（1）灯管。

灯管是把电能转化为光能的装置。

①构造及作用。荧光灯两端各有一根灯丝，灯管内充有微量的氩气和稀薄的水蒸气，灯管内壁涂有荧光粉，两根灯丝之间的气体导电时发出紫外线，使荧光粉发出柔和的可见光。

②工作特点。灯管开始点亮时需要一个高电压，正常发光时只允许通过不大的电流，这时灯管两端的电压低于电源电压。

（2）镇流器。

①构造。镇流器中有一个带有铁芯的线圈，自感系数大。

②作用。灯管工作是由与灯管串联的镇流器来实现的。当灯管启动时，镇流器产生高电压，点亮灯管；当灯管正常工作时，镇流器降压限流，延长灯管使用寿命。

（3）启辉器。

启辉器是作为启动灯管发光的器件。

①构造。启动器主要是一个充有氖气的小玻璃泡，里面装有两个电极：一个是静触片，一个是由两种膨胀系数不同的金属制成的U形动触片。

在启动器的动、静两触片间并有一个电容器，它的作用是在动、静触片分离时避免产生火花，以免烧坏触点。没有电容器，启动器也能工作。

②作用。启动器在电路中起自动开关的作用。

2. 荧光灯的工作过程

（1）在荧光灯的电路中，启辉器与灯管并联，镇流器与灯管串联（注意与灯丝的连接）。

（2）工作原理：当开关闭合后，电源把电压加在启动器的两极之间，使氖气放电而发出辉光，辉光产生的热量使U形动触片膨胀伸长，跟静触片接触而把电路接通，于是镇流器线圈和灯丝中就有电流通过，电路接通后，启动器中的氖气停止放电，U形触片冷却收缩，两个极片分离，电路自动断开；在电路断开的瞬间，镇流器中的电流急剧减小，会产生很高的自感电动势，方向与原电压方向相同，这个自感电动势与电源电压加在一起，形成一个瞬时高电压，加在灯管两端，使灯管中的气体开始放电，于是荧光灯管成为电流的通路开始发光。荧光灯开始发光后，由于交变电流通过镇流器的线圈，线圈中就会产生自感电动势。它总是阻碍电流的变化，这时镇流器就起到降压限流的作用，保证荧光灯的正常工作。

3. 功率因素增大的意义和方法

要增大感性负载的功率因数，可以用并联电容器的办法，使流过电容器的无功电流分量与感性负载中的无功电流分量互相补偿，以减小电压和电流之间的相位差。增大负载的功率因数有很大的经济意义，它不仅可以充分发挥电源设备的利用率，还可以减少输电线路上的功率损失，提高电能的传输效率。

四、操作内容及步骤

（1）观察荧光灯电路的分布情况，按图4-39组装荧光灯电路，经教师检查无误后，接通电源进行操作，观察荧光灯的启动情况。

（2）在图4-39的基础上，按图4-40接好线路，暂不接电容，接入功率表和电流表，各表的量程置于以下挡位。①功率表：2. 5A，300V。②电压表：300V。③电流表：500mA。

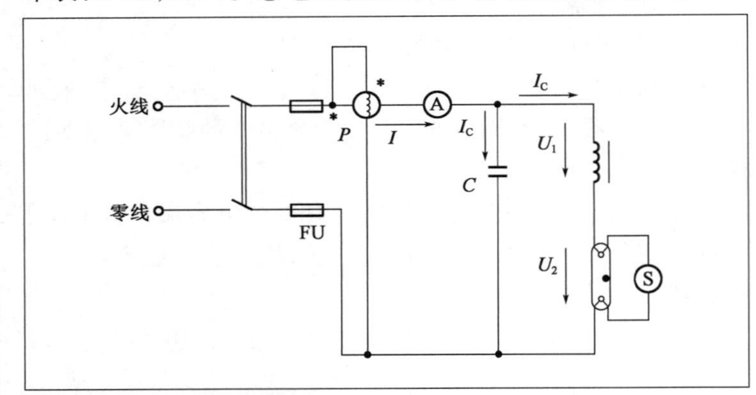

图4-40 操作线路图

经教师检查无误后，合上电源开关，待荧光灯启动后，观察其整个工作过程，观察仪表A和P的读数，同时测量电源电压U及U_1、U_2的值，填入表4-4。

未接入电容时的情况 表4-4

测量值					计算值			
P(W)	I(A)	U(V)	U_1(V)	U_2(V)	P_1(W)	P_2(W)	S(W)	$\cos\varphi$

注：P为总功率；P_1为镇流器所消耗的功率，$P_1 = P - P_2$；P_2为荧光灯所消耗的功率，$P_2 = I \cdot U_2$。

(3)按图4-40并联电容，经检查无误后合上电源，读取总功率P和总电流I值，填入表4-5。改变电流表的位置，分别串入电容支路和电感支路，测量电容电流I_C和电感电流I_L，并填入表4-5。

接入电容后的情况表　　表4-5

测量值					计算值	
P(W)	I(A)	U(V)	I_C(A)	I_L(A)	S(W)	$\cos\varphi$

五、注意事项

(1)电源开关闭合后，不得用手去触摸各接线端子。操作过程中改变电路结构时，也应先断开电源，谨防发生触电事故。

(2)将电容器从电路中拆下后，应将电容器的两个电极用导线短接放电，以防电击。

(3)功率表的电压线圈一定与负载并联，电流线圈一定与负载串联，不得接错，以防损坏仪表。

六、思考

(1)参阅课外资料，了解荧光灯的启动原理。

(2)依据测量数据表分析讨论电源电压U、灯管两端电压U_2和镇流器两端电压U_1之间的关系(镇流器可等效为一个电阻和纯电感串联)。

(3)荧光灯两端并联电容后总电流如何变化？镇流器支路电流如何变化？为什么？

(4)增大线路功率因数为什么只采用并联电容器法，而不用串联电容器法？所并联的电容器是否越大越好？

七、操作报告

(1)将各测量数据分别记录在表格内，注意有效位数。

(2)比较操作中两种情况下功率因数值的变化，并从理论上加以说明。

(3)必要的误差分析。

(4)心得体会及其他。

技能训练十

三表法测量电路等效参数

一、操作目的

(1)学会用交流电压表、交流电流表和功率表测量元件的交流等效参数。

(2)学会功率表的接法和使用。

二、操作器材

操作器材见表4-6。

操作器材 表4-6

序号	名称	型号与规格	数量	备注
1	交流电压表	0～500V	1	
2	交流电流表	0～5A	1	
3	功率表	—	1	DGJ-074
4	自耦调压器	—	1	
5	镇流器(电感线圈)	与30W荧光灯配用	1	DGJ-04
6	电容器	1μF,4.7μF/500V	1	DG09
7	白炽灯	15W/220V	1	DGJ-04

三、操作原理

(1)正弦交流信号激励下的元件值或阻抗值,可以用交流电压表、交流电流表及功率表分别测量出元件两端的电压U、流过该元件的电流I和它所消耗的功率P,然后通过计算

得到，这种方法称为三表法。三表法是测量50Hz交流电路参数的基本方法。其计算的基本公式为

若阻抗的模$|Z| = \frac{U}{I}$，则电路的功率因数为

$$\cos\varphi = \frac{P}{UI}$$

若等效电阻$R = \frac{P}{I^2} = |Z|\cos\varphi$，则等效电抗为

$$X = |Z|\sin\varphi$$

或 $$X = X_L = 2\pi fL, X = X_C = \frac{1}{2\pi fC}$$

（2）阻抗性质的判别方法：在被测元件两端并联电容或将被测元件与电容串联。其原理如下：

①在被测元件两端并联一只适当容量的实验电容，若串接在电路中电流表的读数增大，被测阻抗为电容性；若电流减小，被测阻抗为电感性。

在图4-41a）中，Z为待测定的元件，C'为实验电容器。图4-41b）为图4-41a）的等效电路，图中G、B为待测阻抗Z的电导和电抗，B'为并联电容C'的电抗。

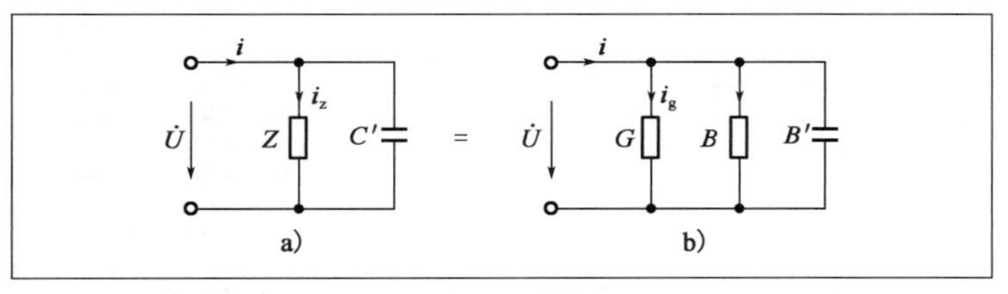

图4-41 并联电路测量法

在端电压有效值不变的情况下，按下面两种情况进行分析：

a. 设$B + B' = B''$，若B'增大，B''也增大，则电路中电流I将单调上升，故可判断B为容性元件。

b. 设$B + B' = B''$，若B'增大，而B''先减小而后再增大，电流I也是先减小后上升，则可判断B为感性元件，如图4-42所示。

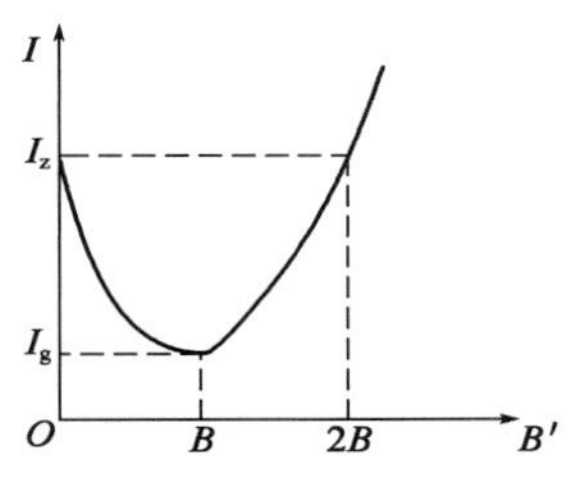

图4-42 B为感性元件

由以上分析可知，当B为容性元件时，对并联电容C'值无特殊要求；当B为感性元件时，$B' < |2B|$才有判定为感性的意义。当$B' > |2B|$时，电流单调上升，与B为容性时相同，并不能说明电路是感性的。因此，$B' < |2B|$是判断电路性质的可靠条件，由此得出判定条件为$C' < \left|\frac{2B}{\omega}\right|$。

②与被测元件串联一个适当容量的实验电容，若被测阻抗的端电压下降，则判断为容性。若被测阻抗的端电压上升，则判断为感性，判定条件为

$$\frac{1}{\omega C'} < |2X|$$

式中：X——被测阻抗的电抗值，Ω；

C'——串联实验电容值。

此关系式可自行证明。

判断待测元件的性质，除上述借助实验电容C'测定法外，还可以利用该元件的电流$\dot{I}$与电压u之间的相位关系来判断。若$\dot{I}$超前于u，则判断为容性；$\dot{I}$滞后于u，则判断为感性。

(3)本实验所用的功率表为智能交流功率表，其电压接线端应与负载并联，电流接线端应与负载串联。

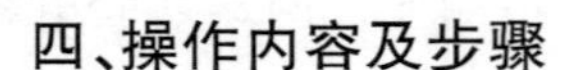

四、操作内容及步骤

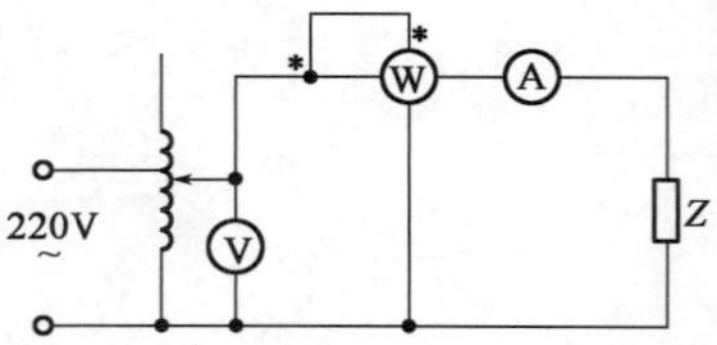

测试线路如图4-43所示。

(1)按图4-43接线，经指导教师检查正确后，方可接通电源。

(2)分别测量15W白炽灯(R)、30W荧光灯镇流器(L)和4.7μF电容器(C)的等效参数。

(3)测量L、C串联与并联后的等效参数，并将数据填入表4-7。

图4-43 测试线路

实验数据表1 表4-7

被测阻抗	测量值			计算值			电路等效参数		
	U(V)	I(A)	P(W)	$\cos\varphi$	Z(Ω)	$\sin\varphi$	R(Ω)	L(mH)	C(μF)
15W白炽灯R									
电感线圈L									
电容器C									
L与C串联									
L与C并联									

(4)验证用串、并实验电容法判别负载性质的正确性。

实验线路同图4-43，但不必接功率表，按表4-8进行测量和记录。

实验数据表2 表4-8

被测元件	串1μF电容		并1μF电容	
	串前端电压(V)	串后端电压(V)	并前电流(A)	并后电流(A)
R(3只15W白炽灯)				
C(4.7μF)				
L(1H)				

五、操作注意事项

（1）本操作直接用220V交流电源供电，实验中要特别注意人身安全，操作人员不可用手直接触摸通电线路的裸露部分，以免触电。进实验室应穿绝缘鞋。

（2）自耦调压器在接通电源前，应将其手柄置在“0”位上，调节时，使其输出电压从“0”开始逐渐升高。每次改接实验线路、换拨黑匣子上的开关及实验完毕，都必须先将其手柄慢慢调回“0”位，再断开电源。必须严格遵守这一安全操作规程。

（3）操作前应详细阅读智能交流功率表的使用说明书，熟悉其使用方法。

六、思考

（1）在50Hz的交流电路中，测得一只铁芯线圈的P、I和U，如何计算它的阻值及电感量？

（2）如何用串联电容的方法来判别阻抗的性质？试用I随X_C'（串联电抗）的变化关系进行定性分析，证明串联实验时，已知：C'满足$1/\omega C' < |2X|$。

七、操作报告

（1）根据测量数据，完成各项计算。

（2）完成思考任务。

（3）心得体会及其他。

技能训练十一

RLC串联谐振电路的测量

一、操作目的

(1)学习绘制RLC串联电路的幅频特性曲线。

(2)了解发生谐振的条件、特点,掌握电路品质因数(电路Q值)的物理意义及其测定方法。

二、操作器材

操作器材见表4-9。

操作器材　　表4-9

序号	名称	型号与规格	数量	备注
1	函数信号发生器	—	1	
2	交流毫伏表	0~600V	1	
3	双踪示波器	—	1	自备
4	频率计	—	1	
5	谐振电路实验电路板	$R=200\Omega,1k\Omega$ $C=0.01\mu F,0.1\mu F$ $L\approx30mH$		DGJ-03

三、操作原理

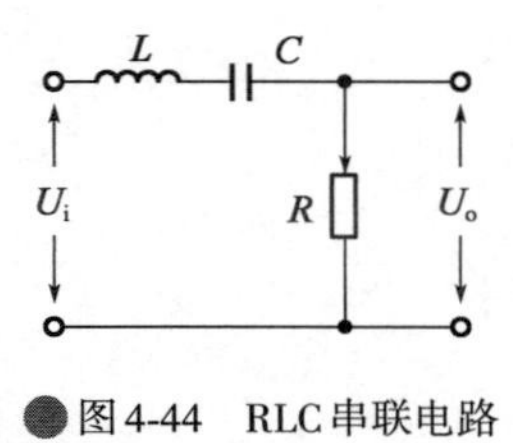

图4-44　RLC串联电路

(1)在图4-44所示的RLC串联电路中,当正弦交流信号源的频率f改变时,电路中的感抗、电抗随之改变,电路中的电流也随f而变。取电阻R上的电压U_o作为响应,当输入电

压 U_i 的幅值维持不变时，在不同频率的信号激励下，测出 U_o 的值，然后以 f 为横坐标，以 U_o/U_i 为纵坐标(因为 U_i 不变，所以也可直接以 U_o 为纵坐标)，绘出光滑的曲线，即幅频特性曲线，也称为谐振曲线，如图4-45所示。

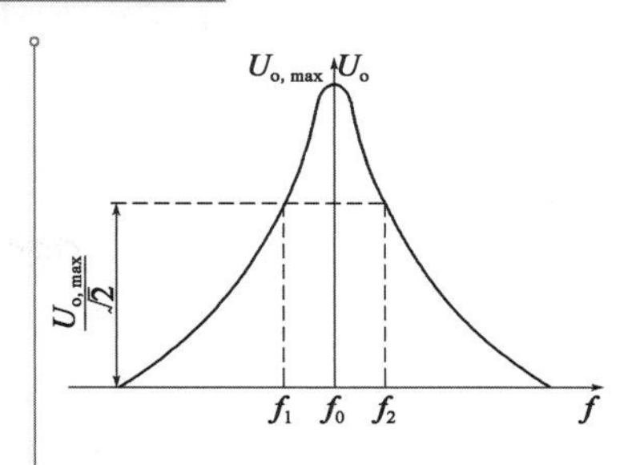

图4-45　RLC串联电路幅频特性曲线

(2) $f = f_0 = \dfrac{1}{2\pi\sqrt{LC}}$ 处，即幅频特性曲线尖峰所在的频率点，称为谐振频率。此时 $X_L = X_C$，电路呈纯阻性，电路阻抗的模最小。在输入电压 U_i 为定值时，电路中的电流达到最大值，且与输入电压 u_i 同相位。从理论上讲，此时 $U_i = U_R = U_o$，$U_L = U_C = QU_i$，式中的 Q 称为电路的品质因数。

(3)电路品质因数 Q 值的两种测量方法：

①根据公式 $Q = \dfrac{U_L}{U_o} = \dfrac{U_C}{U_o}$ 测定，U_C 与 U_L 分别为谐振时电容器 C 和电感线圈 L 上的电压。

②通过测量谐振曲线的通频带宽度 $\Delta f = f_2 - f_1$，再根据 $Q = f_0(f_2 - f_1)$ 求出 Q 值。式中，f_0 为谐振频率，f_2 和 f_1 为失谐时[输出电压的幅度下降到最大值的 $1/\sqrt{2}(=0.707)$ 时]的上、下频率点。Q 值越大，曲线越尖锐，通频带越窄，电路的选择性越好。在恒压源供电时，电路的品质因数、选择性与通频带只取决于电路本身的参数，而与信号源无关。

四、操作内容及步骤

(1)按图4-46组成监视、测量电路。先选用 C_1、R_1。用交流毫伏表测电压，用示波器监视信号源输出。令信号源输出电压 $U_i = 4V_{P-P}$，并保持不变。

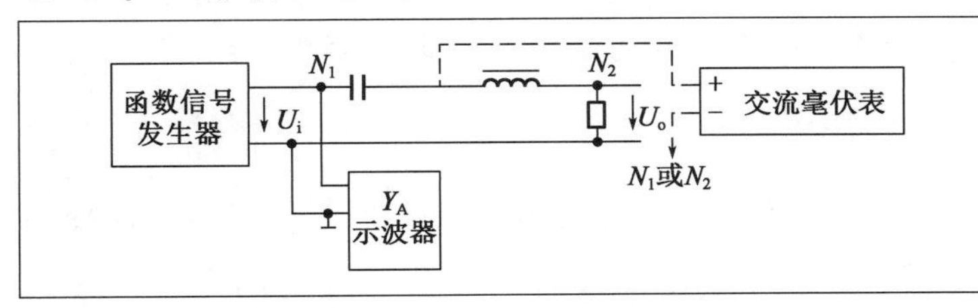

图4-46　监视、测量电路

(2)找出电路的谐振频率 f_0，其方法是：将毫伏表接在 R(200Ω)两端，令信号源的频率由小逐渐变大(注意要维持信号源的输出幅度不变)。当 U_o 的读数最大时，读得频率计上的频率值即电路的谐振频率 f_0，并测量 U_C 与 U_L 之值(注意及时更换毫伏表的量程)。

(3)在谐振点两侧，按频率递增或递减500Hz或1kHz，依次各取8个测量点，逐点测出 U_o、U_L、U_C 值，记入表4-10。

实验数据表 1　　表4-10

f(kHz)														
U_o(V)														
U_L(V)														
U_C(V)														
$U_i = 4V_{P-P}$, $C = 0.01\mu F$, $R = 510\Omega$, f_0 =____, $f_2 - f_1$ =____, Q =____														

(4)将电阻改为R_2，重复步骤(2)、(3)的测量过程，记入表4-11。

实验数据表 2　　表4-11

f(kHz)														
U_o(V)														
U_L(V)														
U_C(V)														
$U_i = 4V_{P-P}$, $C = 0.01\mu F$, $R = 510\Omega$, f_0 =____, $f_2 - f_1$ =____, Q =____														

(5)选C_2，重复操作内容(2)~(4)(自制表格)。

五、操作注意事项

(1)测试频率点应在靠近谐振频率附近多取几点。在变换频率测试前，应调整信号输出幅度(用示波器监视输出幅度)，使其维持在3V。

(2)测量U_C和U_L数值前，应将毫伏表的量限改大，而且在测量U_L与U_C时毫伏表的“+”端应接C与L的公共点，其接地端应分别触及L和C的近地端N_2和N_1。

(3)操作中，信号源的外壳应与毫伏表的外壳绝缘(不共地)。如能用浮地式交流毫伏表测量，效果更佳。

六、思考

(1)根据操作线路板给出的元件参数值，估算电路的谐振频率。

(2)改变电路的哪些参数可以使电路发生谐振，电路中R的数值是否影响谐振频率值?

(3)如何判别电路是否发生谐振?测试谐振点的方案有哪些?

(4)电路发生串联谐振时，为什么输入电压不能太大?如果信号源给出3V的电压，电路谐振时，用交流毫伏表测U_L和U_C，应该选择用多大的量限?

(5)要提高RLC串联电路的品质因数，电路参数应如何改变?

(6)本操作在谐振时，对应的U_L与U_C是否相等？如有差异，原因何在？

七、操作报告

(1)根据测量数据，绘出不同Q值时的三条幅频特性曲线，即

$$U_o=f(f),U_L=f(f),U_C=f(f)$$

(2)计算出通频带与Q值，说明不同R值对电路通频带与品质因数的影响。

(3)对两种不同的测Q值的方法进行比较，分析误差原因。

(4)谐振时，比较输出电压U_o与输入电压U_i是否相等，试分析原因。

(5)通过本次操作，总结、归纳串联谐振电路的特性。

(6)心得体会及其他。

FIVE Unit

单元五 三相正弦交流电路

学习目标

【知识目标】

1. 掌握对称三相电源的特点及相序的概念；

2. 掌握对称三相交流电源星形连接与三角形连接时线电压、相电压之间的对应关系；

3. 熟悉三相交流电源的组成与接线方式；

4. 熟悉三相负载的组成与接线方式；

5. 掌握对称三相负载星形连接接线与三角形连接接线时，线电流、相电流之间的对应关系；

6. 掌握三相交流电路功率的计算方法。

【技能目标】

1. 能根据三相负载的工作要求选择合适的电源连接；

2. 能根据三相电源条件确定三相负载的连接方式；

3. 掌握采用二表法测量三相三线制电路功率的接线方法。

【素养目标】

1. 具有精益求精的工匠精神；

2. 具有简单分析和解决问题的能力；

3. 努力学习，成为担当民族复兴大任的时代新人。

模块一
三相交流电的基本概念

一、三相交流电的产生

三相交流电是由三相交流发电机产生的。三相交流电发电机主要由定子和转子组成，其结构示意图如图5-1所示。在定子铁芯槽中，分别对称嵌放了3组几何尺寸、线径和匝数相同的绕组，这3组绕组分别称为A相、B相和C相，其首端分别标为U_1、V_1、W_1，尾端分别标为U_2、V_2、W_2，各相绕组所产生的感应电动势方向由绕组的尾端指向首端。这里所说的对称嵌放绕组，是指3组绕组在圆周上的排列彼此间隔120°。

当转子在其他动力机（如水力发电站的水轮机、火力发电站的蒸汽轮机等）的拖动下，以角频率ω做顺时针匀速转动时，在三相绕组中产生感应电动势e_1、e_2、e_3。这三相电动势的振幅、频率相同，它们之间的相位彼此相差120°。

如果以A相绕组的电动势e_1为准，则三相感应电动势的瞬时值表达式为

$$e_1 = E_m \sin \omega t$$

$$e_2 = E_m \sin\left(\omega t - \frac{2}{3}\pi\right)$$

$$e_3 = E_m \sin\left(\omega t + \frac{2}{3}\pi\right)$$

根据上面的表达式可画出该对称三相电动势波形图，如图5-2所示。

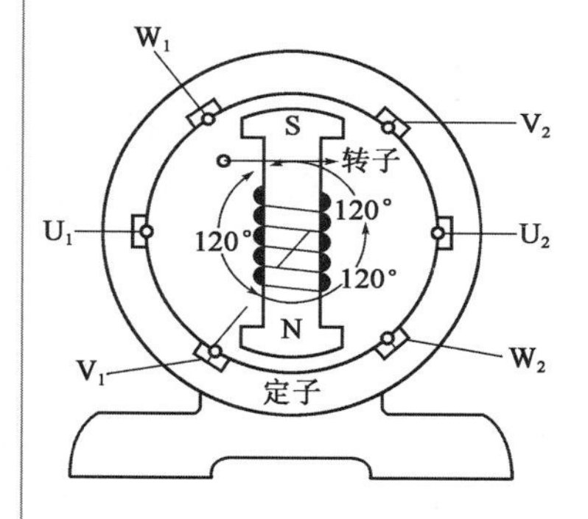

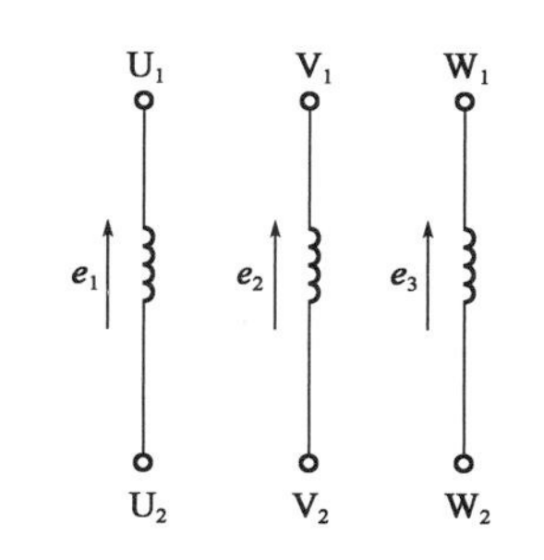

图5-1　三相交流发电机结构示意图

二、三相交流电的优点

和单相交流电比较，三相交流电具有以下优点：

三相交流电的产生原理

三相交流电动势的产生

(1)三相交流电发电机比尺寸相同的单相交流电发电机输出的功率要大。

(2)三相交流电发电机的结构和制造不比单相交流电发电机复杂很多，且使用、维护都较方便，运转时比单相交流电发电机的振动要小。

(3)在同样条件下输送同样大的功率时，特别是在远距离输电时，三相交流电输电线比单相交流电输电线可节约25%左右的材料。

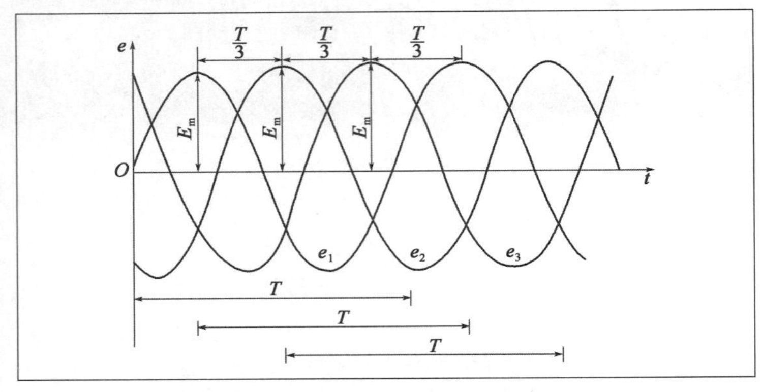

图5-2 对称三相电动势波形图

知识拓展

党的二十大报告指出："基础研究和原始创新不断加强，一些关键核心技术实现突破，战略性新兴产业发展壮大，载人航天、探月探火、深海深地探测、超级计算机、卫星导航、量子信息、核电技术、新能源技术、大飞机制造、生物医药等取得重大成果，进入创新型国家行列。"这些科技成果的取得都离不开专业知识的支撑，交流电作为电学的重要内容，是电学内容的主干知识，是引领科技攻关、坚持创新驱动的基础保障。

三、三相交流电的相序

相序指的是三相交流电电压的排列顺序，一般将三相交流电电动势最大值到达时间的先后顺序称为相序。三相交流电电源的相序是以国家电网的相序为基准的。如A、B、C三相交流电电压的相位按顺时针排列，相位差为120°，就是正序；如A、B、C三相交流电电压的相位按逆时针排列，就是负序；如果同相，就是零序。

在配电系统中，相序是一个非常重要的规定。为使配电系统能够安全可靠地运行，国家统一规定：A、B、C三相分别用黄色、绿色、红色表示。

在电力工程上，相序排列是否正确，可用相序表来测量。相序表可检测三相交流电电源中出现的缺相、逆相、三相电压不平衡、过电压、欠电压等故障。

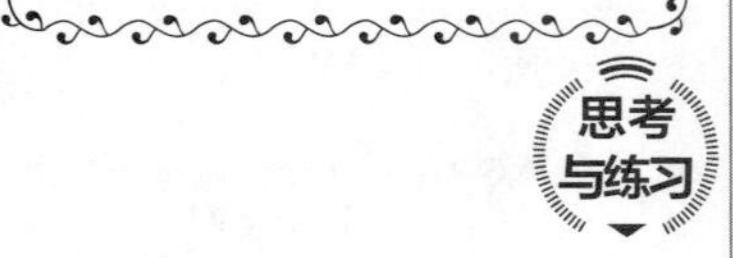

思考与练习

1. 线圈在只有一对磁极的磁场中转动一周，感应电动势变化一次。线圈在有两对磁极的磁场中转动一周，感应电动势变化几次？线圈在有四对磁极的磁场中转动一周，感应电动势变化几次？

2. 简述三相交流电相较于单相交流电的优势。

模块二 三相交流电源的连接方式

与单相交流电相比，三相交流电的效率高、成本低、波动性小。工农业生产中使用的大多是三相机电设备，如农用抽水泵、生产加工使用的机床等，都需要三相交流电源供电。家庭使用的单相用电设备，如风扇、冰箱、空调、照明灯等，其供电电源均来自三相供电设备。根据三相负载的工作要求选择合适的电源，进行正确接线，保证电气设备正常运行，是电气人员的必备技能。

三相交流电源由3个单相交流电源按照星形(Y)或三角形(△)连接而成。要学好三相交流电源相关知识，关键是掌握在不同的连接方式下，线电压与相电压之间的大小和相位关系。用相量和相量图表示三相交流电源，能起到事半功倍的作用。

三相交流电应用广泛，工农业生产用电和居民生活用电几乎都来自当地电力部门提供的三相交流电源。三相交流电源可以直接来自三相交流发电机，但由于电力用户远离发电厂，大多数情况下由三相交流变压器提供。电力部门提供的三相交流电源通常是三相对称交流电源。

一、三相对称交流电源

三相对称交流电源是由3个频率相同、振幅相同、相位互差120°的电压源构成的电源组，简称三相交流电源。在供电系统中，以U、V、W表示三相交流电源的3个电源相电压。若以U相作为参考相，则三相电压可表示为

$$\begin{cases} u_U = U\sqrt{2}\sin\omega t \\ u_V = U\sqrt{2}\sin(\omega t - 120^\circ) \\ u_W = U\sqrt{2}\sin(\omega t + 120^\circ) \end{cases} \tag{5-1}$$

三相交流电压的相量形式为

$$\begin{cases} \dot{U}_U = U\angle 0^\circ \\ \dot{U}_V = U\angle(-120^\circ) \\ \dot{U}_W = U\angle 120^\circ \end{cases} \tag{5-2}$$

图5-3分别给出了组成三相交流电源的单相交流电源组及其波形图和相量图。

每相电压源都有首、尾两端，首端依次标记为U_1、V_1、W_1，末端依次标记为U_2、V_2、W_2。本书规定参考正极性标在首端，负极性标在末端，如图5-3a)所示。

三相电压源根据依次出现零值(或最大值)的顺序称为相序。在图5-3b)中，三相交流电的正序是U—V—W，负序(逆序)是U—W—V。在图5-3c)中，三相交流电的正序是顺时针方向，负序是逆时针方向。

我国电力部门提供的三相交流电源的频率为50Hz。三相交流电源有两种连接方式：一种是星形连接，另一种是三角形连接。不同的连接方式可满足不同用户的需求。

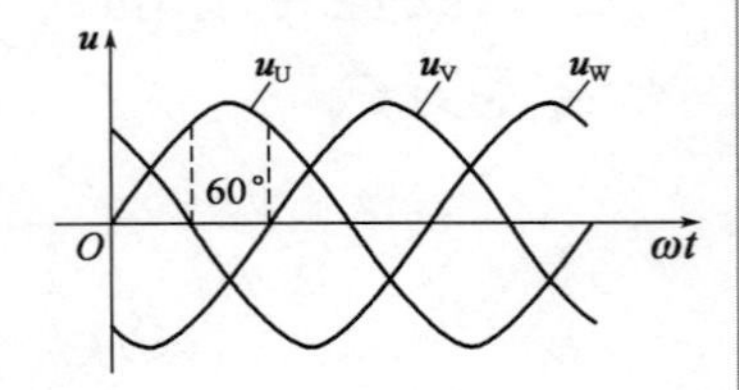

a)3个单相电压源

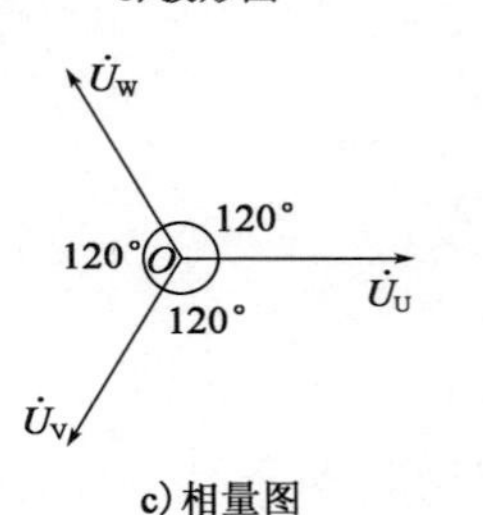

b)波形图

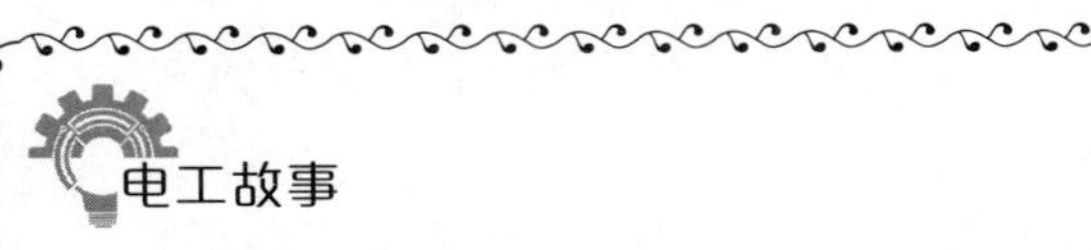

c)相量图

图5-3　三相交流电源的波形图和相量图

电工故事

3头驴与三相交流电

假设3头驴共同拉动一个大磨盘旋转，3头驴在空间中的位置按对称排列：朝同一方向，位置互差120°。由于驴被固定在拉杆上，所以它们沿着磨盘旋转的角速度相同，相对位置恒定不变。

设第一头驴的起点在X轴上，3头驴拉动大磨盘以ω为角速度做逆时针旋转(图5-4)，则任意时刻3个拉杆与X轴的动态夹角分别为ωt、$\omega t + 120^\circ$、$\omega t - 120^\circ$。

设3个拉杆的长度为U_m，3个拉杆顶点在纵坐标上的投影分别为u_U、u_V、u_W，则任意时刻3个拉杆的顶点在Y轴上的动态投影分别为

$$u_U = U_m\sin\omega t$$

$$u_V = U_m\sin(\omega t + 120^\circ)$$

$$u_W = U_m\sin(\omega t - 120^\circ)$$

三相交流电是三相对称交流电源的简称。工厂的

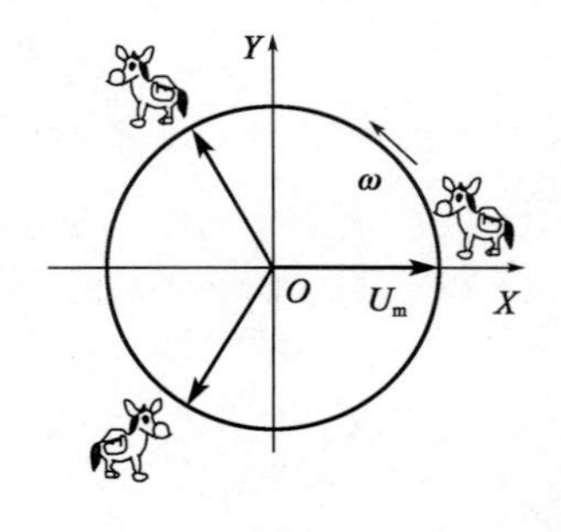

图5-4　3头拉磨的驴

动力用电都是三相交流电，三相交流电源的产生、相互之间的关系类似图5-4中3个拉杆之间的关系，即频率（角速度）相同、振幅（拉杆长度）相同，相位互差120°。

了解这种关系后，学习三相交流电路的知识就比较容易了。

二、三相电源的星形连接

把图5-3a）中3个对称交流电源的首端引出，末端连接在一起，形成图5-5a）所示的星形连接，由于其形似“Y”，也称Y形连接。为方便书面表示，在不改变电源属性的情况下，本书更多用图5-5b）所示的形式绘制。

在图5-5中，将三相电源首端的引出导线定义为电源的相线或火线，记为U、V、W；将三相电源公用末端的引出导线定义为中性线或零线，记为N。每相电压与中性线之间的电压差为相电压，用符号U_P表示；任意两相之间的电压差为线电压，用符号U_L，也可用双下标表示，如U_{UV}表示U-V之间的线电压。下面讨论在星形连接下，相电压与线电压之间的大小与相位关系。

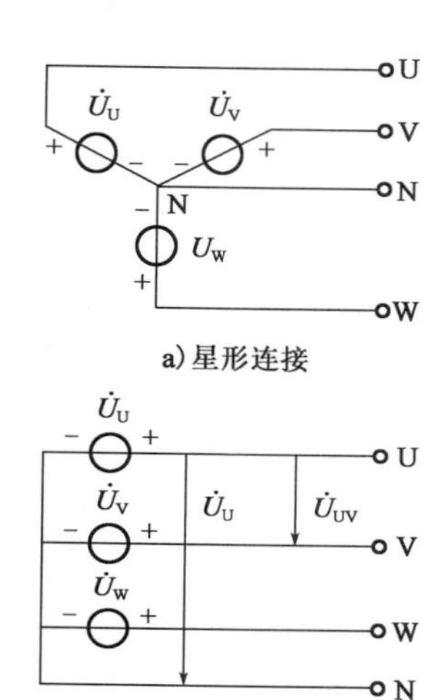

a）星形连接

b）星形连接的绘制

图5-5 三相交流电源的星形连接

由于三相交流电源之间的对称关系，要搞清楚$\dot{U}_P$和$\dot{U}_L$之间的关系，只需要分析$\dot{U}_U$和$\dot{U}_{UV}$之间的关系，其他各相线之间的关系便可对应列出。各线电压与各相电压之间的对应关系为

$$\begin{cases}\dot{U}_{UV} = \dot{U}_V - \dot{U}_V \\ \dot{U}_{VW} = \dot{U}_V - \dot{U}_W \\ \dot{U}_{WV} = \dot{U}_W - \dot{U}_U\end{cases} \tag{5-3}$$

式中：$\dot{U}_{UV}$——U相和V相之间的电压差，V。

结合式（5-2），计算出$\dot{U}_{UV}$的相量差：

$$\begin{aligned}\dot{U}_{UV} &= \dot{U}_U - \dot{U}_V = U\angle 0° - U\angle(-120°) \\ &= (U + j0) - (-0.5U - j0.866U) \\ &= 1.5U + j0.866U = \sqrt{3}\,U\angle 30° \\ &= \sqrt{3}\,\dot{U}_U\angle 30°\end{aligned}$$

根据对称三相交流电路的特点，列出各相电压与线电压之间的对应关系：

$$\begin{cases}\dot{U}_{UV} = \dot{U}_U - \dot{U}_V = \sqrt{3}\,\dot{U}_U\angle 30° \\ \dot{U}_{VW} = \dot{U}_V - \dot{U}_W = \sqrt{3}\,\dot{U}_V\angle 30° \\ \dot{U}_{WU} = \dot{U}_W - \dot{U}_U = \sqrt{3}\,\dot{U}_W\angle 30°\end{cases} \tag{5-4}$$

三相交流电源星形连接时，有以下对应关系：

(1)在数值上，线电压U_L是相电压U_P的$\sqrt{3}$倍。

(2)在相位上，线电压超前相应的相电压30°。

式(5-4)展示的相电压、线电压之间的关系还可以用相量图表示，如图5-6所示。尽管以上两式所示的相电压、线电压关系是根据电源电压之间的关系推导得出的，但同样适用于三相负载星形连接时的相电压、线电压对应关系。

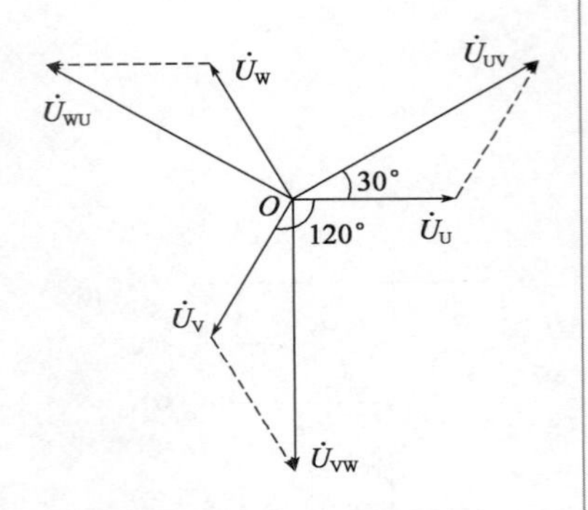

图5-6　相、线电压相量图

由于三相电压对称，三相电压之间、三线电压之间还有如下关系：

$$\begin{cases}\dot{U}_U+\dot{U}_V+\dot{U}_W=0\\ \dot{U}_{UV}+\dot{U}_{VW}+\dot{U}_{WU}=0\end{cases}\tag{5-5}$$

有兴趣的读者可自行验证。

由于星形连接时引出一根中性线，三相交流电变为四线供电。有时为了安全，需要引一根专门的地线，变为五线供电。实际中存在以下三种供电方式。

(1)三相三线制：适合完全对称的三相负载供电。

(2)三相四线制：适合不对称的三相负载，或需要单相电源的负载供电。

(3)三相五线制：适合需要保护接地的单相或三相负载供电。

以上供电方式会在后面介绍。

三、三相电源的三角形连接

把图5-1a)中3个对称交流电源的首、末端依次顺序连接，从首端引出3根导线，形成图5-7a)所示的三角形连接。为方便表示，在不改变电源属性的情况下，有时也用图5-7b)所示的形式绘制。下面讨论在三角形连接下，相电压与线电压之间的大小与相位关系。

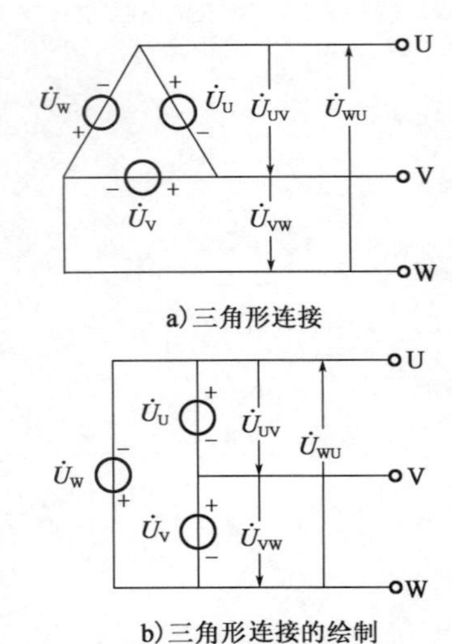

a)三角形连接

b)三角形连接的绘制

图5-7　三相交流电源的三角形连接

从图5-7可以看出，采用三角形连接时，电源的相电压与电路的线电压对应相等，即

$$\begin{cases}\dot{U}_U=\dot{U}_{UV}\\ \dot{U}_V=\dot{U}_{VW}\\ \dot{U}_W=\dot{U}_{WU}\end{cases}\tag{5-6}$$

三相电压之间仍存在$\dot{U}_U+\dot{U}_V+\dot{U}_W=0$的关系，有兴趣的读者可自行验证。

提示：在三相交流供电系统中，如无特殊说明，凡提到电源、线路、负载的电压，一般均指线电压。

四、三相交流电源与负载的正确连接

为了满足负载用电的要求，需要根据负载的工作电压进行电源接线方式的调整。三相交流电源在连接时，需要特别注意电源引线的极性。实际中，可能会发生某一相或两相电源从末端(负极性)引出的情况。此时,尽管3个单相电压的测量值显示正确,但实际上存在极大的安全隐患。电气技术人员在设备运行前,一定要用合适的仪表检查三相交流电源电压的大小,判断相位是否正确,否则会引起严重的后果。下面通过一个实例来说明电源的正确连接方式,并分析连接错误的情况。

【例5-1】 有一组三相对称的交流电源,每相电压为220V,电源频率为50Hz。现有两组三相对称负载,一组负载的工作线电压为220V,另一组负载的工作线电压为380V。问:如何连接可使该交流电源分别为两组负载正常供电?

解:电源的连接方式要根据负载的工作电压进行适当的调整。

(1)负载工作电压为220V。

要保证线电压为220V的负载正常工作,需要提供线电压为220V的交流电。根据式(5-6),三角形连接接线时,$U_L = U_P$,三相电源接线如图5-8a)所示。

(2)负载工作电压为380V。

要保证线电压为380V的负载正常工作,需要提供线电压为380V的交流电。根据式(5-4),星形连接接线时,$U_L = \sqrt{3}U_P$,所以三相电源接线如图5-8b)所示。

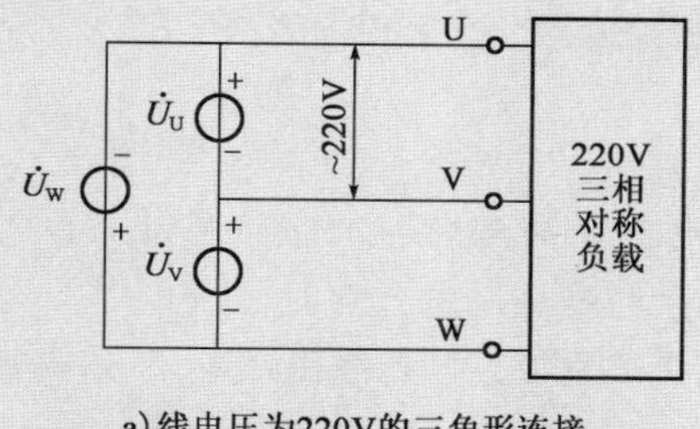

a)线电压为220V的三角形连接

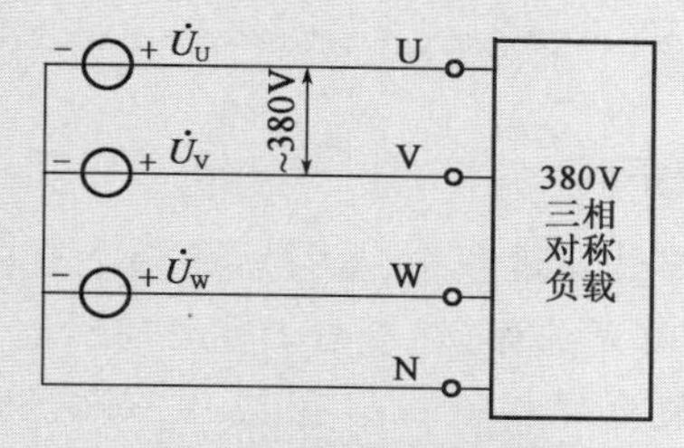

b)线电压为380V的星形连接

图5-8 三相交流电源连接

【例5-2】 在例5-1中,如果某一相电源的首、末端标号错误,导致三相电源中一相接反,会产生何种后果?请分别对星形连接和三角形连接接线进行分析。

解:通过本例,学习判断电源异常的方法。

(1)三角形连接接线电源异常的处理。

下面以W相接反为例进行分析。如果W相接反,则三相电压之和为

$$\dot{U}_U + \dot{U}_V + \dot{U}_W = U\angle 0° + U\angle(-120°) - U\angle 120° = 2U\angle(-60°)\text{(V)}$$

即三相电源电压之和为2倍的相电压。利用这个原理,按以下步骤排除故障:

①用万用表测量各相电压。万用表测量交流电压时无正、负极之分,表盘显示值为电压的有效值。如果各相电源电压正常,则万用表的测量值应为220V。

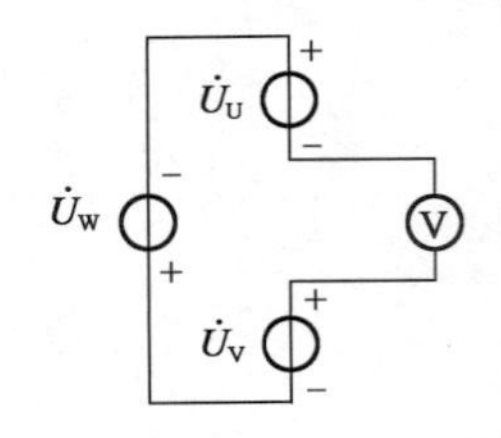

a)三角形连接开口处电压的测量

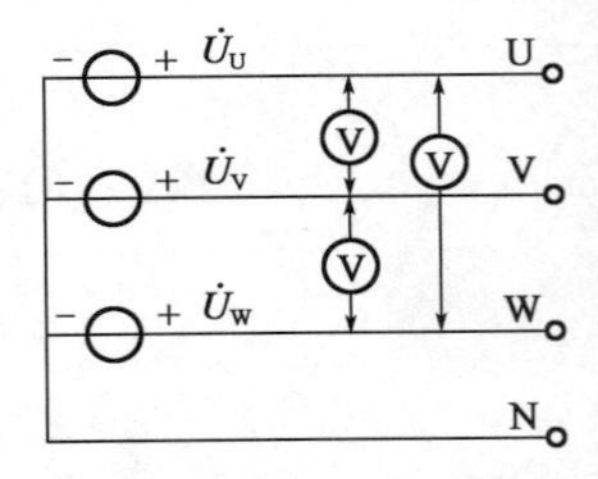

b)星形(Y)连接线电压的测量

图5-9 电源故障的判断

②在电源连接为三角形之前，测量开口处电压，如图5-9a)所示。如果开口处电压测量值接近零，说明连接正确；如果测量值接近440V，可通过逐一反接的方法找出接反相。

(2)星形连接接线电源异常的处理。

仍以W相接反为例进行分析。如果W相接反，则与W相有关的两个线电压为

$$\dot{U}_{VW} = \dot{U}_V + \dot{U}_W = U\angle(-120^\circ) + U\angle120^\circ = U\angle180^\circ(\mathrm{V})$$

$$\dot{U}_{WU} = -\dot{U}_W - \dot{U}_U = -U\angle120^\circ - U\angle0^\circ = U\angle(-120^\circ)(\mathrm{V})$$

上式表明，与接错相有关的两个线电压的大小与相电压相同。利用这个原理，可按以下步骤排除故障：

①用万用表测量各相电压。各相电源电压正常时，电压测量值应为220V。

②测量各个线电压，如图5-9b)所示。如果每个线电压值都为380V，说明连接正确；如果有两个线电压值接近220V，说明公共相为接反相。

知识拓展

电焊作业过程中，电焊机的两个输出端经电线分别与烧焊工件和焊钳上的电焊条接触，由于都是导体，焊条与工件之间因电压差产生电弧从而进行焊接。

一般电焊机输入端有220VAC或380VAC交流电压，空载输出端也有55～90V的直流电压或60～80V的交流电压。工作人员身体直接或间接触及电焊机的输入端或输出端，均有一定程度的意外触电风险。尤其下雨天、烧焊作业场所有积水、工作人员的手和身体沾水等，将会大大增加意外风险。因此，焊接工作务必避免电源故障，并做好接地保护。

1. 写出对称三相电源星形连接与三角形连接时线电压与相电压之间的关系表达式。

2. 简述三相电源星形连接时有一相电源反向接线，此时测得的3个线电压有何变化，如何找出故障相。

3. 简述三相电源三角形连接时有一相电源反向接线，此时测得的3个线电压有何变化，如何找出故障相。

模块三

三相负载的连接方式

三相负载由3个单相负载按照星形或三角形连接而成。要进行三相电路的计算，首先要判断三相负载是否对称。如果三相负载不对称，就按照单相电路的方法分别计算每相电路；如果三相负载对称，只需计算一相即可，其余两相参数可根据电源对称关系推导得出。

对称负载电路计算的关键是掌握在不同的连接方式下，线电流与相电流之间的大小和相位关系。用相量和相量图表示三相负载电流是最有效的学习方法。

与三相交流电源相同，三相负载也有星形、三角形两种连接方式。

一、三相负载的星形连接

三相负载星形连接的电路如图5-10a)所示。为绘制电路方便，在已知电源电压的情况下，常采用图5-10b)所示的简化方式。

电源供电线路上的电流为线电流，用符号I_L表示，如I_{LU}表示U相的线电流；流过每相负载的电流为相电流，用符号I_P表示，如I_{PU}表示U相的相电流。下面讨论在星形连接下，负载上的线电压与相电压、线电流与相电流之间的大小与相位关系。

1. 负载相电压、线电压之间的关系

三相负载Z_U、Z_V、Z_W上的电压分别为U_U、U_V、U_W，与电源的相电压相等；由于负载为星形连接，每两相负载之间的电

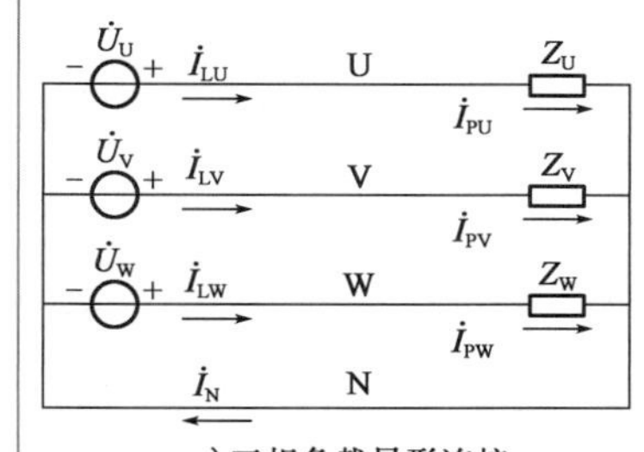

a)三相负载星形连接

b)星形连接简化图

图5-10　三相负载的星形连接

压等于电源的线电压 U_{UV}、U_{VW}、U_{WU}。电源相电压、线电压之间的关系完全适用于负载相电压、线电压之间的关系，此处不再叙述。

2. 负载相电流、线电流之间的关系

从负载端看，供电线路上的线电流与每相负载的相电流相等，即

$$\begin{cases} \dot{I}_{LU} = \dot{I}_{PU} \\ \dot{I}_{LV} = \dot{I}_{PV} \\ \dot{I}_{LW} = \dot{I}_{PW} \end{cases} \tag{5-7}$$

3. 负载电流计算

由于三相电源对称，电路的相电流（线电流）为

$$\begin{cases} \dot{I}_{LU} = \dot{I}_{PU} = \dfrac{\dot{U}_{PU}}{Z_U} \\ \dot{I}_{LV} = \dot{I}_{PV} = \dfrac{\dot{U}_{PV}}{Z_V} \\ \dot{I}_{LW} = \dot{I}_{PW} = \dfrac{\dot{U}_{PW}}{Z_W} \end{cases} \tag{5-8}$$

根据式（5-8），三相负载的电流可由各相电压和各相负载分别计算得出。根据KCL，中性线电流为

$$\begin{aligned} \dot{I}_N &= \dot{I}_{PU} + \dot{I}_{PV} + \dot{I}_{PW} \\ &= \dot{I}_{LU} + \dot{I}_{LV} + \dot{I}_{LW} \end{aligned} \tag{5-9}$$

如果三相负载完全相等，也称对称三相负载，即 $Z_U = Z_V = Z_W$。在三相对称电压下的负载电流也具有对称关系。在对称电路中，只需计算任一相的电压、电流和阻抗，其余相的相应参数可根据对称关系对应列出。设

$$Z_U = Z_V = Z_W = |Z|\angle\varphi$$

则

$$\dot{I}_{PU} = \dot{I}_{LU} = \frac{\dot{U}_{PU}}{Z} = \frac{U\angle 0^\circ}{|Z|\angle\varphi} = \frac{U_P}{|Z|}\angle(-\varphi) = I_P\angle(-\varphi)$$

其余两相电流可根据对应关系列出：

$$\dot{I}_{PV} = \dot{I}_{LV} = I_P\angle(-120^\circ - \varphi)$$
$$\dot{I}_{PW} = \dot{I}_{LW} = I_P\angle(120^\circ - \varphi)$$

由于三相电路对称，三相电流之和 $\dot{I}_{PU} + \dot{I}_{PV} + \dot{I}_{PW} = 0$，中性线电流也等于0，即

$$\dot{I}_N = \dot{I}_{PU} + \dot{I}_{PV} + \dot{I}_{PW} = 0 \tag{5-10}$$

式(5-10)表明,在三相电源对称、三相负载相等的情况下,中性线电流为零。在实际的供电系统中,为节省投资,可去掉中性线,形成三相三线制电路。工业生产中大量使用的三相电机都采用三相三线制电路。

在380V/220V低压供配电系统中,由于大量存在单相负荷,正常情况下中性线电流并不为零,所以采用三相四线制系统。在三相四线制的供电系统中,中性线的作用不可或缺。为确保中性线的正常运行,规定中性线不允许装设开关和熔断器。

【例5-3】 一组三相对称负载采用星形连接接在线电压380V、频率50Hz的三相四线制交流电源上,其阻值$Z=20\angle 30^\circ\Omega$。试根据下列情况计算各相负载的相电压、负载的相电流及电路的线电流。试求:

(1)正常运行;

(2)W相断线,其余正常;

(3)W相和中性线断线,其余正常。

解:通过本例,说明中性线的作用。学习负载在星形连接接线方式下电路参数的计算。

对于线电压为380V的三相四线制交流电源,其连接方式为星形连接接线,每相电压为220V。设$u_{PU}=220\sqrt{2}\sin 314t(\mathrm{V})$。

(1)正常运行时,电路如图5-11a)所示。

各相负载相电压的相量形式为

$$\dot{U}_{PU}=U\angle 0^\circ \mathrm{V}$$
$$\dot{U}_{PV}=U\angle(-120^\circ)\mathrm{V}$$
$$\dot{U}_{PW}=U\angle 120^\circ \mathrm{V}$$

各相负载的相电流与线电流相等。以U相为例进行计算:

$$\dot{I}_{LU}=\dot{I}_{PU}=\frac{\dot{U}_{PU}}{Z}=\frac{220\angle 0^\circ}{20\angle 30^\circ}=11\angle(-30^\circ)(\mathrm{A})$$

其他两相和中性线电流为

$$\dot{I}_{LV}=\dot{I}_{PV}=11\angle(-150^\circ)\mathrm{A}$$
$$\dot{I}_{LW}=\dot{I}_{PW}=11\angle 90^\circ \mathrm{A}$$
$$\dot{I}_{N}=0\mathrm{A}$$

(2)W相断线,其余正常,电路如图5-11b)所示。

由于中性线的存在,W相断线后,其余两相仍可正常工作。各相负载相电压的相量形式为

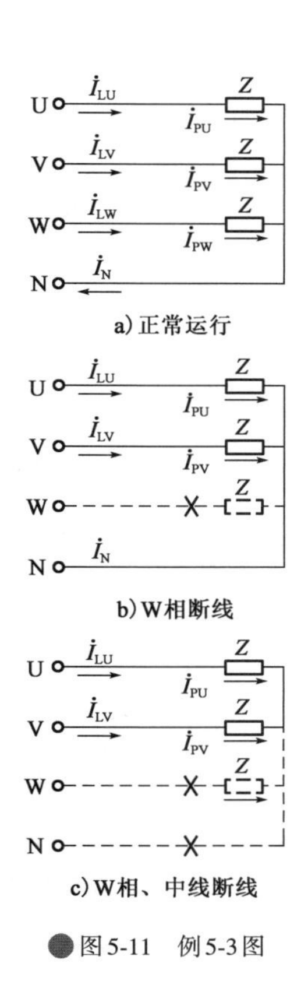

图5-11 例5-3图

$$\dot{U}_{PU} = U\angle 0°\text{V}$$
$$\dot{U}_{PV} = U\angle(-120°)\text{V}$$
$$\dot{U}_{PW} = 0\text{V}$$

各相负载的相电流与线电流相等，相电流、中性线电流计算如下：

$$\dot{I}_{LU} = \dot{I}_{PU} = \frac{\dot{U}_{PU}}{Z} = \frac{220\angle 0°}{20\angle 30°} = 11\angle(-30°)(\text{A})$$

$$\dot{I}_{LV} = \dot{I}_{PV} = \frac{\dot{U}_{PV}}{Z} = \frac{220\angle(-120°)}{20\angle 30°} = 11\angle(-150°)(\text{A})$$

$$\dot{I}_{LW} = \dot{I}_{PW} = \frac{\dot{U}_{PW}}{Z} = 0(\text{A})$$

$$\dot{I}_{N} = \dot{I}_{LU} + \dot{I}_{LV} = 11\angle(-30°) + 11\angle(-150°) = 11\angle(-90°)(\text{A})$$

(3) W相和中性线断线，其余正常，电路如图5-11c)所示。

由于中性线断线，电路的中性点已不存在。W相断线后，其余两相变为串联工作。根据式(5-4)，U、V相之间的线电压为

$$\dot{U}_{UV} = \sqrt{3}\,U\angle 30°$$

U、V两个相电流(线电流)大小相等，方向相反，即

$$\dot{I}_{LU} = \dot{I}_{PU} = -\dot{I}_{LV} = -\dot{I}_{PV} = \frac{\dot{U}_{UV}}{2Z} = \frac{380\angle 30°}{40\angle 30°} = 9.5\angle 0°(\text{A})$$

$$\dot{I}_{LW} = 0\text{A}$$
$$\dot{I}_{N} = 0\text{A}$$

结论：在三相对称电源作用下，如果三相负载对称，可以省去中性线；如果负载不对称(如一相断线)，在有中性线的情况下，非故障相可以正常工作；如果负载不对称(如一相断线)，且无中性线，非故障相也不能正常工作。

二、三相负载的三角形连接

三相负载三角形连接的电路如图5-12a)所示。为绘制电路方便，也常采用图5-12b)所示的方式。

三角形连接接线时，线电流和相电流的定义与星形连接接线相同。下面讨论在三角形连接下，负载上的线电压与相电压、线电流与相电流之间的大小与相位关系。

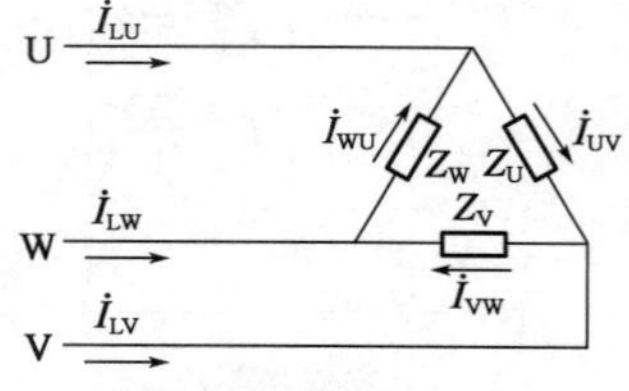

a) 三相负载三角形连接

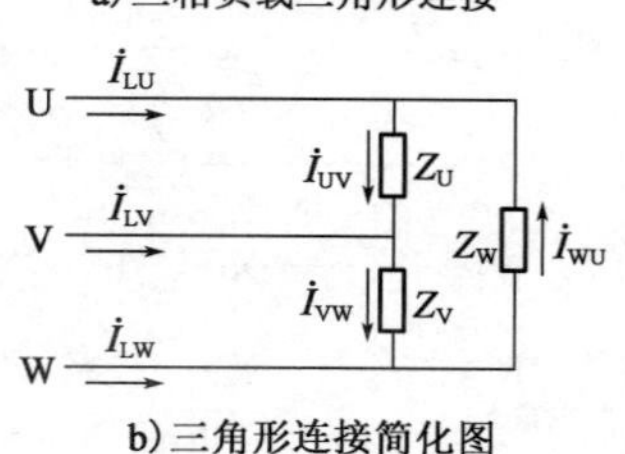

b) 三角形连接简化图

图5-12　三相负载三角形连接

1. 负载相电压、线电压之间的关系

三角形连接时，三相负载 Z_U、Z_V、Z_W 上的电压分别为 U_{UV}、U_{VW}、U_{WU}，即三相负载的相电压与电源的线电压相等。相量表示为

$$\begin{cases} \dot{U}_{PU} = \dot{U}_{UV} \\ \dot{U}_{PV} = \dot{U}_{VW} \\ \dot{U}_{PW} = \dot{U}_{WU} \end{cases} \tag{5-11}$$

2. 负载相电流、线电流之间的关系

三角形连接时，三相供电线路上的线电流与通过负载的相电流关系如下：

$$\begin{cases} \dot{I}_{LU} = i_{UV} - \dot{I}_{WU} \\ \dot{I}_{LV} = i_{VW} - \dot{I}_{UV} \\ \dot{I}_{LW} = \dot{I}_{WU} - \dot{I}_{VW} \end{cases} \tag{5-12}$$

各相负载电流取决于电源的线电压和每相负载的阻抗，即

$$\begin{cases} \dot{I}_{UV} = \dfrac{\dot{U}_{UV}}{Z_U} \\ \dot{I}_{VW} = \dfrac{\dot{U}_{VW}}{Z_V} \\ \dot{I}_{WU} = \dfrac{\dot{U}_{WU}}{Z_W} \end{cases} \tag{5-13}$$

如果三相负载对称，即 $Z_U = Z_V = Z_W = |Z|\angle\varphi$，三相对称电压下的负载电流也具有对称关系。下面以U相为例进行计算，设 $\dot{U}_{LU} = U\angle 0^\circ$，则U相电流为

$$i_{UV} = \frac{\dot{U}_{UV}}{Z_U} = \frac{U\angle 0^\circ}{|Z|\angle\varphi} = \frac{U}{|Z|}\angle(-\varphi) = I_P\angle(-\varphi)$$

根据三相电路的对称性，另外两相的电流为

$$i_{VW} = I_P\angle(-120^\circ - \varphi)$$

$$\dot{I}_{WU} = I_P\angle(120^\circ - \varphi)$$

可得U相电流为

$$\begin{aligned} \dot{I}_{LU} &= \dot{I}_{UV} - \dot{I}_{WU} = I_P\angle(-\varphi) - I_P\angle(120^\circ - \varphi) \\ &= \sqrt{3}\, I_P\angle(-30^\circ - \varphi) = \sqrt{3}\, i_{UV}\angle(-30^\circ) \end{aligned}$$

根据对称三相电路的特点，列出各线电流与相电流之间的对应关系：

$$\begin{cases} \dot{I}_{LU} = \dot{I}_{UV} - \dot{I}_{WU} = \sqrt{3}\, \dot{I}_{UV}\angle(-30^\circ) \\ \dot{I}_{LV} = \dot{I}_{VW} - \dot{I}_{UV} = \sqrt{3}\, \dot{I}_{VW}\angle(-30^\circ) \\ \dot{I}_{LW} = \dot{I}_{WU} - \dot{I}_{VW} = \sqrt{3}\, \dot{I}_{WU}\angle(-30^\circ) \end{cases} \tag{5-14}$$

三相对称负载三角形连接时，有以下对应关系：

(1)在数值上，线电流I_L是相电流I_P的$\sqrt{3}$倍。

(2)在相位上，线电流滞后相应的相电流30°。

根据KCL，三相电流之间、三线电流之间还有如下关系：

$$\begin{cases} i_{UV} + i_{VW} + i_{WU} = 0 \\ i_{LU} + i_{LV} + \dot{I}_{LW} = 0 \end{cases} \tag{5-15}$$

图5-13以U相电流为参考相量，绘制了相电流、线电流关系图，有兴趣的读者可自行验证。

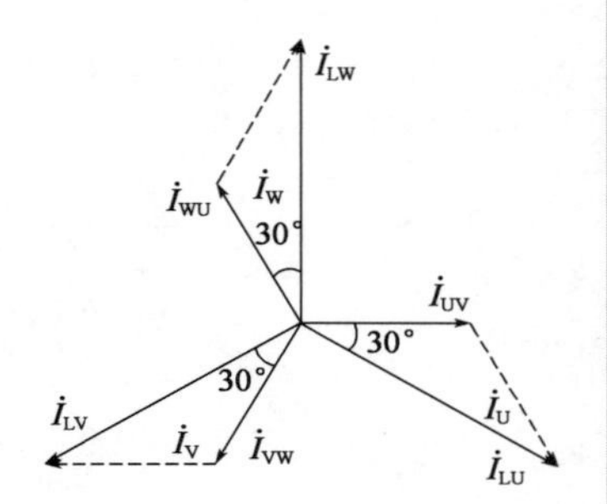

图5-13　相电流、线电流相量关系

【例5-4】 将一组三角形连接的对称负载$Z=22\angle45°\Omega$接在线电压为380V的三相对称工频交流电源上。试根据下列情况计算各相负载的相电流以及电路的线电流：

(1)电路正常运行；

(2)W相负载断开，其他正常；

(3)W相电源线断开，其他正常。

解：通过本例，学习负载三角形连接接线方式下电路参数的计算。

为计算方便，根据电路条件绘制各种情况电路图，如图5-13所示。设U相线电压为电路的参考相量，即$\dot{U}_{LU} = \dot{U}_{UV} = 380\angle0°V$。

(1)电路正常运行。

三相负载三角形连接时，电路对称，仅计算U相参数，其余两相的参数根据对应关系求出。各相电流为

$$\dot{I}_{UV} = \frac{\dot{U}_{UV}}{Z_U} = \frac{380\angle0°}{22\angle45°} = 17.3\angle(-45°)(A)$$

图5-14为例5-4中各种情况的电路图。

$$i_{VW} \approx 17.3\angle(-165°)A$$

$$i_{WU} \approx 17.3\angle75°A$$

各线电流为

$$i_{LU} = i_{UV} - i_{WU} = \sqrt{3}\, i_{UV}\angle(-30°) = \sqrt{3} \times 17.3\angle(-45° - 30°)$$

$$= 30\angle(-75°)(A)$$

$$i_{LV} = \dot{I}_{VW} - i_{UV} = 30\angle(-195°)(A)$$

$$i_{LW} = \dot{I}_{WU} - i_{VW} = 30\angle45°(A)$$

(2)W相负载断开，其他正常。

由于负载不对称，需要单独计算各相电流和各线电流。

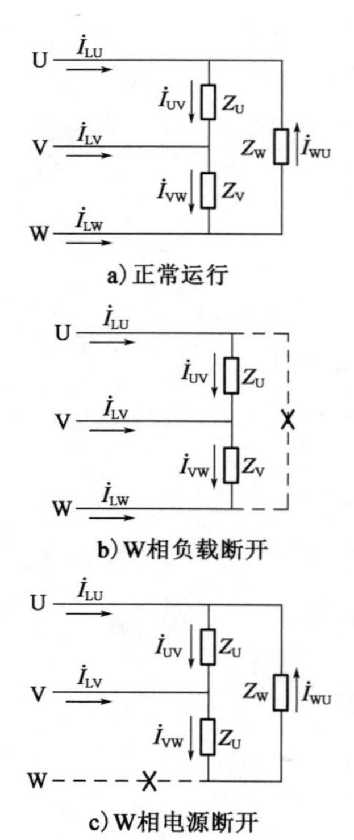

图5-14　例5-4图

①各相电流为

$$\dot{I}_{UV}=\frac{\dot{U}_{UV}}{Z_U}=\frac{380\angle 0^\circ}{22\angle 45^\circ}\approx 17.3\angle(-45^\circ)\,(A)$$

$$\dot{I}_{VW}=\frac{\dot{U}_{VW}}{Z_V}=\frac{380\angle(-120^\circ)}{22\angle 45^\circ}\approx 17.3\angle(-165^\circ)\,(A)$$

$$\dot{I}_{WU}=0A$$

②各线电流为：

$$\dot{I}_{LU}=\dot{I}_{UV}-\dot{I}_{WU}=17.3\angle(-45^\circ)-0\approx 17.3\angle(-45^\circ)\,(A)$$

$$\dot{I}_{LV}=\dot{I}_{VW}-\dot{I}_{UV}=17.3\angle(-165^\circ)-17.3\angle(-45^\circ)=30\angle(-195^\circ)\,(A)$$

$$\dot{I}_{LW}=\dot{I}_{WU}-\dot{I}_{VW}=0-17.3\angle(-165^\circ)=17.3\angle 15^\circ(A)$$

(3)W相电源断开，其他正常。

此时，电路仍有两相电源$\dot{U}_{LU}$和$\dot{U}_{LV}$，但仅有$\dot{U}_{UV}$正常，V、W两相负载实际变为串联关系。Z_V、Z_W串联之后再与Z_U并联，接在U-V线之间。

$$\dot{I}_{UV}=\frac{\dot{U}_{UV}}{Z_U}=\frac{380\angle 0^\circ}{22\angle 45^\circ}=17.32\angle(-45^\circ)\,(A)$$

$$\dot{I}_{VW}=\dot{I}_{WU}=\frac{-\dot{U}_{UV}}{Z_V+Z_W}=\frac{380\angle 180^\circ}{44\angle 45^\circ}=8.66\angle 135^\circ(A)$$

U、V相电流大小相等，方向相反，结果为

$$\dot{I}_{LU}=\dot{I}_{UV}-\dot{I}_{WU}=17.32\angle(-45^\circ)-8.66\angle 135^\circ=17.32\angle(-45^\circ)+8.66\angle(-45^\circ)=25.98\angle(-45^\circ)\,(A)$$

$$i_{LV}=-\dot{I}_{LU}=25.98\angle 135^\circ(A)$$

$$\dot{I}_{LW}=0A$$

中国和大部分欧洲国家家用电器设备的额定电压是220V，日本和美国等国家家用电器设备的额定电压是110V。如果把中国的一个220V电器设备带到日本使用，只能是出工不出力，甚至导致设备损坏；把日本的一个110V电器设备带到中国使用，直接加到220V电源上，就会立即烧毁。

家用电器是单相用电设备，只要设备的工作电压与电源电压相匹配，就可以工作。在使用中，为保证每个设备都能正常工作，需要并联接入电路。

三相电器设备有三角形和星形两种接法，负载也有三角

知识拓展

电器设备工作的首要条件是提供额定电压。由于供电电压一直处于动态调节的过程中，一般设备的工作电压在额定电压(100±5)%的范围内浮动，设备可以正常工作。

形和星形两种接法。不论电源和设备如何连接，只要保证电源的线电压与负载的线电压相等，设备就能正常工作。

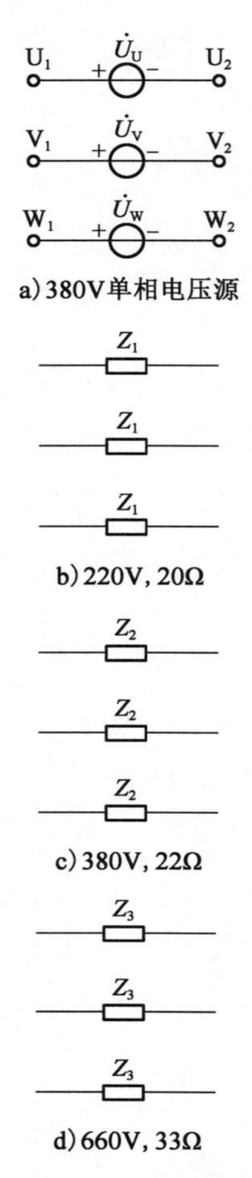

图5-15 电路元件、单相电源组

【例5-5】 有3组分时段工作的三相对称负载，已知工作参数：①$Z_1=20\angle 26.9^\circ\Omega$，工作电压220V；②$Z_2=22\angle 30^\circ\Omega$，工作电压380V；③$Z_3=33\angle 45^\circ\Omega$，工作电压660V。目前的工作场所仅能提供一组相电压为380V的三相工频电源，电路元件、单相电源组如图5-15所示。为满足3组负载在不同时段的供电要求，请画出电源和负载的电路连接图，并求出各组负载的相电流、线电流。

解：通过本例，学习电源和负载的正确连接方式。

电源和负载的连接方式要根据负载的工作要求合理调整。

(1)工作电压220V负载组的运行。

根据有关负载接线方式可知，当负载接成星形时，供电线路的线电压是负载相电压的$\sqrt{3}$倍。电源采用三角形连接，负载采用星形连接，可满足该负载组的供电要求。此时，电源线电压为380V，负载每相电压为220V，电路如图5-16a)所示。

以U相负载电压为参考相量，即$\dot{U}_{PU}=220\angle 0^\circ V$，则各相、线电流为

$$\dot{I}_{LU}=\dot{I}_{PU}=\frac{\dot{U}_{PU}}{Z_1}=\frac{220\angle 0^\circ}{20\angle 26.9^\circ}=11\angle(-26.9^\circ)\,(A)$$

$$\dot{I}_{LV}=\dot{I}_{PV}=11\angle(-146.9^\circ)\,A$$

$$\dot{I}_{LW}=\dot{I}_{PW}=11\angle 93.1^\circ\,A$$

(2)工作电压380V负载组的运行。

由于负载相电压和电源相电压相等，电源的连接方式只要和负载的连接方式一致，即可正常运行。在本例中，采用两种接线方式都可保证负载正常运行，此处以电源三角形、负载三角形连接为例进行计算，电路如图5-16b)所示。

以U、V相负载电压为参考相量，即$\dot{U}_{UV}=380\angle 0^\circ V$，则各相电流为

$$\dot{I}_{UV}=\frac{\dot{U}_{UV}}{Z_2}=\frac{380\angle 0^\circ}{22\angle 30^\circ}=17.3\angle(-30^\circ)\,(A)$$

$$\dot{I}_{VW}=17.3\angle(-150^\circ)\,A$$

$$\dot{I}_{WU}=17.3\angle 90^\circ\,A$$

根据负载三角形接线方式下相、线电流之间的关系，求出各线电流：

$$i_{LU}=\sqrt{3}\,i_{UV}\angle(-30^\circ)=30\angle(-60^\circ)\,\mathrm{A}$$

$$i_{LV}=30\angle(-180^\circ)\,\mathrm{A}$$

$$i_{LW}=30\angle 60^\circ\,\mathrm{A}$$

电源和负载接线均为星形的计算，请读者自己完成。有兴趣的读者还可研究电源和负载接线不同时会有什么不同的结果。

(3)工作电压660V负载组的运行。

电源每相电压为380V，负载工作电压要求660V，根据电源星形连接接线方式可知，当电源连接成星形时，供电线路的线电压是每相电源电压的$\sqrt{3}$倍。电源采用星形连接接线方式，负载采用三角形接线方式，可满足该负载组的供电要求。此时，电源线电压为660V，负载每相电压也为660V，电路如图5-16c)所示。

以U、V相负载电压为参考相量，即$\dot{U}_{UV}=660\angle 0^\circ\mathrm{V}$，则各相电流为

$$\dot{I}_{UV}=\frac{\dot{U}_{UV}}{Z_3}=\frac{660\angle 0^\circ}{33\angle 45^\circ}=20\angle(-45^\circ)\,(\mathrm{A})$$

$$\dot{I}_{VW}=20\angle(-165^\circ)\,\mathrm{A}$$

$$\dot{I}_{WU}=20\angle 75^\circ\,\mathrm{A}$$

根据负载三角形连接方式下相电流、线电流之间的关系，各线电流为

$$i_{LU}=\sqrt{3}\,i_{UV}\angle(-30^\circ)=20\sqrt{3}\angle(-75^\circ)\,\mathrm{A}$$

$$i_{LV}=20\sqrt{3}\angle 165^\circ\,\mathrm{A}$$

$$i_{LW}=20\sqrt{3}\angle 45^\circ\,\mathrm{A}$$

结论：三相交流电路与单相交流电路的计算方法相同。重点是熟悉三相电路的接法，掌握采用不同接法时，相电压、线电压及相电流、线电流之间的关系，然后利用对应关系求解。

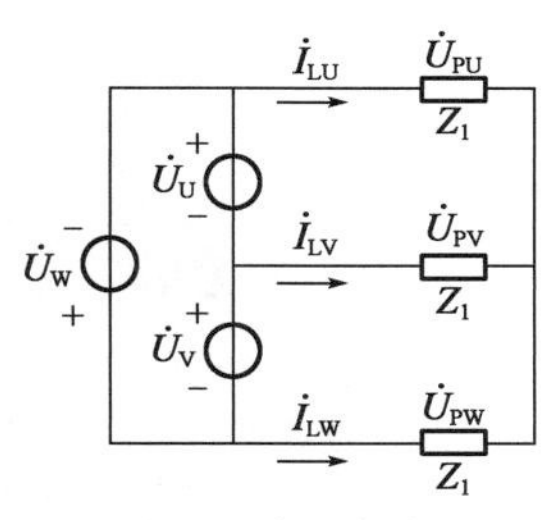

a)220V负载电路连接

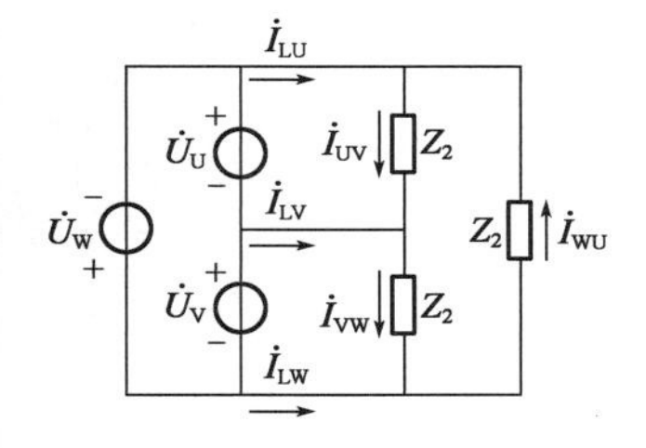

b)380V负载电路连接

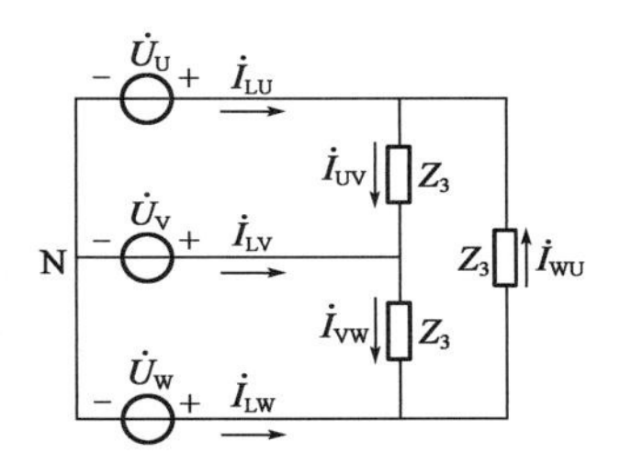

c)660V负载电路连接

图5-16 各种负载电路连接图

1. 对称负载星形连接与对称负载三角形连接时，在数值上线电流与相电流分别满足什么关系？

2. 简述三相不对称负载星形连接时中性线的主要作用。

3. 简述三相不对称负载三角形连接时，如果一相断线，其他两相的非正常工作模式。

4. 简述三相电路测量的电流值相等，三相负载对称关系。

模块四

三相电路

一、三相电路的功率

在三相电路中，三相负载吸收的有功功率等于各相有功功率之和：

$$
\begin{aligned}
P &= P_1 + P_2 + P_3 \\
&= U_{P1} I_{P1} \cos\varphi_1 + U_{P2} I_{P2} \cos\varphi_2 + U_{P3} I_{P3} \cos\varphi_3
\end{aligned}
$$

在对称三相电路中，由于负载的电压、电流有效值和阻抗角φ_1、φ_2、φ_3都相等，总的对称三相负载有功功率为

$$P = 3U_P I_P \cos\varphi \tag{5-16}$$

式中：φ——相电压与相电流的相位差，(°)。

若对称三相负载作星形连接，则

$$U_P = \frac{1}{\sqrt{3}} U_L, I_P = I_L$$

若对称三相负载作三角形连接，则

$$U_P = U_L, I_P = \frac{1}{\sqrt{3}} I_L$$

将上述两种连接方式的U_P、I_P代入式(5-16)，可得到相同的结果，即

$$P = \sqrt{3} U_L I_L \cos\varphi \tag{5-17}$$

式中：φ——相电压与相电流的相位差，(°)。

同理，对称三相负载的无功功率和视在功率分别为

$$Q = 3U_P I_P \sin\varphi = \sqrt{3} U_L I_L \sin\varphi \tag{5-18}$$

$$S = 3U_P I_P = \sqrt{3} U_L I_L \tag{5-19}$$

【例 5-6】 对称三相三线制的线电压为380V，每相负载阻抗为 $Z = 10\angle 53.1^\circ \Omega$，求负载为星形和三角形连接时的三相有功功率。

解：负载为星形连接时：

相电压 $U_P = \frac{1}{\sqrt{3}} U_L = \frac{380}{\sqrt{3}} = 220(\text{V})$

相电流 $I_P = I_L = \frac{220}{10} = 22(\text{A})$

相电压与相电流的相位差是53.1°

三相有功功率为

$$P = 3U_P I_P \cos\varphi = 3 \times 220 \times 22 \times \cos 53.1^\circ = 8718(\text{W})$$

负载为三角形连接时：

线电压 $U_L = 380(\text{V})$

相电流 $I_P = \frac{380}{10} = 38(\text{A})$

线电流 $I_L = \sqrt{3} I_P = 38\sqrt{3}\ (\text{A})$

相电压与相电流的相位差是53.1°，三相有功功率为

$$P = \sqrt{3} U_L I_L \cos\varphi = \sqrt{3} \times 380 \times 38\sqrt{3} \times \cos 53.1^\circ = 26010(\text{W})$$

由上面题目的分析可知，在电源电压一定的情况下，三相负载连接方式不同，负载的有功功率就不同，所以一般三相负载在电源电压一定的情况下，都有确定的连接方式，如星形连接或三角形连接，不能任意连接。如果有一台三相电动机，当电源电压为380V时，电动机要求接成星形，若错接成三角形，会造成功率过大而损坏电动机。

二、三相电路功率的测量

按三相电路连接方式的不同和对称与否，可用1~3个功率表测量三相平均功率。这里我们着重讨论用二表法测量三相三线制电路平均功率的方法。

在三相三线制电路中，不论对称与否都可以使用两个功率表的方法测量三相功率。两个功率表的一种连接方式如图5-17所示，称二表法。两个功率表的电流线圈分别串入两端线（图示为U、V两端线），它们的电压线圈的非电源端（无源端）共同接到非电流线圈所在的第3条端线上（图示为W端线），即功率表 W_1 的电流线圈流过的是V相电流，电压线圈取的是线电压 U_{UW}；功率表 W_2 的电流线圈流过的是V相的电流，电压线圈取的是电压 U_{UW}。

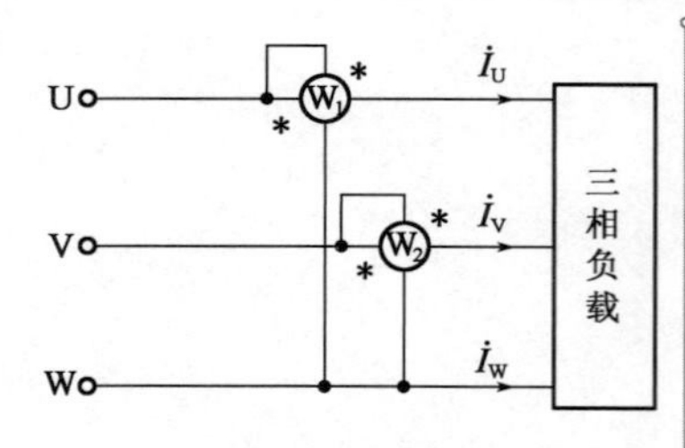

图 5-17　两个功率表的一种连接方式

图5-17中两只功率表的读数为

$$P_1 = U_{UW}I_U\cos\varphi_1 \tag{5-20}$$

$$P_2 = U_{VW}I_V\cos\varphi_2 \tag{5-21}$$

式中：φ_1——电压相量 $\dot{U}_{UW}$ 与电流相量 $\dot{I}_U$ 之间的相位差，(°)；

φ_2——电压相量 $\dot{U}_{VW}$ 与电流相量 $\dot{I}_V$ 之间的相位差，(°)。

功率表 W_1 的读数为 P_1，功率表 W_2 的读数为 P_2。

可以证明，图5-17中两个功率表读数的代数和为三相三线制电路的总有功功率。所以，三相电路的瞬时功率为

$$p = u_{UN}i_U + u_{VN}i_V + u_{WN}i_W = (u_{UN} - u_{WN})i_U + (u_{VN} - u_{WN})i_V$$
$$= u_{UW}i_U + u_{VW}i_V$$

有功功率为

$$P = \frac{1}{T}\int_0^T p\,dt = \frac{1}{T}\int_0^T u_{UW}i_U dt + \frac{1}{T}\int_0^T u_{VW}i_V dt$$
$$= U_{UW}I_U\cos\varphi_1 + U_{VW}I_V\cos\varphi_2$$

因此有

$$P = P_1 + P_2$$

此外，还可以证明，在对称三相制中有

$$P_1 = U_{UW}I_U\cos(30° - \varphi) \tag{5-22}$$

$$P_2 = U_{VW}I_V\cos(\varphi + 30°) \tag{5-23}$$

应用二表法要注意以下几点：

(1)两个功率表之和代表三相电路的有功功率 P，单个功率表的读数是没有物理意义的。

(2)当 $|\varphi| = 60°$ 时，将有一个功率表的读数为0。

(3)当 $|\varphi| > 60°$ 时，其中一个功率表的读数为负值，说明该功率表反偏。此时为了读数正确，需将功率表的电流线圈调头，使功率表正偏，但读数应记为负值。求代数和时取负值。

三相电路对称时，利用二表法还可以测得三相电路的无功功率。

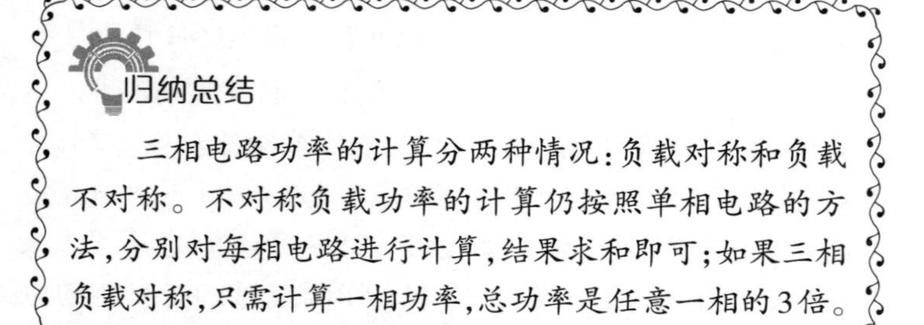

归纳总结

三相电路功率的计算分两种情况：负载对称和负载不对称。不对称负载功率的计算仍按照单相电路的方法，分别对每相电路进行计算，结果求和即可；如果三相负载对称，只需计算一相功率，总功率是任意一相的3倍。

对三相对称负载而言，牢记功率的简便计算公式非常重要。

对于三相电路功率的测量，需要根据供电方式确定测量方法。三相三线制采取二表法进行测量，三相四线制采取三表法进行测量。实际测量时，需要按照功率表的说明书正确接线。这部分内容要求熟练掌握，最好是完成一次三相功率表的实际接线。

三相电路的供电方式有三相三线制和三相四线制之分，三相负载又有对称与不对称的区别，因此三相电路功率的计算和测量有不同的方法。

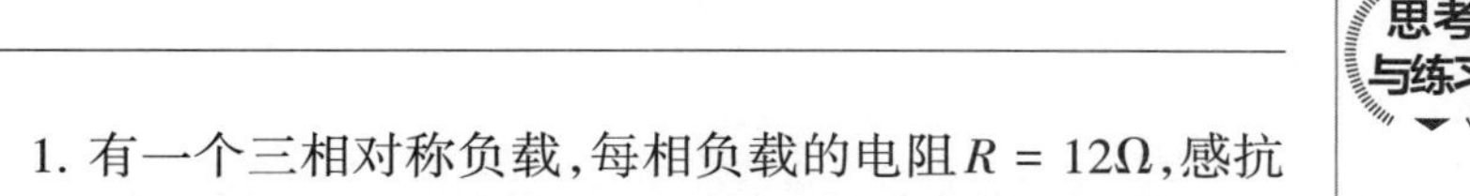

1. 有一个三相对称负载，每相负载的电阻$R = 12\Omega$，感抗$X_L = 16\Omega$，如果负载以星形连接方式接到线电压为380V的三相对称电源上，试求负载的相电流、线电流及有功功率，并作相量图。

2. 如果将上题所给负载以三角形连接方式，接到380V的对称三相电源上，试求负载的相电流、线电流及有功功率，并作相量图。

本单元习题

一、判断题

1. 三相对称交流电源由3个频率相同、振幅相同、相位互差120°的电压源构成。 (　　)

2. 不论电源和设备如何连接，只要保证电源的线电压与负载的线电压相等，设备就能正常工作。 (　　)

3. 三相交流电的正序是逆时针方向，负序是顺时针方向。 (　　)

4. 在电源电压一定的情况下，三相负载连接方式不同，负载的有功功率相同。 (　　)

5. 由于星形连接时引出一根中性线，三相交流电变为四线供电。有时为了安全，需要引一根专门的地线，变为五线供电。 (　　)

二、填空题

1. 三相交流发电机主要由________和________组成，三组绕组在圆周上的排列彼此间隔________°。

2. 三相交流电源有两种连接方式：一种是________连接，另一种是________连接。

三、分析计算题

1. 大容量的三相异步电动机(可等效为三相对称感性阻抗)为降低启动电流，通常在启动时接成星形，运行时又转接成三角形，这个过程称为电动机的星形-三角形启动运行，如

图5-18所示。试求：

(1)星形启动和三角形启动时的相电流之比；

(2)星形启动和三角形启动时的线电流之比。

2. 有两组三相对称负载(图5-19)，阻抗均为$Z=8+j6$。一组接为星形，一组接为三角形，都接到线电压为380V的三相对称电源上。试求三相供电线路的线电流。

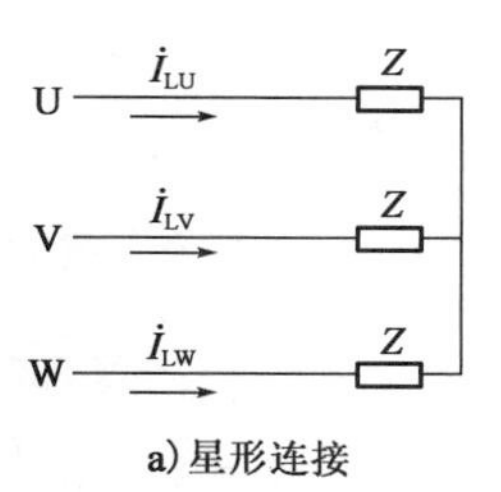

a)星形连接

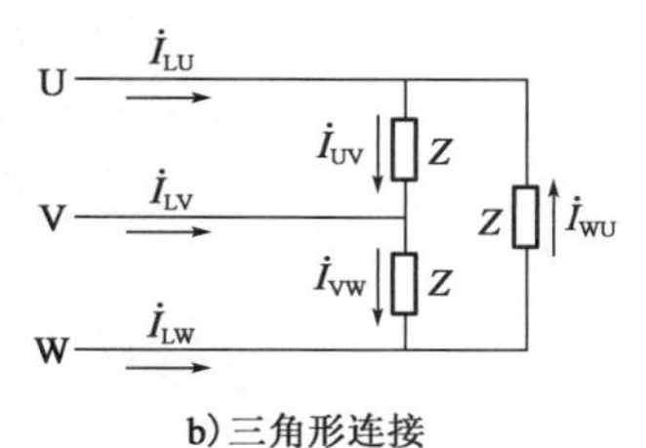

b)三角形连接

图5-18　题1图

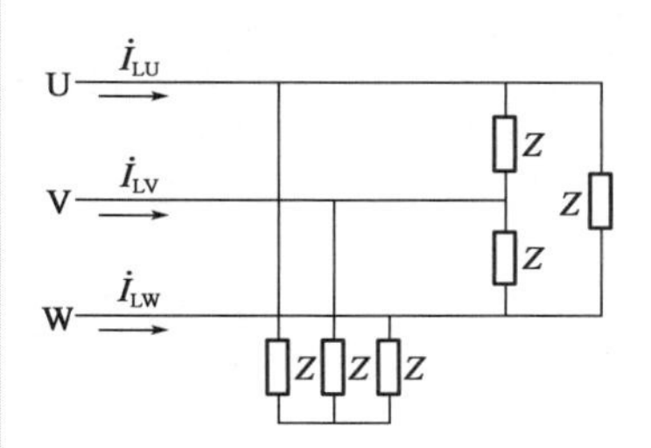

图5-19　题2图

技能训练十二

三相交流电路电压、电流及功率的测量

一、操作目的

(1)掌握三相负载作星形连接的方法,验证这种接法下线电压、相电压及线电流、相电流之间的关系。

(2)充分理解三相四线制供电系统中中性线的作用。

(3)掌握用一瓦特表法测量三相电路有功功率的方法。

二、操作器材

操作器材见表5-1。

操作器材　　表5-1

序号	名称	型号与规格	数量	备注
1	交流电压表	0~500V	1	
2	交流电流表	0~5A	1	
3	万用表	—	1	自备
4	三相自耦调压器	—	1	
5	三相灯组负载	220V,15W白炽灯	9	DGJ-04
6	电门插座	—	3	DGJ-04
7	单相功率表	—	2	DGJ-04
8	三相电容负载	1μF、2.2μF、4.7μF/500V各3个	9	DGJ-05

三、实验原理

(1)三相负载可接成星形或三角形。当三相对称负载作Y形连接时,线电压U_L是相电压U_P的$\sqrt{3}$倍。线电流I_L等于

相电流I_P，即

$$U_L = \sqrt{3}U_P, I_L = I_P$$

在这种情况下，流过中性线的电流$I_0 = 0$，所以可以省去中性线。

(2)不对称三相负载作Y形连接时，必须采用三相四线制接法，即Y_0接法，而且中性线必须牢固连接，以保证三相不对称负载的每相电压维持对称不变。

倘若中性线断开，会导致三相负载电压的不对称，致使负载轻的那一相的相电压过高，使负载损坏；负载重的一相相电压又过低，使负载不能正常工作。尤其是对于三相照明负载，无条件地一律采用Y_0接法。

(3)对于三相星形连接的负载，可用一只功率表测量各相的有功功率P_1、P_2、P_3，则三相负载的总有功功率$\sum P = P_1 + P_2 + P_3$，这就是一瓦特表法。若三相负载是对称的，则只需要测量一相的功率，再乘以3即可得到三相的有功功率。

四、操作内容及步骤

1. 三相负载星形连接(三相四线制供电)

按图5-20所示线路组接电路，即三相灯组负载经三相自耦调压器接通三相对称电源。将三相调压器的旋柄置于输出为0V的位置(逆时针旋到底)。经指导教师检查合格后，方可开启实验台电源，然后调节调压器的输出，使输出的三相线电压为220V，并按下述内容完成各项实验：分别测量三相负载的线电压、相电压、线电流、相电流、中性线电流、电源与负载中点间的电压；将所测得的数据记入表5-2，并观察各相灯组亮暗的变化程度，特别要注意观察中性线的作用。

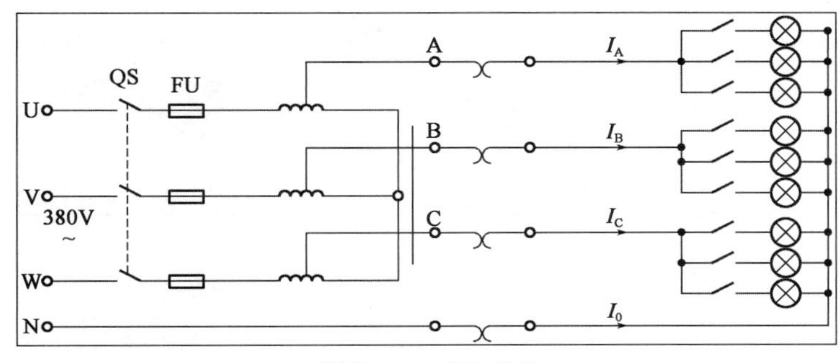

图5-20 测试线路

实验数据表 表5-2

实验内容（负载情况）	测量数据											
	开灯盏数			线电流(A)			线电压(V)			相电压(V)		
	U相	V相	W相	I_A	I_B	I_C	U_{UV}	U_{VW}	U_{WU}	U_{U_0}	U_{V_0}	U_{W_0}
Y_0接平衡负载	3	3	3									
Y接平衡负载	3	3	3									
Y_0接不平衡负载	1	2	3									
Y接不平衡负载	1	2	3									
Y_0接V相断开	1		3									
Y接V相断开	1		3									
Y接V相短路	1		3									

2. 用一瓦特表法测定三相对称Y_0及不对称Y_0接负载的总功率

按图5-21所示线路接线，线路中的电流表和电压表用来监测该相的电流和电压。经指导教师检查合格后，接通三相交流电源，调节调压器输出，使输出线电压为220V，按表5-3所列的要求进行测量及计算。

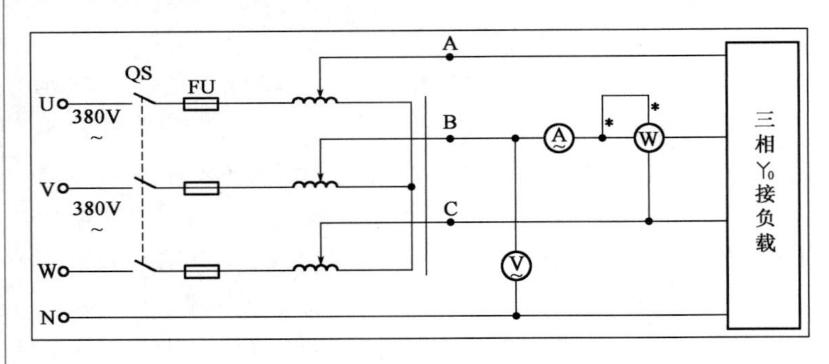

图5-21 一瓦特表法测定有功功率电路图

一瓦特表法测定有功功率数据 表5-3

负载情况	开灯盏数			测量数据			计算值
	U相	V相	W相	P_U(W)	P_V(W)	P_W(W)	$\sum P$(W)
Y_0接对称负载	3	3	3				
Y_0接不对称负载	1	2	3				

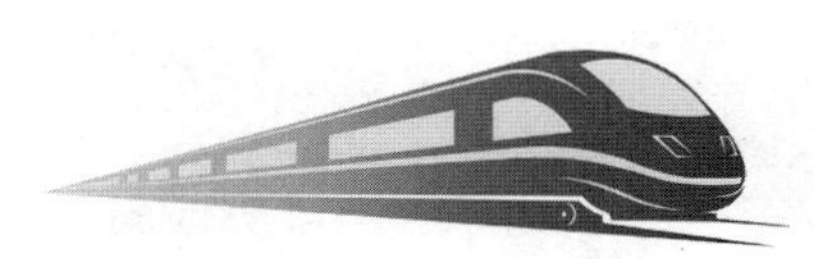

单元六 磁路与变压器

学习目标

【知识目标】

1. 掌握磁场基本物理量；
2. 了解法拉第电磁感应定律；
3. 理解电磁感应现象；
4. 了解变压器的结构；
5. 掌握变压器的基本工作原理和功率损耗。

【技能目标】

1. 能从物理现象和实验中归纳科学规律；
2. 会分析相关磁路；
3. 能进行变压器基本参数(电压、电流、功率)的计算。

【素养目标】

1. 具有总结、归纳、解决问题的能力；
2. 培养尊重事实、实事求是的工作态度。

模块一 磁场基本物理量

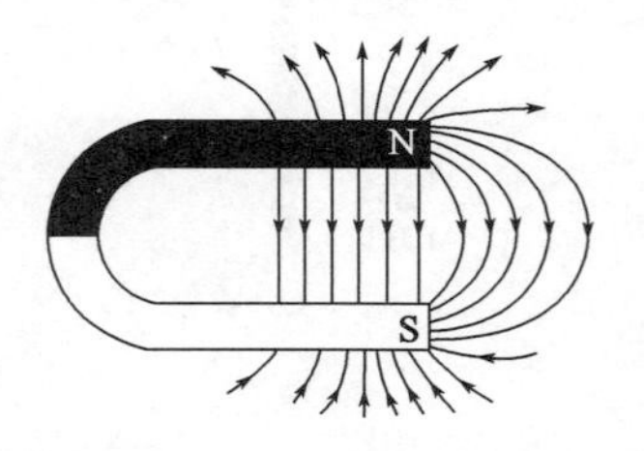

图6-1　蹄形磁铁的磁感线

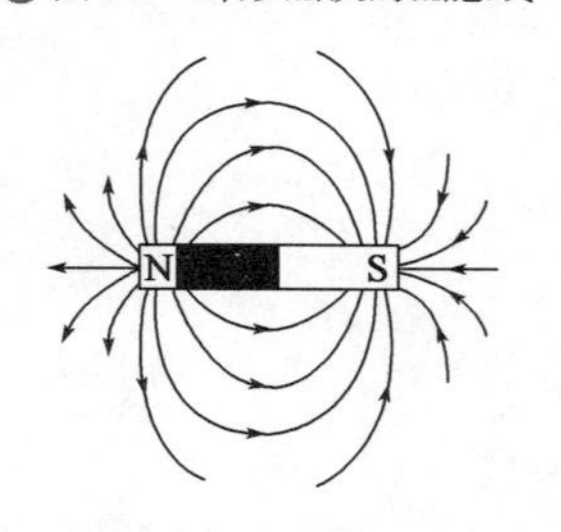

图6-2　条形磁铁的磁感线

一、磁场与磁感线

当两个磁极靠近时，它们之间会发生相互作用：同名磁极相互排斥，异名磁极相互吸引。两个磁极互不接触，却存在相互作用力，这是因为在磁体周围的空间中存在一种特殊的物质——磁场。

我们可以画出一些互不交叉的闭合曲线来描述磁场，这样的曲线称为磁感线。磁感线上每一点的切线方向就是该点的磁场方向，也就是放在该点的小磁针N极所指的方向。磁感线在磁体外部由N极指向S极，在磁体内部由S极指向N极。而磁感线的疏密程度则形象地说明了各处磁场的强弱。图6-1所示为蹄形磁铁的磁感线，图6-2所示为条形磁铁的磁感线。

知识拓展

指南针为什么能够指示南北，你知道其中缘由吗？

指南针是中国古代四大发明之一，也称“司南”，聪明的古代中国人就是利用它探索世界的各个角落的。指南针的作用是指示南北，使旅人可以顺利到达目的地。我们生活的地球宛如一个大大的磁体，其磁极接近地球的两极，而指南针的主要组成部分是一根装在轴上的磁针。磁针在天然地磁场的作用下可以自由转动并保持在磁子午线的切线方向上。人们利用磁铁同性相斥、异性相吸的性质，就可以通过指南针来判断南北。

二、电流的磁效应及安培定则

1. 电流的磁效应

电与磁有密切联系。实验表明:放在导线旁边的小磁针,当导线通过电流时,磁针会受到力的作用而偏转,如图6-3所示。这说明通电导体周围存在磁场,即电流具有磁效应。电流的磁效应说明:磁场是由电荷运动产生的。安培提出了著名的分子电流假说,揭示了磁现象的电本质,即磁铁的磁场和电流的磁场一样,都是由电荷运动产生的。

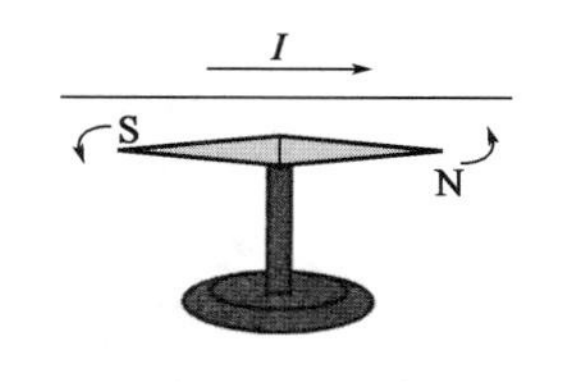

图6-3　通电导线使磁针偏转

2. 安培定则

通电导体周围的磁场方向(磁感线方向与电流的关系)可以用安培定则来判断。安培定则也称右手螺旋定则。

(1)直线电流的磁场。

直线电流的磁场的磁感线是以导线上各点为圆心的同心圆,这些同心圆都在与导线垂直的平面上,如图6-4a)所示。磁感线方向与电流的关系用安培定则判断:用右手握住通电直导体,让伸直的大拇指指向电流方向,弯曲的四指所指的方向就是磁感线的环绕方向,如图6-4b)所示。

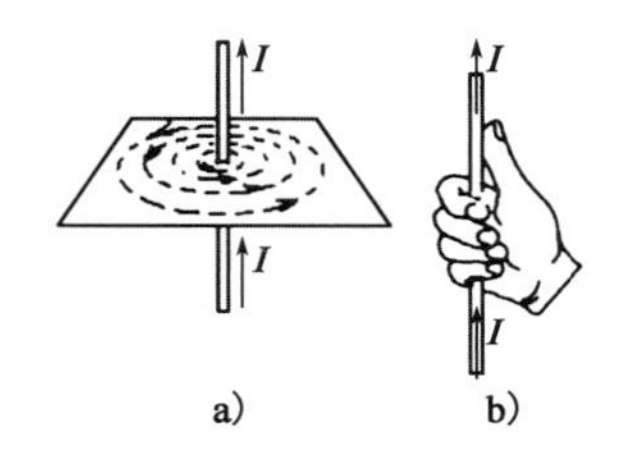

图6-4　通电直导线的磁场方向

(2)通电螺线管的磁场。

通电螺线管表现出来的磁性类似条形磁铁,其一端相当于N极,另一端相当于S极。通电螺线管的磁场方向判断方法:用右手握住通电螺线管,让弯曲的四指指向电流方向,大拇指所指的方向就是螺线管内部磁感线的方向,即大拇指指向通电螺线管的N极,如图6-5所示。

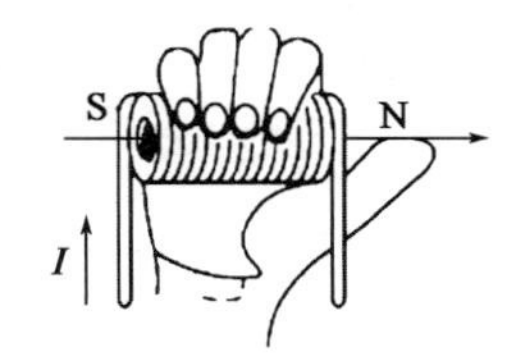

图6-5　通电螺线管的磁场方向

三、磁场基本物理量详解

1. 磁感应强度

磁场的强弱用磁感应强度来描述,符号为B,单位是特斯拉(T),简称特。实验表明,通电导线在磁场中会受到力的作用。将1m长的导线垂直于磁场方向放进磁场,并通以1A的电流,如果受到的力为1N,则导线所处的磁感应强度为1T。某点处磁感应强度的方向,就是该点的磁场方向。

磁场越强,磁感应强度越大;磁场越弱,则磁感应强度越小。普通永磁体磁极附近的磁感应强度一般为0.4~0.7T,电机和变压器铁芯中心的磁感应强度为0.8~1.4T,地面附近磁场的磁感应强度只有0.00005T。

2. 磁通

为了定量地描述磁场在某一范围内的分布及变化情况,

引入磁通这一物理量。

设在磁感应强度为B的匀强磁场中，有一个与磁场方向垂直的平面，面积为S，则把B与S的乘积定义为穿过这个面积的磁通量，简称磁通。用Φ表示磁通，则有

$$\Phi = BS \tag{6-1}$$

磁通的单位是韦伯(Wb)，简称韦。

如果磁场不与所讨论的平面垂直[图6-6a)]，则应以这个平面在垂直于磁场B的方向的投影面积S与B的乘积来表示磁通。

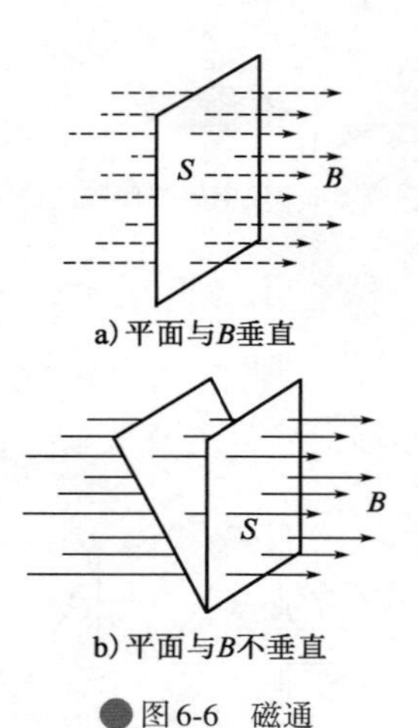

图6-6　磁通

由$\Phi = BS$，可得$B = \Phi/S$，这表示磁感应强度等于穿过单位面积的磁通，所以磁感应强度又称磁通密度，也可用Wb/m^2做单位。

当面积一定时，该面积上的磁通越大，磁感应强度越大，磁场就越强。这一概念在电气工程上有极其重要的意义，如变压器、电动机、电磁铁等就是通过尽可能地减少漏磁通，增强定铁芯截面下的磁感应强度来提高其工作效率的。

3. *磁导率*

如果用一个插有铁棒的通电线圈去吸引铁屑，然后把通电线圈中的铁棒换成铜棒再去吸引铁屑，便会发现，在两种情况下，吸力大小不同，前者比后者大得多。这表明不同的媒介质对磁场的影响不同，影响的程度与媒介质的导磁性能有关。磁导率就是一个用来表示媒介质导磁性能的物理量，用μ表示，其单位为亨每米(H/m)。由实验测得真空中的磁导率为$\mu_0 = 4\pi \times 10^{-7}$H/m。磁导率为一常数。

自然界大多数物质对磁场的影响甚微，只有少数物质对磁场有明显的影响。为了比较媒介质对磁场的影响，把任一物质的磁导率与真空的磁导率的比值称为相对磁导率，用μ_r表示，即

$$\mu_r = \frac{\mu}{\mu_0} \tag{6-2}$$

相对磁导率只是一个比值，它表明在其他条件相同的情况下，媒介质中的磁感应强度是真空中磁感应强度的多少倍。

1. 什么是磁体和磁极？
2. 磁感线如何形象地描述磁场？
3. 定性描述磁场的物理量有哪些？

模块二
磁路

一、铁磁物质的磁化

使原来没有磁性的物质具有磁性的过程称为磁化。只有铁磁材料才能被磁化，而非铁磁材料是不能被磁化的。这是因为铁磁物质可以看作由许多被称为磁畴的小磁体所组成，在无外磁场作用时，磁畴排列杂乱无章，磁性相互抵消，对外不显磁性；但在外磁场作用下，磁畴就会沿着外磁场方向整齐有序地排列，所以整体也就具有了磁性。

在实际应用中，通常总是利用电流产生的磁场来使铁磁材料磁化。例如，在通电线圈中放入铁芯，铁芯就被磁化了，如图6-7a)所示。当一个线圈的结构、形状、匝数都已确定时，线圈中的磁通 Φ 随电流 I 变化的规律可用 Φ-I 曲线来表示，称为磁化曲线，如图6-7b)所示，它反映了铁芯的磁化过程。

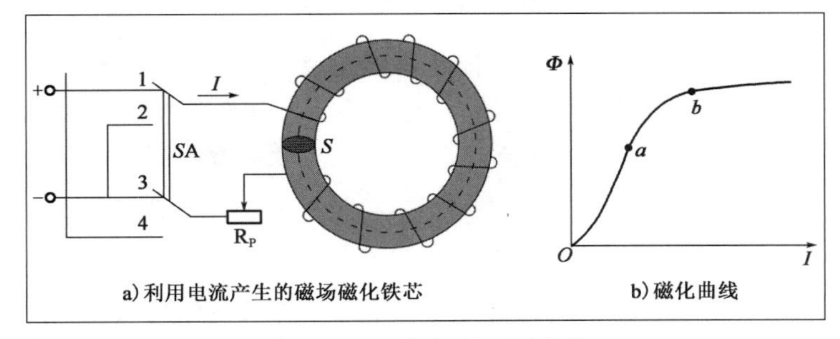

图6-7　磁化实验与磁化曲线

当 $I=0$ 时，$\Phi=0$；当 I 增加时，Φ 随之增加。但 Φ 与 I 的关系是非线性的。

曲线 Oa 段较为陡峭，Φ 随 I 近似成正比增加。

b 点以后的部分近似平坦，这表明，即使再增大线圈中的电流 I，Φ 也已近似不变，铁芯磁化到这种程度称为磁饱和。

a 点到 b 点是一段弯曲的部分，称为曲线的膝部，这表明从未饱和到饱和是逐步过渡的。

各种电器的线圈中一般都装有铁芯，以获得较强的磁场。在设计时，常常将其工作磁通取在磁化曲线的膝部，以便使铁芯在未饱和的前提下，充分利用其增磁作用。为了尽可能增强线圈中的磁场，还常将铁芯制成闭合的形状，使磁感线沿铁芯构成回路，如图 6-8 所示。

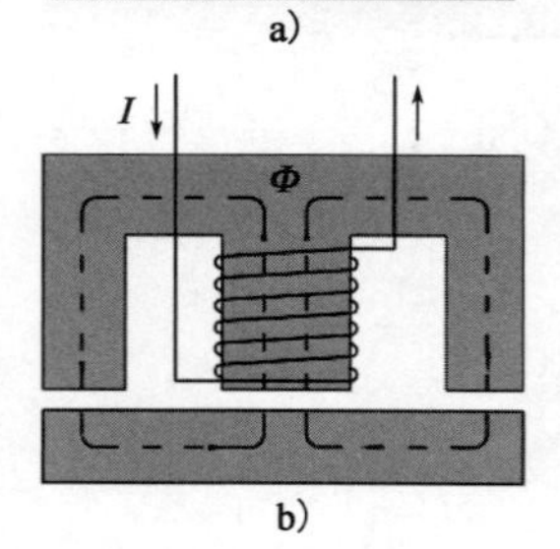

图 6-8　磁感线沿铁芯构成回路

在一个给定的线圈中，分别放入不同铁磁材料制成的相同形状的铁芯，它们的磁化曲线是不相同的，因此，可以借助磁化曲线对不同铁磁材料的磁化特性进行比较。

如果线圈通入交变电流，就会产生交变磁场，线圈中的铁芯也就会被反复磁化。在理想情况下，铁芯中的 Φ 应随线圈中的电流 I 不断重复地沿正、反两条磁化曲线而变化，如图 6-9a）所示。但实际并非如此，当线圈中电流变化到零时，由于磁畴存在惯性，铁芯中的 Φ 并不为零，而是仍保留部分剩磁，如图 6-9b）中的 b、e 两点。此时必须加反向电流，并达到一定数值[图 6-9b）中 c、f 两点]，才能使剩磁消失。上述现象称为磁滞，图 6-9b）中的封闭曲线称为磁滞回线。铁芯在反复磁化的过程中，由于要不断地克服磁畴惯性，将损耗一定的能量，这一现象称为磁滞损耗，它将使铁芯发热。例如，平面磨床的电磁工作台在工件加工完毕后，需要在励磁线圈中通短暂的反向电流，消除剩磁，这样才能取下工件。

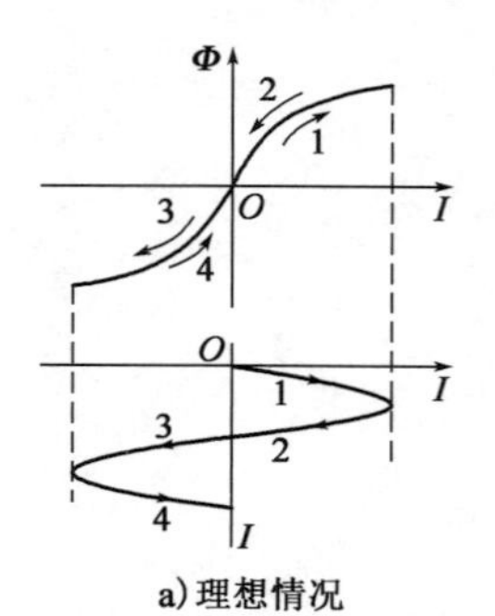

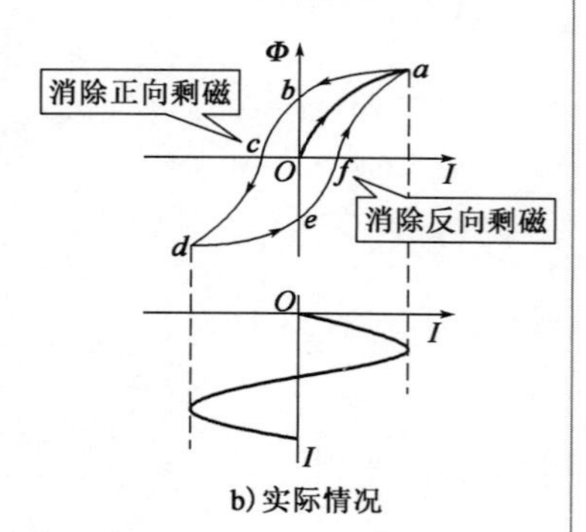

图 6-9　反复磁化和磁滞回线

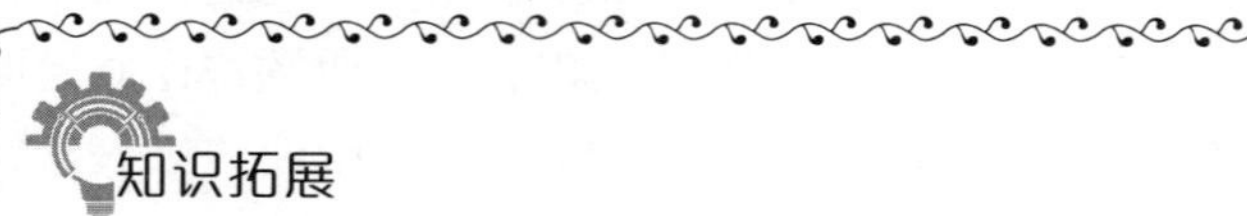

手表为什么要防磁？

手表，尤其是机械表，其内部零件多由金属制成，因此会受到磁场的影响，造成走时不准等问题。手表被磁化后，带来的影响首先是误差增大，严重时会停摆，对机芯造成损伤。

日常生活如何给手表防磁？

远离强磁场环境，不要把手表放在磁性保健品（如磁性项链）、手袋的磁性扣、电冰箱、移动电话或电磁炉等附近，定期查校误差。

二、铁磁材料的分类

不同的铁磁材料具有不同的磁滞回线，它们的用途也不相同。铁磁材料一般可分为硬磁材料、软磁材料和矩磁材料三大类。

（1）硬磁材料的磁滞回线如图6-10a）所示。它的形状宽而平，回线所包围的面积较大，所以磁滞损耗较大，剩磁、矫顽力也较大，需较强的磁场才能使它磁化，撤去外加磁场仍能保留较大的剩磁。这类材料适合制造永久磁铁，常用的有钨钢、铬钢、钴钢和钡铁氧体等。

（2）软磁材料软的磁滞回线如图6-10b）所示。它的形状窄而陡，回线包围的面积比较小，所以磁滞损耗较小，比较容易磁化，撤去外磁场后磁性基本消失，其剩磁与矫顽力都较小。这类材料主要有硅钢、铁镍合金和软磁氧体等。

（3）矩磁材料的磁滞回线如图6-10c）所示。它的特点是只需很小的外加磁场就能使之达到磁饱和，撤去外磁场时，磁感应强度（剩磁）与饱和时一样。计算机中的存储元件就用到了矩磁性材料。常用的矩磁材料有锰镁铁氧体和锂锰铁氧体等。

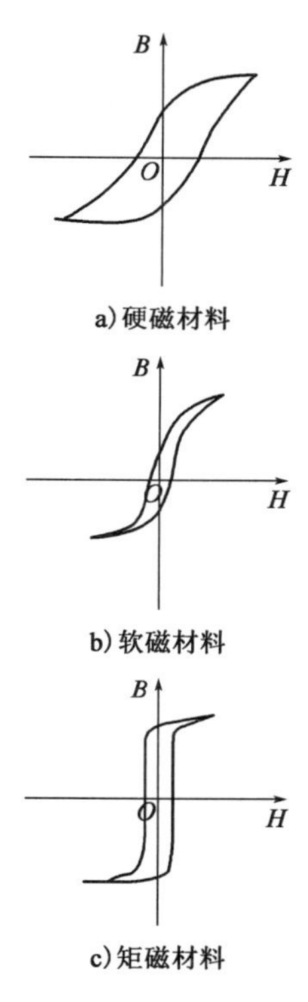

图6-10　硬磁材料、软磁材料、矩磁材料的磁滞回线

三、铁磁材料的磁路

铁磁材料具有很强的导磁能力，所以常常将铁磁材料制成一定形状（多为环状）的铁芯，这样就为磁通的集中通过提供了路径。磁通所通过的路径称为磁路。图6-11所示为几种电气设备的磁路。

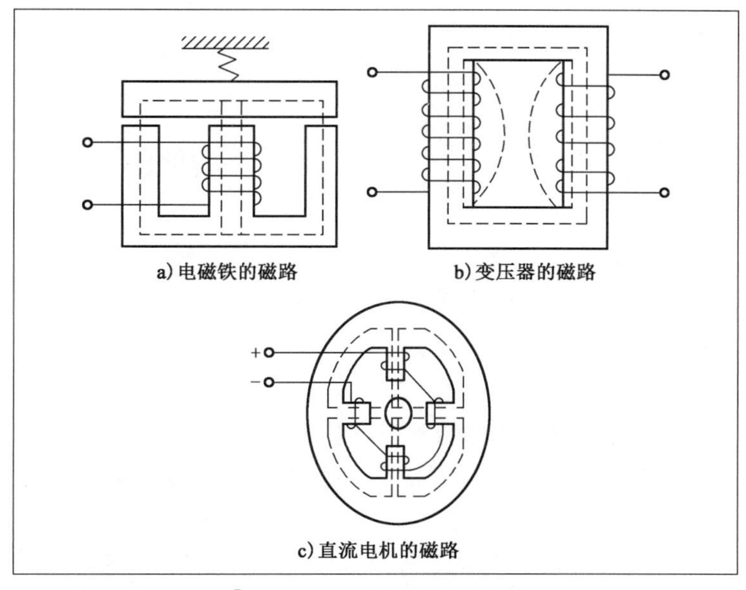

图6-11　几种电气设备的磁路

利用铁磁材料应尽可能将磁通集中在磁路中，但是与电路比较，磁路的漏磁现象要比电路的漏电现象严重得多。全部在磁路内部闭合的磁通称主磁通，部分经过磁路周围物质而自成回路的磁通称为漏磁通，如图6-12所示。在漏磁通不严重的情况下，可将其忽略不计，只考虑主磁通。

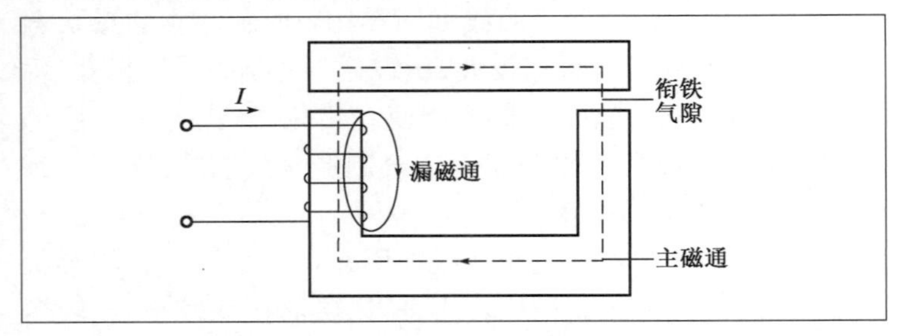

图6-12　主磁通、漏磁通

通电线圈的匝数越多，电流越大，磁场越强，磁通也就越大。通过线圈的电流I和线圈匝数N的乘积称为磁动势，用F_m表示，即

$$F_m = NI \tag{6-3}$$

磁动势的单位是安培(A)。电路中有电阻，磁路中也有磁阻。磁阻就是磁通通过磁路时所受到的阻碍作用，用符号R_m表示。与导体的电阻相似，磁路中磁阻的大小与磁路的长度l成正比，与磁路的横截面积S成反比，并与组成磁路材料的磁导率有关，其公式为

$$R_m = \frac{l}{\mu S} \tag{6-4}$$

提示：Φ、l、S单位分别为H/m、m、m^2，磁阻R_m的单位为1/H(H^{-1})。

四、磁路欧姆定律

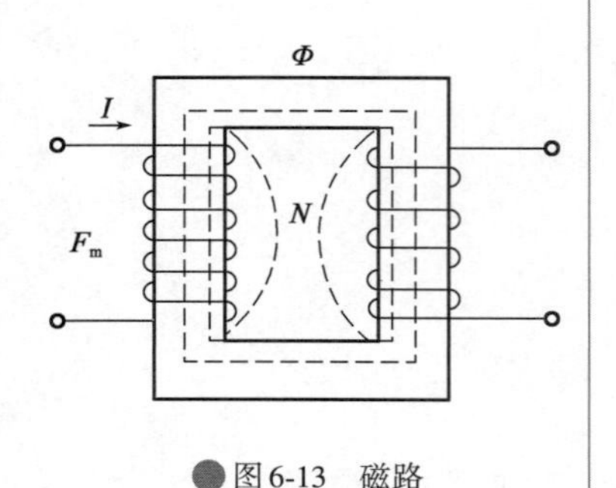

图6-13　磁路

通过磁路(图6-13)的磁通与磁动势成正比，而与磁阻成反比，即

$$\Phi = \frac{F_m}{R_m} \tag{6-5}$$

式(6-5)与电路的欧姆定律表达式相似，故称磁路欧姆定律。

应当指出，式中的磁阻R_m是指整个磁路的磁阻。如果磁路中有气隙，由于气隙的磁阻远比铁磁材料的磁阻大，整个磁路的磁阻会大大增加，若要有足够的磁通，就必须增大励磁电流或增加线圈的匝数，即增大磁动势。

由于铁磁材料磁导率的非线性，磁阻R_m不是常数，所以磁路欧姆定律只能对磁路作定性分析。

由以上分析可知，磁路中的某些物理量与电路(图6-14)中的某些物理量有对应关系，而且磁路中某些物理量之间的关系也与电路中某些物理量之间的关系相似。磁路与电路相似的比较见表6-1。

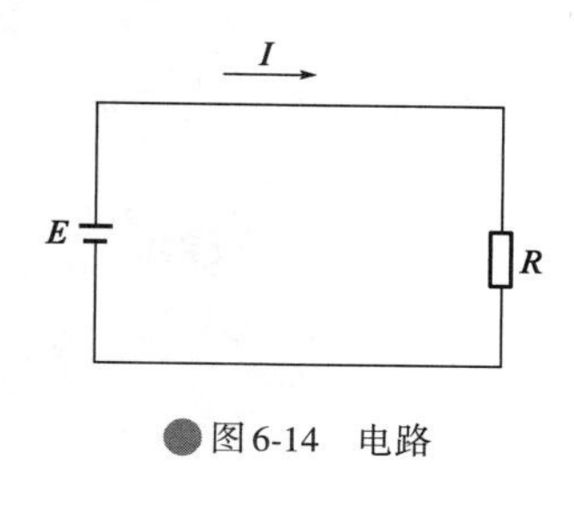

图6-14 电路

磁路与电路相似的比较 表6-1

磁路	电路
磁动势 $F_m = NI$	电动势 E
磁通 Φ	电流 I
磁阻 $R_m = \frac{l}{\mu S}$	电阻 $R = \rho \frac{l}{s}$
磁路欧姆定律 $\Phi = \frac{F_m}{R_m}$	电路欧姆定律 $I = \frac{E}{R}$

1. 什么是磁路？
2. 什么是磁路的欧姆定律？
3. 铁磁物质如何分类？

模块三

电磁感应

一、电磁感应现象

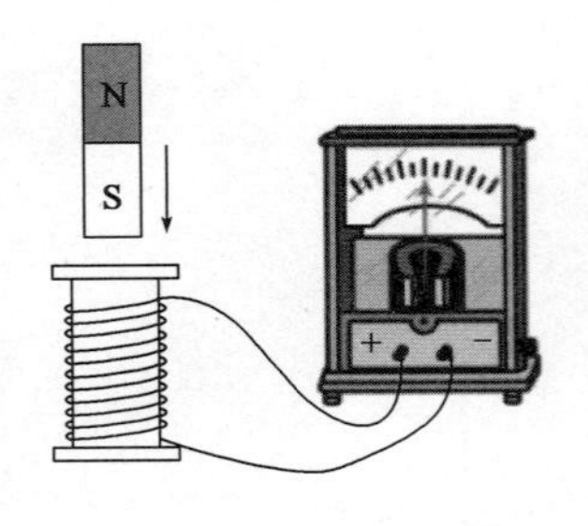

图6-15　实验装置

电磁感应现象

电流能产生磁场，那么磁场也能产生电流吗？下面通过一个实验来回答这一问题。实验装置如图6-15所示，当条形磁铁静止时，检流计的指针不偏转，表明线圈中无电流。当条形磁铁快速插入或拔出线圈时，检流计的指针偏转，表明线圈中有电流流过。当条形磁铁以更快的速度插入或拔出线圈时，检流计指针的偏转角度变大，表明线圈中的电流增大。这种磁场产生电流的现象称为电磁感应现象，产生的电流称为感应电流，产生感应电流的电动势称为感应电动势。

从以上实验可以看出，感应电流的产生与磁通的变化有关。当穿过闭合电路的磁通发生变化时，闭合电路中就有感应电流。

当磁铁插入线圈时，线圈中的磁通增加；当磁铁从线圈中拔出时，线圈中的磁通减小。这两种情况下线圈中都有感应电流。如果将磁铁放置在线圈中静止不动，线圈中的磁通不发生变化，线圈中就没有感应电流。

二、楞次定律

在上述实验中，条形磁铁插入、拔出线圈时，检流计指针的偏转方向是相反的，如果改变磁铁极性，检流计指针偏转方向也会随之改变。那么，感应电流的方向与哪些因素有关呢？楞次定律指出了磁通的变化与感应电动势在方向上的关系，即感应电流产生的磁通总要阻碍引起感应电流的磁通的变化。

在图6-15中，当把条形磁铁插入线圈时，线圈中的磁通将增加。根据楞次定律，感应电流的磁场应阻碍磁通的增加，则线圈感应电流磁场的方向为上N下S，再用右手螺旋定则可判断出感应电流的方向是由右端流进检流计。

在图6-15中，当把磁铁拔出线圈时，线圈中的磁通将减小。根据楞次定律，感应电流的磁场应阻碍磁通的减小，则线圈感应电流磁场的方向为上S下N，再用右手螺旋定则可判断出感应电流的方向是由左端流进检流计。

三、法拉第电磁感应定律

在上述实验中，磁铁插入或拔出的速度越快，指针偏转角度越大，反之则越小。磁铁插入或拔出线圈的速度反映的是线圈中磁通变化的速度，即线圈中感应电动势的大小与线圈中磁通的变化率成正比。这就是法拉第电磁感应定律。

用$\Delta\Phi$表示时间间隔Δt内一个单线圈中的磁通变化量，则一个单线圈产生的感应电动势的大小为

$$e = \frac{\Delta\Phi}{\Delta t} \tag{6-6}$$

如果线圈有N匝，则感应电动势的大小为

$$e = N\frac{\Delta\Phi}{\Delta t} \tag{6-7}$$

四、直导线切割磁感线产生感应电动势

如图6-16所示，在匀强磁场中放置一段导体，其两端分别与检流计相接，形成一个回路。使导体做切割磁感线运动，观察检流计指针偏转情况。

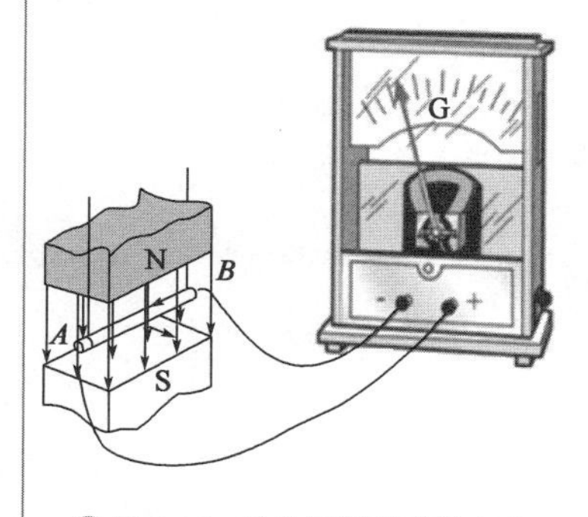

图6-16　导体切割磁感线产生感应电动势

感应电动势的方向可用右手定则判断。如图6-17所示，平伸右手，大拇指与其余四指垂直，让磁感线穿过掌心，大拇指指向导体运动方向，则其余四指所指的方向就是感应电动势的方向。

需要注意的是，判断感应电动势方向时，要把导体看成一个电源，在导体内部，感应电动势的方向由负极指向正极，感应电流的方向与感应电动势的方向相同。如果直导体不开成闭合回路，导体中只产生感应电动势，而无感应电流。

当导体、导体运动方向和磁感线方向三者互相垂直时，导体中的感应电动势为

$$e = Blv \tag{6-8}$$

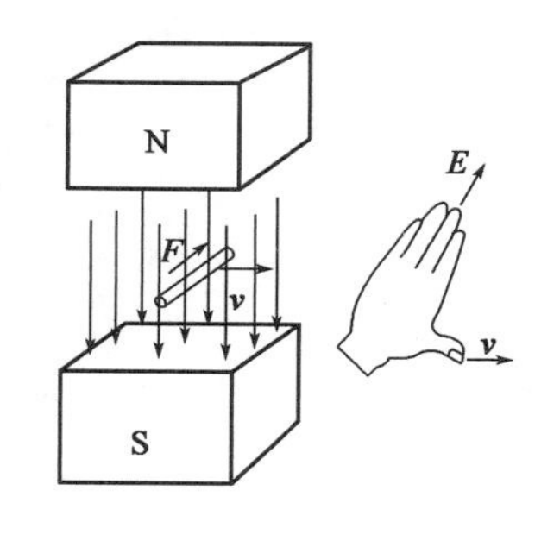

图6-17　右手定则

如果导体运动方向与磁感线方向有一夹角θ(图6-18)，则导体中的感应电动势为

$$e = Blv\sin\theta \tag{6-9}$$

由式(6-9)可知，当导体的运动方向与磁感线垂直时($\theta = 90°$)，导体中感应电动势最大；当导体的运动方向与磁感线平行时($\theta = 0°$)，导体中感应电动势为零。

发电机就是应用导线切割磁感线产生感应电动势的原理发电的(图6-19)。实际应用中，将导线做成线圈，使其在磁场中转动，从而得到连续的电流。

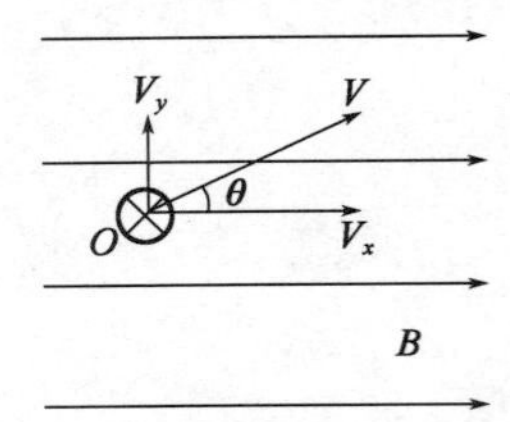

图6-18 导体运动方向与磁感线方向有一个夹角θ

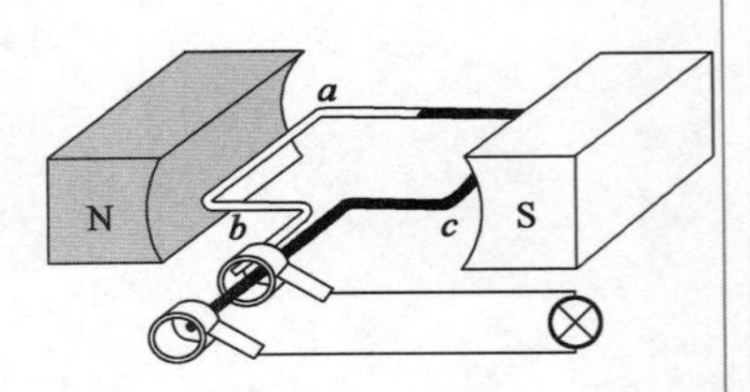

图6-19 发电机原理图

【例6-1】 如图6-20所示，已知：B=0.2T，金属棒MN向右匀速运动，v = 5m/s，l=40cm，电阻R=0.5Ω，其余电阻不计，摩擦也不计。试求：

(1)感应电动势的大小；

(2)感应电流的大小和方向。

解：(1)$e = Blv = 0.2 \times 0.4 \times 5 = 0.4(\text{V})$

(2)$I = \dfrac{E}{R} = \dfrac{0.4}{0.5} = 0.8(\text{A})$

电流方向：由N指向M。

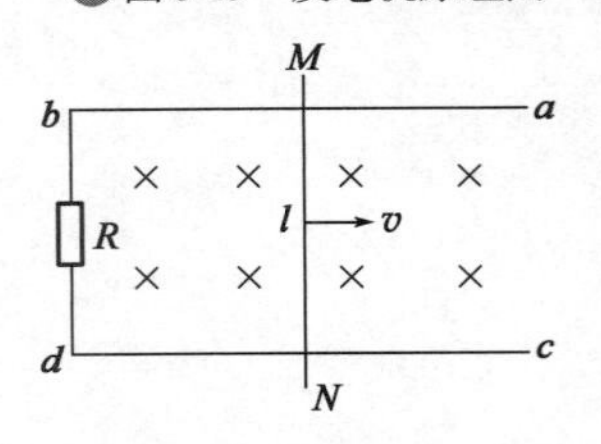

图6-20 例6-1图

1. 什么是电磁感应现象？

2. 法拉第电磁感应定律可以用来计算感应电动势的大小吗？如何计算？

模块四 互感现象

一、互感

如图6-21所示，A、B两个线圈绕制在同一铁芯上，电路中它们之间没有直接的联系。线圈A中电流产生的磁场有一部分磁通穿过线圈B，同样，线圈B中的电流产生的磁场也有一部分磁通穿过线圈A。一个线圈中磁场的磁通穿过另一线圈的现象叫作互感磁通。当一个线圈中的电流发生变化时，穿过另一个线圈的互感磁通必然发生变化，在另一线圈中就会产生感应电动势。这种一个线圈中的电流发生变化而在另一个线圈中产生感应电动势的现象叫作互感现象，在互感现象中产生的电动势叫作互感电动势。

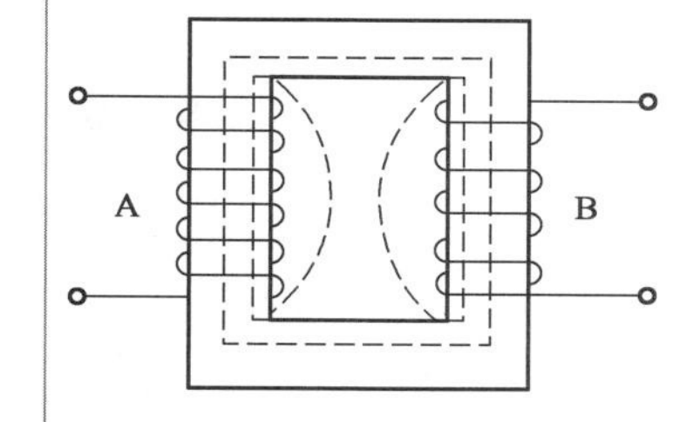

图6-21　互感现象

互感现象

互感现象也是电磁感应的一种形式，它既遵循电磁感应定律，又有其自身的规律。理论和实践证明，一个线圈中产生的互感电动势与另一个线圈中的电流变化率成正比。若第一个线圈中的电流变化率为$\Delta i_1/\Delta t$，则在第二个线圈中产生的互感电动势为

$$e_{M2} = M\frac{\Delta i_1}{\Delta t} \tag{6-10}$$

若第二个线圈中的电流变化率为$\Delta i_2/\Delta t$，则在第一个线圈中产生的互感电动势为

$$e_{M1} = M\frac{\Delta i_2}{\Delta t} \tag{6-11}$$

式中：e_M——互感电动势，V；

$\Delta i/\Delta t$——电流变化率，A/s；

M——两个线圈的互感系数，H。

互感电动势的方向可用楞次定律来确定。若已知两个线圈的同名端及一个线圈中的自感电动势的方向，也可用同名端的方法来判定互感电动势的方向。

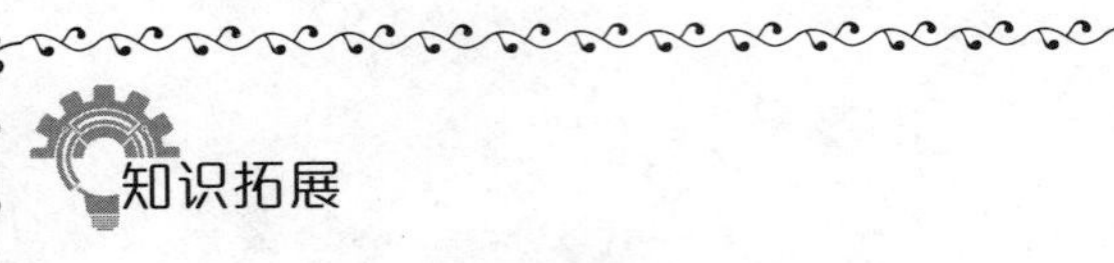

互感现象的应用与危害

(1)应用：变压器、收音机的磁性天线等都是利用互感现象制成的。

(2)危害：在电力工程和电子电路中，互感现象有时会影响电路的正常工作，这时要设法减小电路间的互感。例如，在刻制电路板时就要设法减小电路间的互感现象。

二、同名端

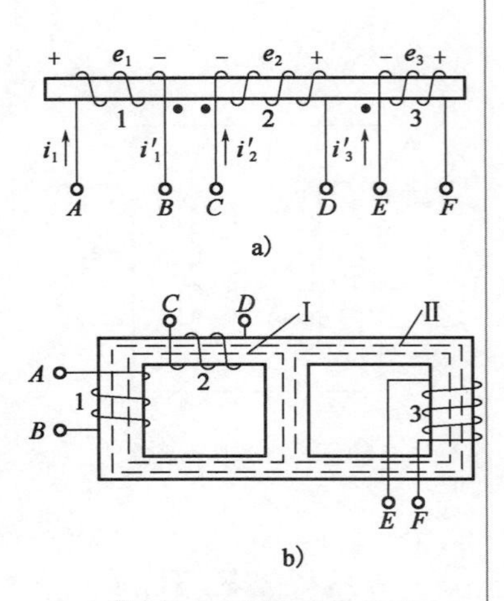

图6-22　同名端的判别

如图6-22a)所示，3个线圈1、2、3绕在同一铁芯上，若线圈1中的电流发生变化，有磁耦合关系的3个线圈中都会产生感应电动势。假如线圈1中电流i_1增大，根据楞次定律可以知道，3个线圈中的感应电流i'_1、i'_2、i'_3的方向，3个电动势的极性分别如图6-22a)所示。像这样，在同一变化磁通作用下，几个线圈的感应电动势极性相同的端点叫作同名端，感应电动势极性相反的端点叫作异名端。为了便于识别，用“·”作为标记，表示同名端。

在电工、电子等工程技术上，准确判断同名端非常重要，互感线圈之间的连接必须正确，否则，可能损坏电器或使电气设备不能正常工作。

三、同名端的判别

1. 观察法

观察法适用于能分辨清线圈绕向的场合。图6-22a)所示为无分支磁路。假设某一瞬间磁路中有一变化的磁通，磁路中的每一个线圈中都会产生感应电动势。由安培定则可知，在同一磁路平面上，同时从前(或后)开始绕向铁芯的线圈的端点(图中B、C、E)感应电动势的极性相同，是同名端；同时从一前一后绕向铁芯线圈的两个端点就是异名端，A和C、A和E、B和D等都是异名端。

图6-22b)所示为有分支磁路，线圈1和线圈2同在Ⅰ回

路上，线圈2和线圈3、线圈1和线圈3同在Ⅱ回路上。对线圈1和线圈2，可以把回路Ⅰ的顺时针绕向作为参考方向，按参考方向，凡顺时针（或逆时针）绕向回路的端点就是同名端，如图6-22中A和C为同名端。用相同的方法可以判断线圈2和线圈3之间，C和E为同名端；线圈1和线圈3之间，A和E为同名端。

应当注意的是，对无分支磁路来说，若多个线圈的端点中，某些端点都是其中一个端点的同名端，那么，这些端点都是同名端；如图6-22a）所示，C和E都是B的同名端，则C和E也是同名端。对有分支磁路来说，同名端一般只指两个线圈的电磁感应关系。

2. 实验法

对于已制成的变压器以及其他的电子仪器中的线圈，无法从外部观察其绕组的绕向。因此无法辨认其同名端，此时可用实验法进行测定。如图6-23所示，线圈1和线圈2是某变压器中的两个线圈，要用实验法将两个线圈的同名端判断出来，具体做法是：将线圈1和线圈2连接成图6-23所示的电路，其中N为氖管（直流电通过氖管时，接电源负极的一端发光），电阻R可用来限制通过氖管电流的大小。实验开始时，我们要记住线圈1的哪一端与电源正极（图6-23中为A端）相连接，并记上标记“·”，闭合开关S时，通过氖管（假设此时接线圈D端的氖管的下端发光）观察线圈2的感应电流是从线圈哪一端流出的（图6-23中为C端），那么，这一端和线圈1中标“·”的一端（A端）就是同名端。

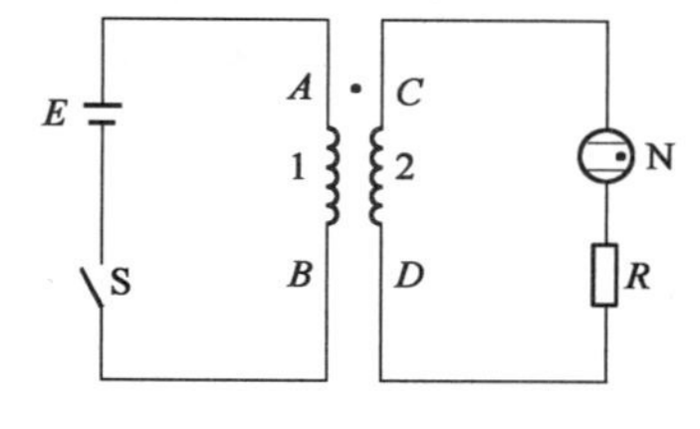

图6-23　用氖管判断同名端

四、互感线圈的连接

工程技术中，有时需要将电感线圈之间进行连接。线圈的连接分为串联和并联两种。具有互感关系的几个线圈首尾顺次连接起来叫作线圈的串联，两个线圈的异名端串联在一起叫作顺串，两个线圈的同名端串联在一起的叫作反串。

顺串时，电流同时从两个线圈同名端流进或流出，这时总的磁场是增加的，所以两个线圈顺串时等效自感将大于原来每一个线圈的自感。同理不难得出，两个线圈反串时，总的等效自感将小于原来较大的一个线圈的自感。

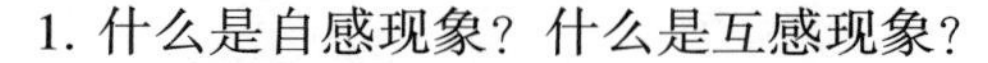

1. 什么是自感现象？什么是互感现象？
2. 同名端是如何判别的？

模块五

变压器的用途、结构及种类

一、变压器的用途

用铁磁材料做铁芯的变压器，其损耗和漏磁通都很小，一般忽略不计，可以看作理想变压器。下面讨论变压器的几个用途。

1. 变换电压

根据电磁感应定律，主磁通经过一、二次绕组，必在两次绕组中感应相应的电动势。

一次绕组感应电动势为

$$E_1 \approx 4.44fN_1\Phi_m \tag{6-12}$$

二次绕组感应的电动势为

$$E_2 \approx 4.44fN_2\Phi_m \tag{6-13}$$

通常将一次电动势E_1与二次电动势E_2之比称为变压器的变压比K，即变压比（简称变比），则

$$K = \frac{E_1}{E_2} = \frac{N_1}{N_2} \tag{6-14}$$

式(6-14)表明，变压比也等于一、二次绕组的匝数之比。

由于空载时变压器的一次绕组阻抗压降很小，略去不计，故有$E_1 \approx U_1$、$E_2 \approx U_2$，则

$$K = \frac{E_1}{E_2} = \frac{N_1}{N_2} \approx \frac{U_1}{U_2} \tag{6-15}$$

式(6-15)表明，变压器一、二次侧的电压之比约等于匝数之比。

当$K > 1$时，$N_1 > N_2$，$U_1 > U_2$，变压器使电压降低，此类

变压器为降压变压器。

当$K<1$时，$N_1<N_2$，$U_1<U_2$，变压器使电压升高，此类变压器为升压变压器。

当$K=1$时，$N_1=N_2$，$U_1=U_2$，此类变压器为隔离变压器。变压器通过改变一、二次绕组匝数之比，就可以改变输出电压的大小。

2. 变换电流

变压器从电网中获取能量，通过电磁感应进行能量转换，再把电能输送给负载。根据能量守恒定律，在忽略变压器内部损耗的情况下，变压器输入和输出的功率基本相等，可得

$$U_1I_1 \approx U_2I_2 \tag{6-16}$$

$$\frac{I_1}{I_2} \approx \frac{U_2}{U_1} = \frac{1}{K} \tag{6-17}$$

由此可见，二次侧电流与相应绕组的匝数成反比。这说明变压器在变压的同时电流的大小也随着改变。这从能量守恒的角度看也是必然的。

3. 变换阻抗

在电子线路中，常用变压器来变换阻抗。变压器变换阻抗原理图如图6-24所示。

其中，负载阻抗为$|Z_L|$，其端电压为U_2，流过的电流为I_2，变压器的变压比为K，表示为

$$|Z_L| = \frac{U_2}{I_2} \tag{6-18}$$

变压器一次绕组中的电压和电流分别为

$$U_1 = KU_2 \tag{6-19}$$

$$I_1 = \frac{I_2}{K} \tag{6-20}$$

从变压器输入端看，等效的输入阻抗为$|Z_{in}|$，即

$$|Z_{in}| = \frac{U_1}{I_1} = K^2\frac{U_2}{I_2} = K^2|Z_L| \tag{6-21}$$

式(6-21)说明了负载阻抗$|Z_L|$与电源侧的输入等效阻抗$|Z_{in}|$的关系。因此，只需要改变变压器的匝数比，就可以把负载阻抗变换为所需要的数值。

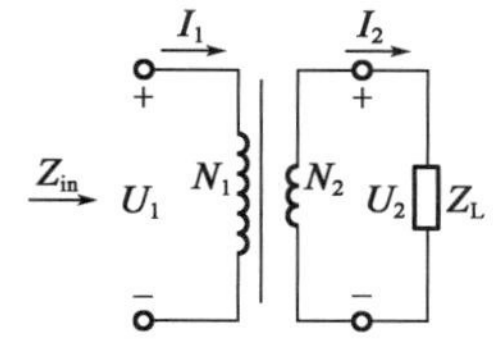

a)变压器变换阻抗的原理

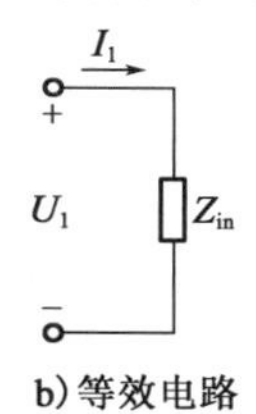

b)等效电路

图6-24 变压器变换阻抗原理图

二、变压器的基本结构

变压器的典型实物如图6-25a)所示；变压器的主要结构由铁芯和绕组两部分组成，绕组套在铁芯上，如图6-25b)所示；典型符号如图6-25c)所示。

a)变压器典型实物图

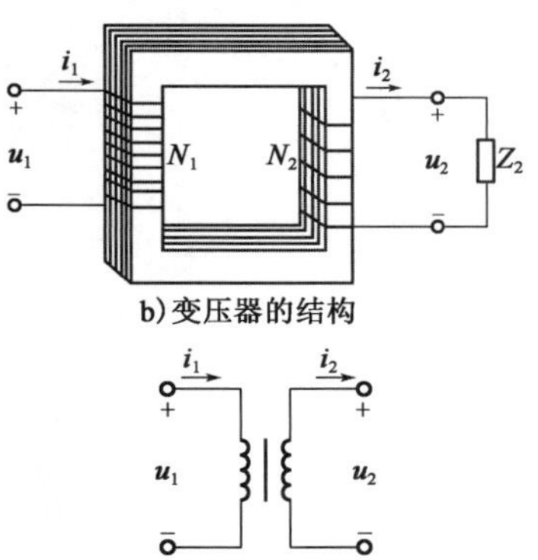

b)变压器的结构

c)变压器典型符号

图6-25 变压器的结构与符号

变压器的铁芯是一个闭合的整体，为主磁通提供路径。铁芯一般由厚度为0.35～0.5mm的硅钢片叠合而成。为了

提高磁路的导磁性能,减小铁芯中的磁滞、涡流损耗,变压器用的硅钢片含硅量比较高。硅钢片的两面均涂以绝缘漆,这样可使叠装在一起的硅钢片相互之间绝缘。

变压器的绕组由两部分组成,分别为一次侧绕组(原边绕组)和二次侧绕组(副边绕组)。一次侧绕组匝数为N_1,用于产生主磁通;二次侧绕组匝数为N_2,通过电磁感应产生同频率的正弦交流电压。

三、变压器的种类

变压器的种类有很多,可按升降压、相数、用途、结构、冷却方式等进行分类,具体如下:

(1)按升降压分类,变压器有升压变压器和降压变压器两种。

升压变压器就是用来把低数值的交变电压变换为同频率的另一较高数值交变电压的变压器。降压变压器就是把输入端的较高电压,转换为输出相对偏低的理想电压的变压器,从而达到降压的目的。升压变压器与降压变压器基本原理都是一样的,主要区别是主次绕组匝数的不同:升压变主绕组匝数少,降压变主绕组匝数多。

(2)按相数分类,变压器有单相变压器和三相变压器两种。

三相变压器的一个铁芯上绕了3个绕组,可以同时将三相电源变压到二次侧绕组,其输出也是三相交流电源。而单相变压器的铁芯上只有一个绕组,只能将一相电源变压到二次侧输出。大型变电站和发电厂也采用3个单相变压器组合成1个三相变压器,称为组合式三相变压器。而一般电网输送和工业上都采用三相交流电源,所以都采用三相变压器。而单相变压器一般用于民用需要单相电源的地方,如家用电器等,其容量比较少。

(3)按用途分类,变压器有用于供电系统的电力变压器,用于测量和继电保护的仪用变压器(电压互感器和电流互感器),产生高电压供电设备的耐压实验用的施压变压器,电炉变压器、电焊变压器和整流变压器等特殊用途种类的变压器。

(4)按冷却方式及冷却介质分类,变压器有以空气冷却的干式变压器、以油冷却的油浸变压器、以水冷却的水冷式变压器。

1. 变压器的用途有哪些?它是按什么原理工作的?
2. 变压器的变压、变流、变阻抗的公式分别是什么?

模块六 变压器的工作原理

变压器的工作原理

变压器是依电磁感应原理工作的。如果把变压器的原线圈接在交流电源上，在原线圈中就有交流电流流过，交变电流将在铁芯中产生交变磁通，这个变化的磁通经过闭合磁路，同时穿过原线圈和副线圈。交变的磁通将在线圈中产生感应电动势，因此，在变压器原线圈中产生自感电动势的同时，在副线圈中也产生了互感电动势。这时，如果在副线圈上接上负载，电能就将通过负载转换成其他形式的能。

图6-26所示为一台单相变压器空载运行的原理图。闭合铁芯是变压器的磁路部分，缠绕在铁芯上的绕组是变压器的电路部分。接交流电源的绕组AX为一次绕组，接负载的绕组ax为二次绕组。一、二次绕组的匝数分别为N_1和N_2。

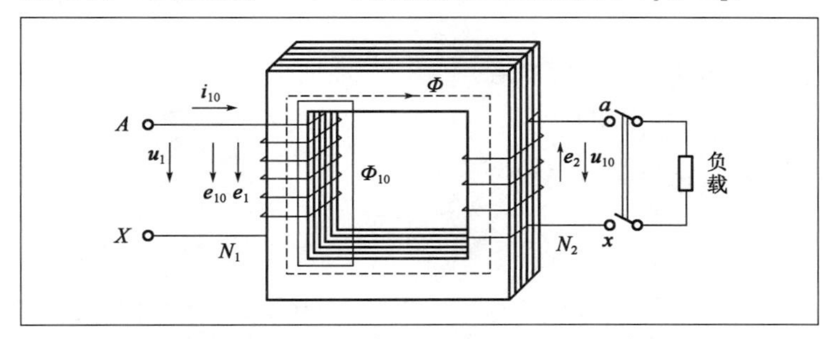

图6-26　一台单相变压器空载运行的原理图

一、变压器的空载运行

变压器的一次绕组加额定电压，二次绕组开路（不接负载）的情况，称为空载运行。

当一次绕组接电源电压u_1时，一次绕组中通过的电流称为空载电流,用符号i_{10}表示。i_{10}建立变压器铁芯中的磁场,故又称为励磁电流。因为变压器铁芯由硅钢片叠成,而且是闭合的,即气隙很小,所以建立工作磁通(主磁通)Φ所需的励磁电流并不大,其有效值为一次绕组额定电流(长期连续工作允许通过的最大电流)的2.5%~10%。主磁通在一次绕组中产生的感应电动势为

$$\dot{E}_1=-\mathrm{j}4.44N_1 f\Phi_{\mathrm{m}} \tag{6-22}$$

式中:N_1——一次绕组匝数;

f——电源频率;

Φ_{m}——主磁通的最大值,Wb。

同理,二次绕组中的感应电动势为

$$\dot{E}_2=-\mathrm{j}4.44N_2 f\Phi_{\mathrm{m}} \tag{6-23}$$

因此

$$\frac{\dot{E}_1}{\dot{E}_2}=\frac{N_1}{N_2}=K \tag{6-24}$$

或写成有效值

$$\frac{E_1}{E_2}=\frac{N_1}{N_2}=K \tag{6-25}$$

式中:K——变压器绕组的匝数比。

显然,一、二次绕组的感应电动势之比等于绕组的匝数比。

实践证明

$$\dot{U}_1\approx-\dot{E}_1$$

或写成有效值表达式

$$U_1\approx E_1$$

由于二次绕组开路,$i_2=0$,因此开路电压

$$\dot{U}_{20}\approx\dot{E}_2$$

或写成有效值表达式

$$U_{20}\approx E_2$$

经过推导可以得出

$$\frac{U_1}{U_{20}}\approx\frac{E_1}{E_2}=\frac{N_1}{N_2}=K \tag{6-26}$$

上述表达式表明:一、二次绕组的电压比等于匝数比,只要改变一、二次绕组匝数比,就可以进行电压变换,绕组匝数多的一侧电压高。

二、变压器的负载运行

变压器的一次绕组接上电压u_1,二次绕组接上负载Z_2时的运行情况,称为变压器的负载运行,其电路如图6-27所示。

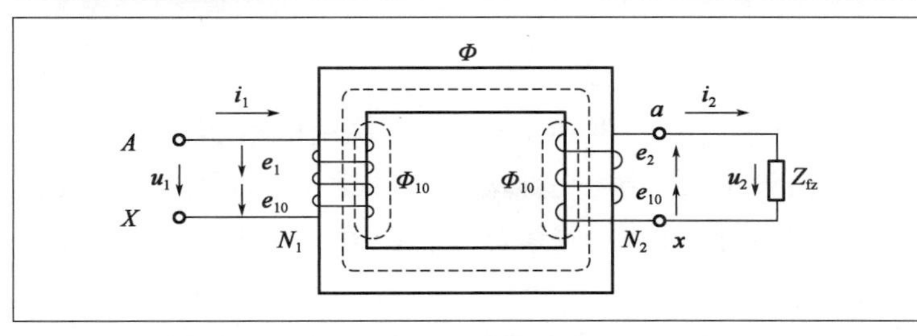

图6-27 变压器的负载运行

由于变压器接通负载，感应电动势$\dot{E}_2$将在二次绕组中产生电流$\dot{I}_2$，一次绕组中的电流由$\dot{I}_{10}$变化为$\dot{I}_1$。因此，变压器负载运行时，变压器铁芯中的主磁通Φ由磁动势$\dot{I}_1N_1$和$\dot{I}_2N_2$共同作用产生。根据恒磁通原理，由于变压器负载运行和空载运行时一次电压$\dot{U}_1$不变，铁芯中主磁通的最大值Φ_m不变，故磁动势为

$$\dot{I}_1N_1+\dot{I}_2N_2=\dot{I}_{10}N_1 \tag{6-27}$$

这是变压器接负载时的磁动势平衡方程式。由于空载电流比较小，与负载时电流相比，可以忽略空载磁动势$\dot{I}_{10}N_1$。因此

$$\dot{I}_1N_1+\dot{I}_2N_2\approx 0$$

改写为

$$\frac{\dot{I}_1}{\dot{I}_2}\approx-\frac{N_2}{N_1}=-\frac{1}{K} \tag{6-28}$$

或写成有效值

$$\frac{I_1}{I_2}=\frac{1}{K} \tag{6-29}$$

上述表达式反映了变压器变换电流的功能，即一、二次绕组的电流比等于匝数比的倒数。一般变压器的高压绕组匝数多而通过的电流小，可用较细的导线绕制；低压绕组的匝数少而通过的电流大，应用较粗的导线绕制。

变压器铭牌上常用分数形式标出额定电流值，数值大的为低压绕组额定电流值，数值小的为高压绕组额定电流值。

负载运行时

$$\dot{U}_1\approx-\dot{E}_1$$

$$\dot{U}_2\approx-\dot{E}_2$$

或写成有效值

$$U_1\approx E_1=4.44N_1f\Phi_m \tag{6-30}$$

$$U_2\approx E_2=4.44N_2f\Phi_m \tag{6-31}$$

因此可得

$$\frac{U_1}{U_2} \approx \frac{E_1}{E_2} = \frac{N_1}{N_2} = K \tag{6-32}$$

上述公式表明：变压器一、二次绕组的电压比等于匝数比。该结论不仅适用于变压器的空载运行，而且适用于变压器的负载运行，只是负载运行时的误差比空载运行时的误差稍大一些。

将一次绕组加额定电压（$U_1 = U_{1N}$）时的二次绕组空载电压规定为副绕组的额定电压 U_{2N}。变压器铭牌上标有 U_{1N}/U_{2N}，既标明了额定电压，也标明了变压比。

变压器必须按照额定电压来使用，不能只看变压比。如果所加原边电压高于额定值，变压器铁芯中的主磁通最大值 Φ_m 将随之增大，会导致铁芯过度饱和，励磁电流（空载电流 I_{10}）和铁芯损耗将大大增加，因而是不允许的。

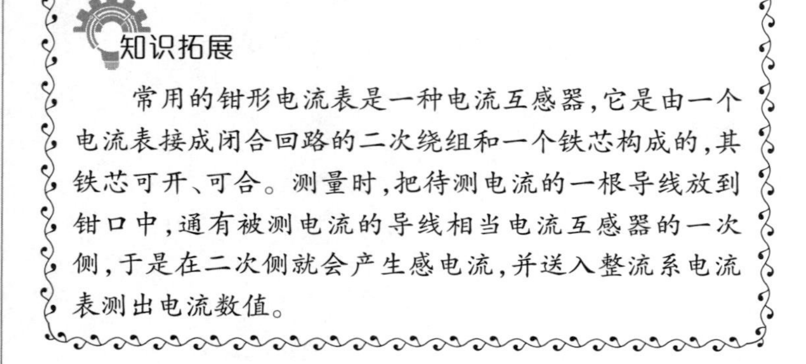
知识拓展

常用的钳形电流表是一种电流互感器，它是由一个电流表接成闭合回路的二次绕组和一个铁芯构成的，其铁芯可开、可合。测量时，把待测电流的一根导线放到钳口中，通有被测电流的导线相当电流互感器的一次侧，于是在二次侧就会产生感电流，并送入整流系电流表测出电流数值。

三、变压器的变换阻抗作用

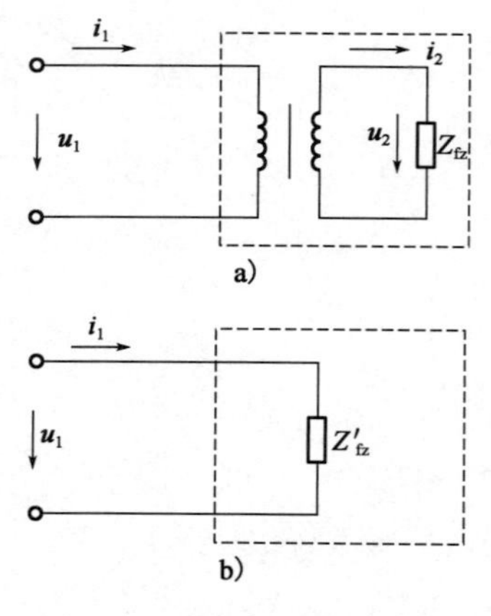

图6-28　变压器变换阻抗作用

在图6-28a）中，负载接在变压器副边，图中虚线框部分可以用一个阻抗来等效代换，两者从电源取用的电压、电流和功率相同。由图6-28b）可知

$$Z'_{fz} = \frac{\dot{U}_1}{\dot{I}_1} \approx \frac{-K\dot{U}_2}{-\frac{1}{K}\dot{I}_2} = K^2\frac{\dot{U}^2}{\dot{I}_2} = K^2 Z_{fz} \tag{6-33}$$

在实际工作中可以选用不同匝数比的变压器，将负载阻抗变换为所需要的阻抗值。在电子线路中常利用变压器的这种阻抗变换作用实现阻抗匹配。

【例6-2】　一只10Ω的扬声器，经一次绕组有800匝、二次绕组有100匝的输出变压器接入晶体管功率放大电路时，其等效负载 R' 电阻为多大？

解：$R' = K^2 R_L = \left(\frac{800}{100}\right)^2 \times 10\Omega = 640(\Omega)$

四、变压器的损耗、效率

1. 变压器的损耗

变压器的功率损耗分为两种：一种称为铜损ΔP_{Cu}，是指变压器线圈上的损耗RI^2；另一种称为铁损ΔP_{Fe}，是指变压器通电后铁芯内部引起的损耗，它又分为磁滞损耗和涡流损耗。

(1)磁滞损耗。

铁磁材料在交变磁场引起的磁化反应中，外磁场要克服磁畴反复转向引起的阻力而做功，最后变成热能消耗掉，这种能量损耗称为磁滞损耗。

为了减小磁滞损耗，应该选用磁滞回线狭小的软磁材料做铁芯，如硅钢。

(2)涡流损耗。

在线圈两端加交流电压，铁芯中就会产生一个交变磁场，而铁芯本身就是导体，可以把它看作无数个闭合回路，在回路中会产生围绕铁芯中心而呈漩涡状流动的感应电流，我们称之为涡流，如图6-29所示。

涡流在铁芯中流动时，铁芯会发热而产生能量损耗，这种损耗称为涡流损耗。为了减小涡流损耗，在顺磁场方向，铁芯由彼此绝缘的硅钢片叠成，这样可以限制涡流在较小的截面内流动，使其产生的损耗大大减小。

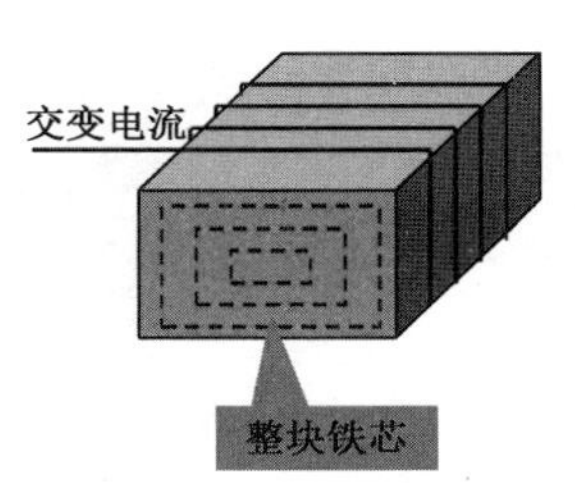

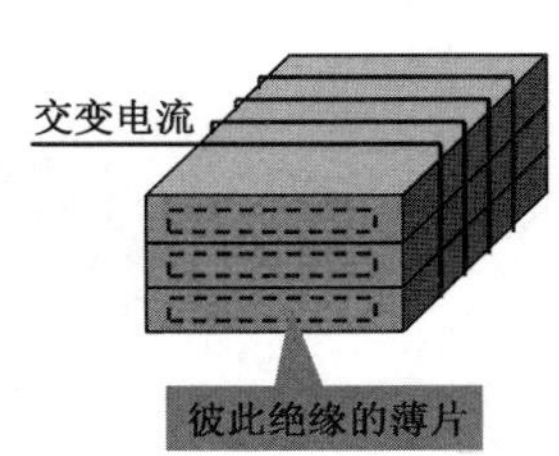

图6-29　涡流

2. 变压器的效率

设P_1为变压器输入功率，P_2为输出功率，则变压器效率为

$$\eta = \frac{P_2}{P_1} \times 100\% = \frac{P_2}{P_2 + \Delta P_{Fe} + \Delta P_{Cu}} \times 100\% \quad (6\text{-}34)$$

变压器的效率一般在95%以上。在一般电力变压器中，当负载为额定负载的50%～70%时，效率达到最大值。

当变压器的电源电压U_1不变，副边电流增加时，原、副边内阻上的电压也将增加，此时副边绕组的端电压U_2将逐渐减小。当功率因数$\cos\varphi$为常数时，U_2和I_2的关系可以用图6-30中的曲线表示。同时，我们可以发现，功率因数越小，U_2下降越快。

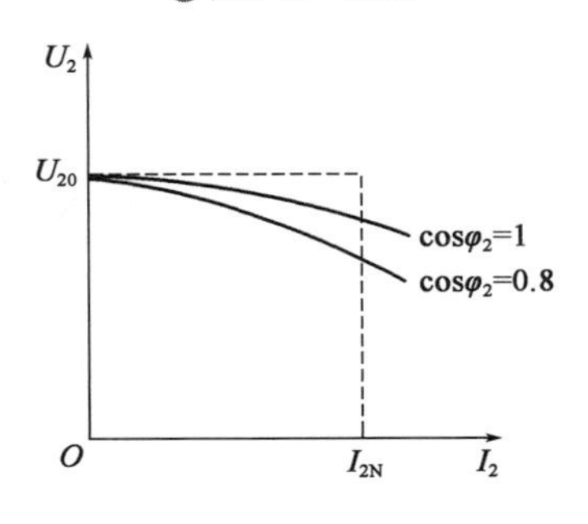

图6-30　U_2和I_2的关系

通常希望U_2变化越慢越好。从空载到负载，副边电压变换程度用电压变换率ΔU表示，即

$$\Delta U = \frac{U_{20} - U_2}{U_{20}} \times 100\% \quad (6\text{-}35)$$

电压变化率一般在5%左右。

知识拓展

大多数情况下，电能的电压等级自发电站到用户至少要经过5级变压器，方可输送到低压用电设备(380V/220V)。虽然变压器本身效率很高，但其数量多、容量大，总损耗仍是很大的。2021年，我国在网运行的变压器约1700万台，总容量约110亿kV·A，变压器损耗约占输配电电力损耗的40%，据测算，年电能损耗约2500亿kW·h，因此降低变压器损耗是势在必行的节能措施。

(源自由工业和信息化办公厅、市场监管总局办公厅、国家能源局综合司印发的《变压器能效提升计划(2021—2023年)》)

近年来，世界各国都在积极研究生产节能材料，变压器的铁芯材料已发展到最新的节能材料——非晶态磁性材料，非晶合金铁芯变压器应运而生。非晶合金铁芯变压器的铁损仅为硅钢变压器的1/5，铁损大幅度降低。

作为未来的电气技术工作者，我们需要在掌握本专业核心技能的前提下，培养自己的职业素养，提高自己的创新能力，努力为国家绿色低碳和高质量发展贡献力量。

1. 变压器通直流电能工作吗？为什么？

2. 已知：某变压器 $U_1 = 380\text{V}$，$U_2 = 36\text{V}$，$N_1 = 1500$ 匝。试求：变压器的变比 K、二次侧绕组的匝数 N_2。

本单元习题

一、判断题

1. 磁感线是互不交叉的闭合曲线，在磁体外部由N极指向S极，在磁体内部由S极指向N极。（　　）

2. 磁感线的疏密程度反映了磁场的强弱。磁感线越密表示磁场越强，磁感线越疏表示磁场越弱。（　　）

3. 磁感线上任意一点的垂线方向就是该点的磁场方向。（　　）

4. 当作用在线圈上的磁通发生变化时，将会产生电磁感应现象，根据磁通发生变化的原因，电磁感应现象可分为自感和互感两种形式。（　　）

5. 当交流电气设备中有多个线圈时，判断线圈的缠绕方向并不重要。（　　）

二、填空题

1. 磁通恒定的磁路称为________，磁通随时间变化的磁路称为________。

2. 电机和变压器常用的铁芯材料为________。

3. 铁磁材料的磁导率____________非铁磁材料的磁导率。

4. 变压器负载运行时，当若负载电流增大，其铁芯损耗将________。

三、分析计算题

一台理想变压器，接入10kV的线路降压，并提供200A的负载电流。已知两个绕组的匝数比为40:1，则变压器的一次绕组电流、输出电压是多少？

单元七　线性电路的过渡过程

学习目标

【知识目标】

1. 了解线性电路的过渡过程产生的原因；
2. 理解并掌握换路定律的内容；
3. 掌握过渡过程初始值的计算；
4. 理解时间常数的含义，掌握其计算方法；
5. 掌握一阶电路的零输入响应、零状态响应的分析方法；
6. 掌握一阶电路全响应的三要素法。

【技能目标】

1. 能根据一阶电路全响应的三要素法，计算电路中的物理量；
2. 能运用换路定律，计算初始值。

【素养目标】

1. 具有简单分析和解决问题的能力；
2. 掌握扎实的专业知识及学科基础知识，熟练掌握自己所学专业的核心知识和技能；
3. 具有规范操作的工匠精神；
4. 培养创新思维能力，具备卓越思维、创新设计的能力。

模块一

换路定律及初始值

前文所分析的直流电路及正弦交流电路,所有的响应都是恒定不变或按周期规律变化的,电路的这种工作状态称为稳定状态(简称稳态)。当电路的连接方式或元件的参数发生变化时,电路的工作状态将随之发生改变,电路将由原来的稳定状态转变到另一个稳定状态,这种转变一般不能即时完成,需要一个过程,这个过程称为过渡过程。电路的过渡过程往往很短暂,所以过渡过程又称暂态过程。在过渡过程分析中,得到的电路方程都是以电压、电流为变量的微分方程。所以,对线性电路过渡过程分析的主要任务可归结为建立和求解过渡过程中电路的微分方程。

根据对微分方程求解方法的不同,过渡过程的分析方法主要有两种:一种是直接求解微分方程的方法,因为它是以时间t为自变量的,所以又称时域分析法;另一种是将时间自变量转换为复频率自变量,称为复频域分析法。

本模块仅介绍线性电路过渡过程的时域分析法,主要内容包括换路定律及初始值。

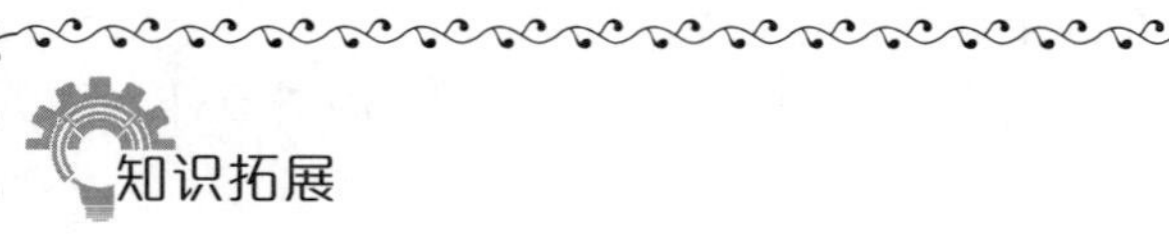

交流电可以直接使用吗?

在各种广泛的用途中,我们并不能直接去应用交流电,这就需要稳压和滤波。比如,各类小家电的供电,如果直接引入交流电，脉动电流将会瞬间烧毁电器。这就需要我们知道电器需要的电压值和电流值，通过变压来适配电器工作。值得一提的是，稳压和滤波在电器的整体性能里面占非常重要的一面，很多电器是因为滤波不良导致电压不稳而被烧毁的。

一、换路定律

在电路理论中，常把电路结构或元件参数的突然改变称为换路。电路结构的改变是指电路的接通、切断、短路等变化，元件参数的改变是指电源或电阻、电感、电容元件参数的改变。通常认为换路是瞬间完成的。

换路是过渡过程产生的外因，过渡过程产生的内因是电路中含有电容或电感等储能元件。

储能元件中能量的改变需要一定的时间，不能跃变，即不能从一个量值即时地变到另一个量值。否则当时间无限短，即时间变化趋于零($\mathrm{d}t \to 0$)时，若能量有一个有限的变化($\mathrm{d}W \neq 0$)，则由公式$P = \mathrm{d}W/\mathrm{d}t$可得，功率$P$将为无穷大，这在实际中是不可能的。

电路中常见的储能元件有电容元件和电感元件。电容元件储存电能，其大小为$W_{\mathrm{C}} = 1/2Cu_{\mathrm{C}}^2$，因换路时电能不能跃变，所以电容元件上的电压$u_{\mathrm{C}}$不能跃变。电感元件储存磁场能，其大小为$W_{\mathrm{L}} = 1/2Lui_{\mathrm{L}}^2$，同样，在换路时，磁场能也不能跃变，所以电感元件中的电流i_{L}不能跃变。概括起来，在换路瞬间，当电容元件的电流为有限值时，其电压u_{C}不能跃变；当电感元件的电压为有限值时，其电流i_{L}不能跃变，这一结论称为换路定律。

假如把换路瞬间作为计时的起点，用$t = 0$表示，则用$t = 0_-$表示换路前最后的一瞬间；$t = 0_+$表示换路后最初的一瞬间；$t = \infty$表示换路后经过了很长一段时间。$t = 0_+$和$t = 0_-$在数值上都等于0，它们和$t = 0$之间的时间间隔都趋于零。这样，换路定律可表示为

$$\begin{cases} u_{\mathrm{C}}(0_+) = u_{\mathrm{C}}(0_-) \\ i_{\mathrm{L}}(0_+) = i_{\mathrm{L}}(0_-) \end{cases} \tag{7-1}$$

注意：换路定律仅适用于换路瞬间，可根据它来确定$t = 0_+$时刻电容元件上的电压$u_{\mathrm{C}}(0_+)$和电感元件中的电流值$i_{\mathrm{L}}(0_+)$，不能用来求其他的电压或电流值。因为在电路发生换路时，除了电容元件上的电压及电荷，电感元件中的电流及

磁链不能跃变外，其余的参数（如电容元件中的电流、电感元件上的电压、电阻元件的电流和电压、电压源的电流、电流源的电压等）在换路瞬间都是可以跃变的。

二、初始值

1. 初始值的定义

换路后最初的一瞬间，即 $t=0_+$ 时刻电路中的电压、电流等物理量的值称为过渡过程的初始值，也称初始条件。

初始值分为独立初始值和相关初始值。在 $t=0_+$ 时刻，电容元件上的电压 $u_C(0_+)$ 和电感元件中的电流 $i_L(0_+)$ 称为独立初始值；除了 $u_C(0_+)$ 和 $i_L(0_+)$ 以外，其他所有的初始值称为非独立初始值，又称相关初始值。

2. 初始值的计算

独立初始值可根据 $t=0_-$ 时刻的 $u_C(0_-)$ 和 $i_L(0_-)$ 值，再由换路定律得到；相关初始值需要作 $t=0_+$ 时刻的等效电路来计算。具体步骤如下：

（1）画出换路前 $t=0_-$ 时刻的等效电路图，求出 $u_C(0_-)$ 和 $i_L(0_-)$。换路前若是直流稳态电路，则 $t=0_-$ 时刻的电路图中电容元件相当于开路，电感元件相当于短路。

（2）根据换路定律，求出 $t=0_+$ 时刻电容元件上电压的初始值 $u_C(0_+)$ 和电感元件中电流的初始值 $i_L(0_+)$，即独立初始值。

（3）画出换路后 $t=0_+$ 时刻的等效电路图，方法如下：

①将原电路中的电容元件用一个电压数值等于初始值 $u_C(0_+)$ 的电压源代替，电压源的参考方向与 $u_C(0_+)$ 的参考方向一致。若 $u_C(0_+)=0$，则电容元件相当于短路。

②将原电路中的电感元件用一个电流数值等于初始值 $i_L(0_+)$ 的电流源代替，电流源的参考方向与 $i_L(0_+)$ 的参考方向一致。若 $i_L(0_+)=0$，则电感元件相当于开路。

③原电路中的电阻元件保留在它们原来的位置上，其值也不变；电路中电源的数值用其在 $t=0_+$ 时刻的值代替。

经过这样替代后的电路称为电路在 $t=0_+$ 时刻的等效电路。

④在 $t=0_+$ 时刻的等效电路中，求出其他的相关初始值。

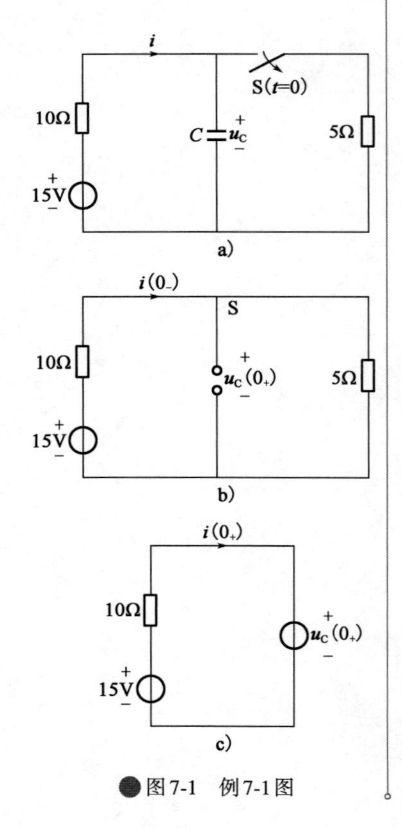

图7-1　例7-1图

【例7-1】 图7-1a）所示电路中，开关S打开前，电路已稳定。在 $t=0$ 时，将开关打开，试求初始值 $i(0_+)$、$u_C(0_+)$。

解题思路：题目要求的是初始值，先应看待求量是独立初始值还是相关初始值。若待求量是独立初始值，只需在$t=0_-$时刻的电路图中求;若是相关初始值,则需画出$t=0_+$时的等效电路图。

解:(1)因换路前该电路是直流稳态电路,所以电容相当于开路,$t=0_-$的等效电路如图7-1b)所示,可求出此时电容元件上电压:

$$u_C(0_-)=\frac{5}{10+5}\times 15=5(\text{V})$$

(2)根据换路定律,有

$$u_C(0_+)=u_C(0_-)=5(\text{V})$$

(3)画出$t=0_+$时刻的等效电路图,如图7-1c)所示。此时电容元件相当于一个电压$u_C(0_+)=5(\text{V})$的电压源。根据KVL有

$$10i(0_+)+u_C(0_+)-15=0$$

即

$$i(0_+)=\frac{15-u_C(0_+)}{10}=\frac{15-5}{10}=1(\text{A})$$

知识拓展

换路定律依据的原理是什么?

换路定律是电工基础中的基本定律之一,它遵循电荷守恒定律和能量守恒定律,描述了电路中的电流和电压关系。

1. 换路定律适用于电路中的什么时刻?
2. 换路时,电容与电感的哪些量不能突变?

模块二

RC 电路的过渡过程

一、RC 电路的零输入响应

凡电路方程可用一阶线性常微分方程来描述的电路称为一阶线性电路。除电源和电阻外,只含有一个储能元件或可等效为一个储能元件的电路都是一阶线性电路,本模块将讨论的一阶电路都是指一阶线性电路。

一阶电路分为两类:一类是一阶电阻电容电路(简称RC电路),另一类是一阶电阻电感电路(简称RL电路)。

在电阻性电路中,如果没有独立源的作用,电路中就没有响应。而含有储能元件的电路与电阻性电路不同,即使没有独立源,只要储能元件的初始值如$u_C(0_+)$或$i_L(0_+)$不为零,它们的初始储能也会引起响应。这种没有电源激励,即输入为零,由电路中储能元件的初始储能引起的响应(电压或电流),称为电路的零输入响应。

RC电路的零输入响应是指输入信号为零,由电容元件的初始值$u_C(0_+)$在电路中所引起的响应。分析RC电路的零输入响应,实际上是分析电容元件的放电过程。

在图7-2a)中,当开关S置于位置1时,电路已经处于稳态,电容器充电,其电压为$u_C(0_-) = U_0 = U_S$。若在$t = 0$时将开关S由位置1切换到位置2,此时电源被断开,但电容元件已有初始储能,将通过电阻放电,如图7-2b)所示。

在$t = 0_+$时刻,因为电容元件上电压不能跃变,即$u_C(0_+) = u_C(0_-) = U_0$,所以$t = 0_+$时电路中电流$i(0_+) = u_C(0_+)/R = U_0/R$。随后在$t \geq 0_+$时,电容不断放电,电容电压逐渐降低,最终电

容元件所储存的电能经电阻 R 全部转变为热能释放出来。若回路选择顺时针方向，根据KVL，可得换路后的电压方程为

$$u_C - u_R = 0 \tag{7-2}$$

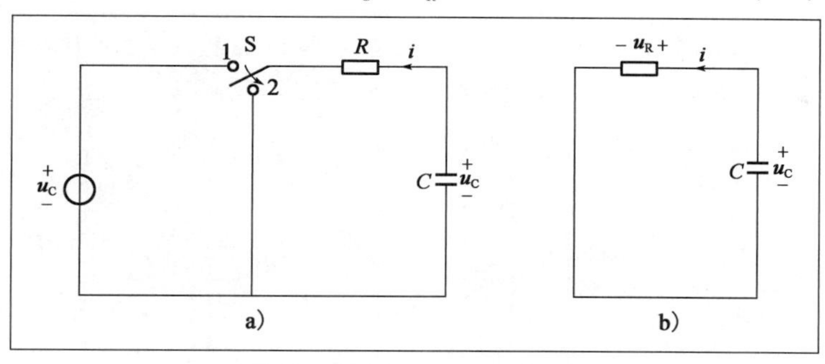

图7-2　RC电路的零输入响应

将 $u_R = iR, i = -C\frac{du_C}{dt}$ 代入式(7-2)有

$$RC\frac{du_C}{dt} + u_C = 0 \tag{7-3}$$

式(7-3)是一个线性常系数的一阶齐次微分方程，其通解为

$$u_C = Ae^{pt} \tag{7-4}$$

将式(7-4)代入式(7-3)得

$$RCpAe^{pt} + Ae^{pt} = 0$$

特征方程为

$$RCp + 1 = 0 \tag{7-5}$$

解出特征根 $p = -\frac{1}{RC}$，代入式(7-4)，有

$$u_C = Ae^{pt} = Ae^{-\frac{t}{RC}} \tag{7-6}$$

因 $u_C(0_+) = u_C(0_-) = U_0$，代入式(7-6)，有 $u_C(0_+) = Ae^{-\frac{0}{RC}} = Ae^0 = A$，则积分常数 $A = u_C(0_+) = U_0$，再代入式(7-6)，可得方程式(7-3)的解：

$$u_C = u_C(0^+)e^{-\frac{t}{RC}} = U_0e^{-\frac{t}{RC}} \tag{7-7}$$

式(7-7)中，令 $\tau = RC$，称为RC电路的时间常数。当 R 和 C 都采用SI单位时，τ 的单位是s，与时间单位相同。这样式(7-7)可表示成

$$u_C = u_C(0_+)e^{-\frac{t}{\tau}} = U_0e^{-\frac{t}{\tau}} \tag{7-8}$$

式(7-8)就是RC电路的零输入响应中电容元件上电压 u_C 的解析式。式(7-8)同时说明放电过程中电容元件上的电压是以 $u_C(0_+) = U_0$ 为初始值并按指数规律衰减，衰减的快慢取决于指数中时间常数 τ 的大小。τ 越大，衰减越慢，过渡过程越长；反之，过渡过程越快。

特别注意，时间常数 $\tau = RC$ 中的 R 为换路后电容元件所接的二端网络中将电源置为零后的等效电阻，即戴维南等效电阻。τ 的大小仅仅取决于电路的结构和元件的参数 R 与 C，与电路的初始状态无关。

【例 7-2】 图 7-3a）所示电路换路前已稳定，在 $t=0$ 时刻开关S打开。试求：换路后（$t \geqslant 0$）的 u_C 和 i。

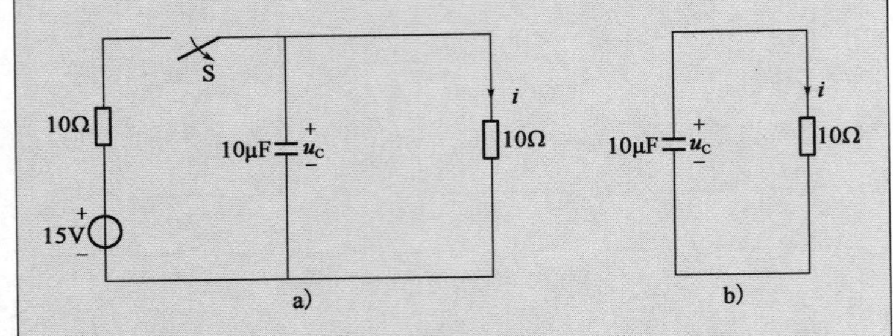

图7-3 例7-2图

解：（1）图 7-3a）中开关S打开前，电路已处于稳态，所以在 $t = 0_-$ 时刻，电容元件相当于开路，有

$$u_C(0_-) = \frac{20}{10+10} \times 10 = 10(\text{V})$$

由换路定律得

$$u_C(0_+) = u_C(0_-) = 10\text{V}$$

（2）换路后，电路如图 7-3b）所示，时间常数为

$$\tau = RC = 10 \times 10 \times 10^{-6} = 1 \times 10^{-4}(\text{s})$$

由式（7-8）可得

$$u_C = u_C(0_+)\text{e}^{-\frac{t}{\tau}} = 10 \times \text{e}^{-\frac{t}{1 \times 10^{-4}}} = 10 \times \text{e}^{-10^4 t}(\text{V})$$

则电流

$$i = \frac{u_C}{10} = \frac{10 \times \text{e}^{-10^4 t}}{10} = \text{e}^{-10^4 t}(\text{A})$$

二、RC电路的零状态响应

RC电路的零状态响应是指换路前电容元件没有储存电能，即在 $u_C(0_-) = 0$ 的零状态下，由外加电源激励所产生的响应。

在图7-4所示的电路中，若开关S闭合前电容元件没有充电，即 $u_C(0_-) = 0$。在 $t = 0$ 时开关闭合。当 $t \geqslant 0$ 时，在图示参考方向下，回路选择顺时针绕向，由KVL得

$$u_R + u_C = U_S \qquad (7\text{-}9)$$

由于 $u_R = iR$，$i = C\frac{\text{d}u_C}{\text{d}t}$，将其代入式（7-9）得

$$RC\frac{\text{d}u_C}{\text{d}t} + u_C = U_S \qquad (7\text{-}10)$$

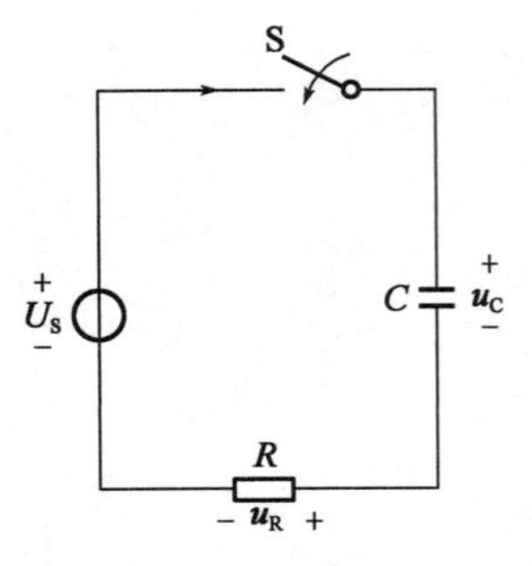

图7-4 RC电路的零状态响应

式(7-10)是一个一阶线性常系数的非齐次微分方程,由数学分析可知,该方程的解由两部分组成,即

$$u_C = u_C' + u_C'' \quad (7\text{-}11)$$

式中:u_C'——式(7-10)的特解;

u_C''——式(7-10)中$U_S = 0$时方程的通解。

当电路过渡过程结束,即$t = \infty$时有稳态值$u_C(\infty) = U_S$,即可取特解$u_C' = U_S$;当$U_S = 0$时,方程$RC\frac{du_C}{dt} + u_C = 0$的通解的形式为$u_C'' = Ae^{-\frac{t}{\tau}}(\tau = RC)$。将特解和通解代入式(7-11)得

$$u_C = u_C' + u_C'' = U_S + Ae^{-\frac{t}{\tau}} \quad (7\text{-}12)$$

式(7-12)中系数A由初始条件来确定,因$u_C(0_+) = u_C(0_-) = 0$,代入得

$$0 = U_S + Ae^{-\frac{0}{\tau}} = U_S + Ae^0 = U_S + A \quad (7\text{-}13)$$

$$A = -U_S$$

再把$A = -U_S$代入式(7-12),最后得

$$u_C = U_S - U_Se^{-\frac{t}{\tau}} = U_S(1 - e^{-\frac{t}{\tau}})$$
$$= u_C(\infty)(1 - e^{-\frac{t}{\tau}}) \quad (7\text{-}14)$$

式(7-14)为RC电路的零状态响应中电容元件上电压u_C的解析式,其中时间常数$\tau = RC$,意义同前。u_C由两部分组成:第一部分$u_C' = u_C(\infty) = U_S$,是达到稳态时电容元件的电压,称为稳态分量;第二部分$u_C'' = -u_C(\infty)e^{-\frac{t}{\tau}} = -U_Se^{-\frac{t}{\tau}}$,与时间有关,存在于暂态过程中,又称为暂态分量。

电路中电阻元件上的电压和电流分别为

$$u_R = U_S - u_C = U_Se^{-\frac{t}{\tau}} \quad (7\text{-}15)$$

$$i = \frac{u_R}{R} = \frac{U_S}{R}e^{-\frac{t}{\tau}} \quad (7\text{-}16)$$

RC电路的零状态响应曲线如图7-5所示。

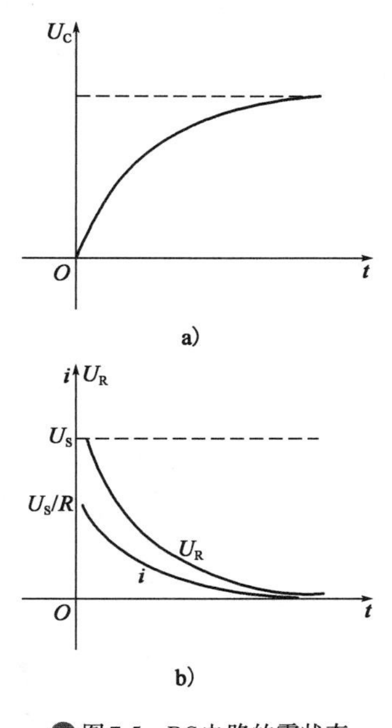

图7-5 RC电路的零状态响应曲线

RC电路的零状态响应过程实际上是电容充电的过程。在充电过程中,电源供给的能量一部分转换成电场能量储存在电容元件中,另一部分被电阻元件吸收转化成热能消耗掉。电阻元件消耗的电能为

$$W_R = \int_0^\infty Ri^2 dt = \int_0^\infty R\left(\frac{U_S}{R}e^{\frac{t}{\tau}}\right)dt = \frac{1}{2}CU_S^2 = W_C \quad (7\text{-}17)$$

由此得出,无论电路中电阻和电容值取多少,电源供给

的能量一半被电阻元件消耗了，只有一半转换成电场能量储存在电容元件中，所以充电效率只有50%。

【例7-3】 在图7-4中，开关闭合前电路已经稳定，即$U_S(0_-)=0$。已知：$U_S=220V$，$C=100\mu F$，$R=2k\Omega$。试求：当开关闭合后，经过多长时间电容电压可达100V？

解题思路：图7-4中开关闭合后，电路中产生的是RC电路的零状态响应。要求的是经过多长时间电容电压可达100V，所以应先知道$t\geqslant 0$时电容元件上的电压u_C的表达式，再求u_C达到100V的时间。

解：(1)开关闭合后，即$t\geqslant 0$时，根据式(7-14)，电容元件上的电压的表达式为

$$u_C=u_C(\infty)(1-e^{-\frac{t}{\tau}})$$

(2)当过渡过程结束，即$t=\infty$时，电容元件相当于开路，其稳态电压为

$$u_C(\infty)=U_S=220V$$

(3)换路后，电路的时间常数为

$$\tau=RC=2\times 10^3\times 100\times 10^{-6}=0.2(s)$$

(4)将$u_C(\infty)$、τ的值代入u_C的表达式，则有

$$u_C=u_C(\infty)(1-e^{-\frac{t}{\tau}})=220\times(1-e^{-\frac{t}{0.2}})=220\times(1-e^{-5t})(V)$$

(5)当电容电压$u_C=100V$时，即

$$100=220\times(1-e^{-5t})$$

$$t=0.12s$$

即经过0.12s电容电压即可达100V。

RC电路有哪些应用场景？

RC电路是一种常见的电子学组件，具有多种应用场景：

(1)微分电路。

(2)积分电路。

(3)耦合电路。

简述RC电路的零输入响应。

模块三

RL电路的过渡过程

一、RL电路的零输入响应

如图7-6a)所示，开关S闭合前电路已经稳定，电感元件相当于短路，在$t=0_-$时刻，电感元件中的电流$i_L(0_-)=\dfrac{U_S}{R_1+R}=I_0$。在$t=0$时刻，将开关S闭合，电源被短路，电感元件和电阻元件构成一个闭合的回路，如图7-6b)所示。

当$t=0_+$时，因为电感上电流不能跃变，所以$i_L(0_+)=i_L(0_-)=\dfrac{U_S}{R_1+R}$。当$t\geqslant0$时，假设各参数的参考方向如图7-6b)所示，根据KVL有

$$u_R+u_L=0 \tag{7-18}$$

因为$u_R=i_LR$，$u_L=L\dfrac{di_L}{dt}$，代入式(7-18)，有

$$i_LR+L\frac{di_L}{dt}=0 \tag{7-19}$$

式(7-19)是一个线性常系数的一阶齐次微分方程，解法与式(7-3)相同，其解为

$$i_L=i_L(0_+)e^{-\frac{t}{\frac{L}{R}}}=I_0e^{-\frac{t}{\tau}} \tag{7-20}$$

式(7-20)为RL电路的零输入响应中电感元件的电流i_L的解析式，其中$\tau=L/R$称为RL电路的时间常数，τ的大小反映了RL电路零输入响应衰减快慢。τ越大，衰减越慢；反之，衰减越快。

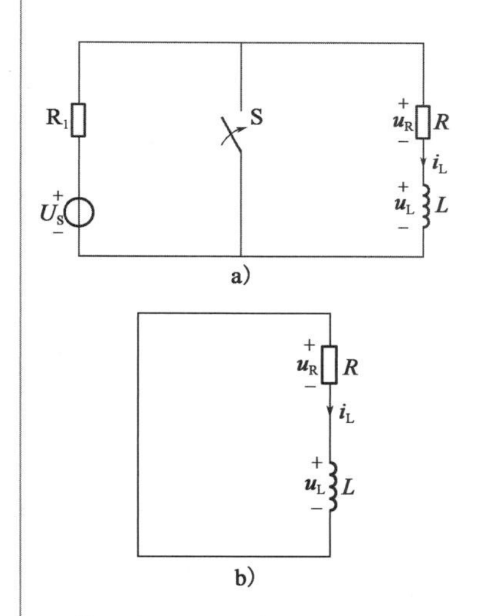

图7-6　RL电路的零输入响应

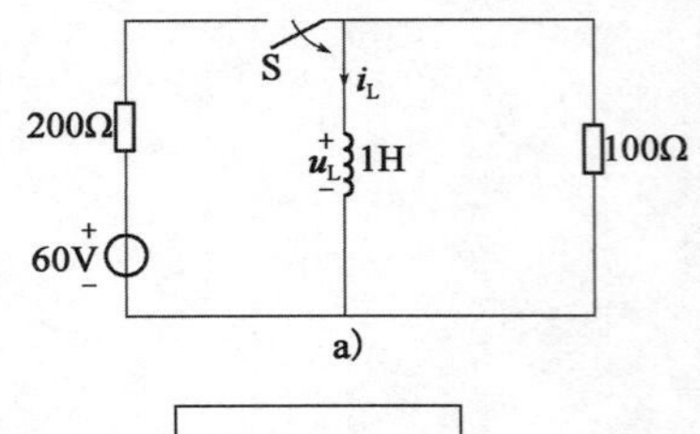

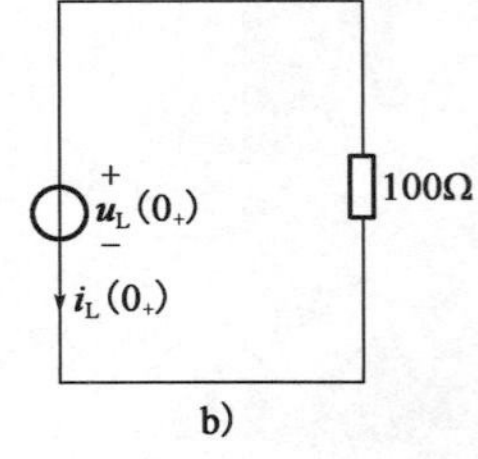

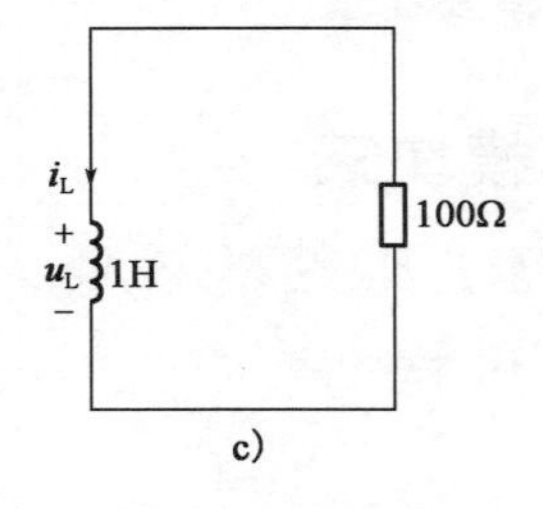

图7-7　例7-4图

【例7-4】　图7-7a)所示电路换路前已稳定，$t=0$时刻开关S打开。试求：

(1)当$t=0_+$时，电感电压的初始值$u_L(0_+)$；

(2)开关打开后，即$t\geqslant 0$时的i_L、u_L的表达式。

解：(1)换路前，电感中的电流为

$$i_L(0_-)=\frac{60}{200}=0.3(\text{A})$$

根据换路定律有$i_L(0_+)=i_L(0_-)=0.3(\text{A})$，所以$t=0_+$时刻电感元件相当于一恒流源，其电流$i_L(0_+)=0.3\text{A}$。$t=0_+$时刻的等效电路如图7-7b)所示，电感元件两端的电压为

$$u_L(0_+)=-i_L(0_+)\times 100=-0.3\times 100=-30(\text{V})$$

(2)当$t\geqslant 0$时，电路如图7-7c)所示，电路的时间常数为

$$\tau=\frac{L}{R}=\frac{1}{100}(\text{s})$$

由式(7-20)得

$$i_L=i_L(0_+)e^{-\frac{t}{\tau}}=0.3e^{-100t}(\text{A})$$

则

$$u_L=L\frac{di_L}{dt}=L\times i_L(0_+)\times(-\frac{1}{\tau})e^{-\frac{t}{\tau}}$$
$$=-0.3\times 100e^{-100t}=-30e^{-100t}(\text{V})$$

二、RL电路的零状态响应

RL电路的零状态响应是指换路前电感元件中没有储能，即初始电流$i_L(0_-)=0$的零状态下，由外加电源所产生的响应。

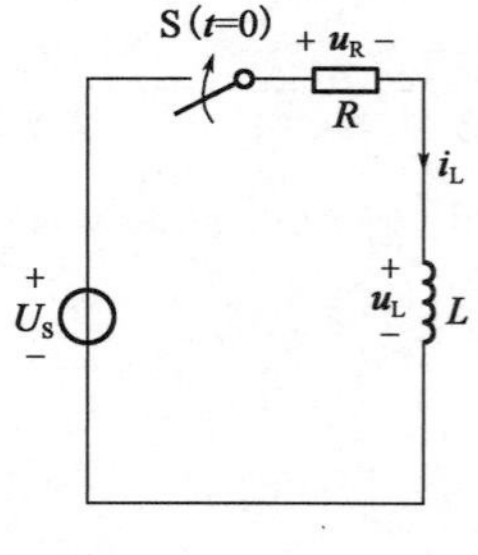

图7-8　RL电路的零状态响应

在图7-8中，开关S闭合前，$i_L(0_-)=0$，$t=0$。当$t\geqslant 0$时，在假定的参考方向下，回路选择顺时针绕向，由KVL得电路方程

$$u_R+u_C=U_S \tag{7-21}$$

因$u_R=i_LR$，$u_L=L\frac{di_L}{dt}$，代入式(7-21)得

$$i_LR+L\frac{di_L}{dt}=U_S$$

整理得

$$i_L+\frac{L}{R}\cdot\frac{di_L}{dt}=\frac{U_S}{R} \tag{7-22}$$

式(7-22)是一个线性常系数的一阶非齐次微分方程，解

法同上面的RC电路一样，其解为

$$i_L = \frac{U_S}{R}(1 - e^{-\frac{t}{\tau}}) = i_L(\infty)(1 - e^{-\frac{t}{\tau}}) \qquad (7\text{-}23)$$

式(7-23)即RL电路的零状态响应中电感元件的电流i_L的解析式。其中，$\tau = L/R$为RL电路的时间常数，意义同前。i_L由两部分组成：第一部分$U_S/R = i_L(\infty)$为换路后电感元件的稳态电流，称为稳态分量；第二部分$U_S/Re^{-\frac{t}{\tau}} = i_L(\infty)e^{-\frac{t}{\tau}}$为暂态分量。

电阻元件和电感元件的电压分别为

$$u_R = i_L R = U_S(1 - e^{-\frac{t}{\tau}})$$

$$u_L = U_S - u_R = U_S e^{-\frac{t}{\tau}}$$

RL电路的零状态响应波形如图7-9所示。

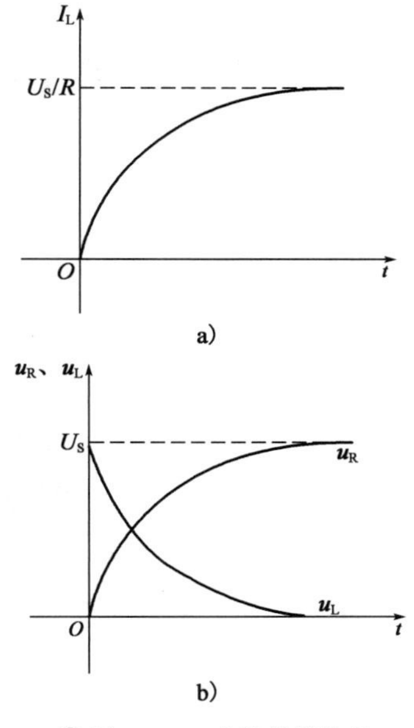

图7-9 RL电路的零状态响应波形

【例7-5】 在图7-8中，开关闭合前电路已经稳定，已知：$i_L(0_-) = 0$。若$U_S = 100V$，$L = 0.5H$，$R = 100\Omega$，$t = 0$时开关闭合。试求：换路后$t \geq 0$时的电流i_L。

解：(1)根据已知条件，这是求一阶RL电路的零状态响应。由式(7-23)可得

$$i_L = i_L(\infty)(1 - e^{-\frac{t}{\tau}})$$

(2)当$t = \infty$时，电感元件相当于短路，电路的稳态电流为

$$i_L(\infty) = \frac{U_S}{R} = \frac{100}{100} = 1(A)$$

(3)换路后，电路的时间常数为

$$\tau = \frac{L}{R} = \frac{0.5}{100} = 5 \times 10^{-3}(s)$$

(4)所以，$t \geq 0$时，电感元件中的电流为

$$i_L = i_L(\infty)(1 - e^{-\frac{t}{\tau}}) = 1 - e^{-200t}(A)$$

1. 简述RL电路的零输入响应。
2. 简述RL电路的零状态响应。

模块四 一阶电路的三要素法

从RC电路全响应的表达式来看，无论是分解成稳态分量和暂态分量的叠加，还是分解成零输入响应和零状态响应的叠加，决定一阶电路全响应表达式的都只有3个量，即初始值、稳态值和时间常数。通常称这3个量为一阶电路的三要素，由这三要素可以直接写出直流激励下一阶电路的全响应，这种方法称为三要素法。若用$f(0_+)$表示响应的初始值，$f(\infty)$表示响应的稳态值，τ表示电路的时间常数，$f(t)$表示全响应，则在直流激励下，一阶电路的全响应表达式为

$$f(t)=f(\infty)+[f(0_+)-f(\infty)]e^{-\frac{t}{\tau}} \tag{7-24}$$

式(7-24)是分析一阶电路全响应过程中任意电压或电流变量全响应的一般公式，也称为三要素法公式。因此，只要求出$f(0_+)$、$f(\infty)$和τ这三个要素，就可以直接根据式(7-24)写出电路中电压或电流的全响应表达式。

因为零输入响应或零状态响应可看成全响应的特例，所以也可以用式(7-24)来求零输入响应和零状态响应。

三要素法的一般步骤可归纳如下：

(1)作出换路前瞬间即$t=0_-$时的等效电路，求出$u_C(0_-)$或$i_L(0_-)$。

(2)根据换路定律，得到独立初始值$u_C(0_+)=u_C(0_-)$和$i_L(0_+)=i_L(0_-)$，然后作出换路后瞬间，即$t=0_+$时刻的等效电路，求出待求量的初始值，即$f(0_+)$。

(3)作出$t=\infty$时的稳态等效电路。若电路为直流稳态，则电容元件相当于开路，电感元件相当于短路。在稳态等效

电路中求出待求量的稳态响应，即$f(\infty)$。

(4)求出电路的时间常数τ。若电路是RC电路，则$\tau = RC$；若电路是RL电路，则$\tau = L/R$。

(5)将所求得的三要素$f(0_+)$、$f(\infty)$和τ，代入式(7-24)即可得电路中待求电压或电流全响应的表达式。

【例7-6】 图7-10a)所示电路中，开关置于位置1时电路已稳定，在$t = 0$时刻，将开关S由位置1合向位置2，已知：U_{S1}=15V，U_{S2}=20V，R_1=100Ω，R_2=50Ω，C=30μF。试求：换路后$t \geqslant 0$时的电压u_C。

解：(1)求u_C的初始值$u_C(0_+)$。开关S置于位置2前一瞬间，即在$t = 0_-$时刻，电路如图7-10b)所示，电容元件两端的电压为

$$u_C(0_-) = \frac{u_{S1}}{R_1 + R_2} \cdot R_2 = \frac{15}{100 + 50} \times 50 = 5(\text{V})$$

由换路定律得

$$u_C(0_+) = u_C(0_-) = 5\text{V}$$

(2)求u_C的稳态值$u_C(\infty)$。换路后$t = \infty$时，电容元件相当于开路，等效电路如图7-10c)所示，则有

$$u_C(\infty) = \frac{u_{S2}}{R_1 + R_2} \cdot R_2 = \frac{20}{100 + 50} \times 50 = 6.7(\text{V})$$

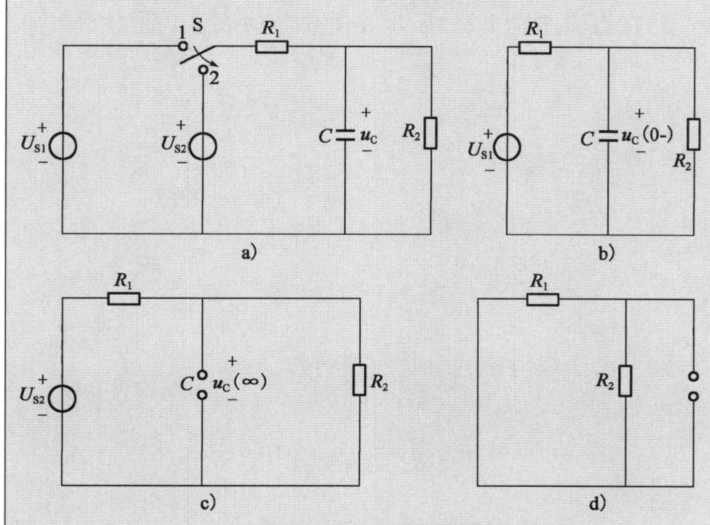

图7-10 例7-6图

(3)求时间常数τ。求等效电阻R的等效电路[图7-10d)]，有

$$R = \frac{R_1 R_2}{R_1 + R_2} = \frac{100 \times 50}{100 + 50} = \frac{100}{3}(\Omega)$$

则时间常数$\tau = RC = \frac{100}{3} \times 30 \times 10^{-6} = 1 \times 10^{-3}(\text{s})$

(4)求 u_C 的全响应表达式。由式(7-24)得 u_C 的全响应表达式为

$$u_C = u_C(\infty) + [u_C(0_+) - u_C(\infty)]e^{-\frac{t}{\tau}}$$

$$= 6.7 + (5 - 6.7)e^{-\frac{t}{1\times10^{-3}}} = 6.7 - 1.7e^{-1000t}(\mathrm{V})$$

一阶电路的三要素法的适用范围是什么?

一阶电路的三要素法的适用范围是计算恒定激励作用下的一阶电路任意支路的电流或任意两点的电压。它既适用于计算全响应,也适用于求解零输入响应和零状态响应。

1. 简述一阶电路三要素法的步骤。
2. 在直流激励下,一阶电路的全响应表达式是什么?

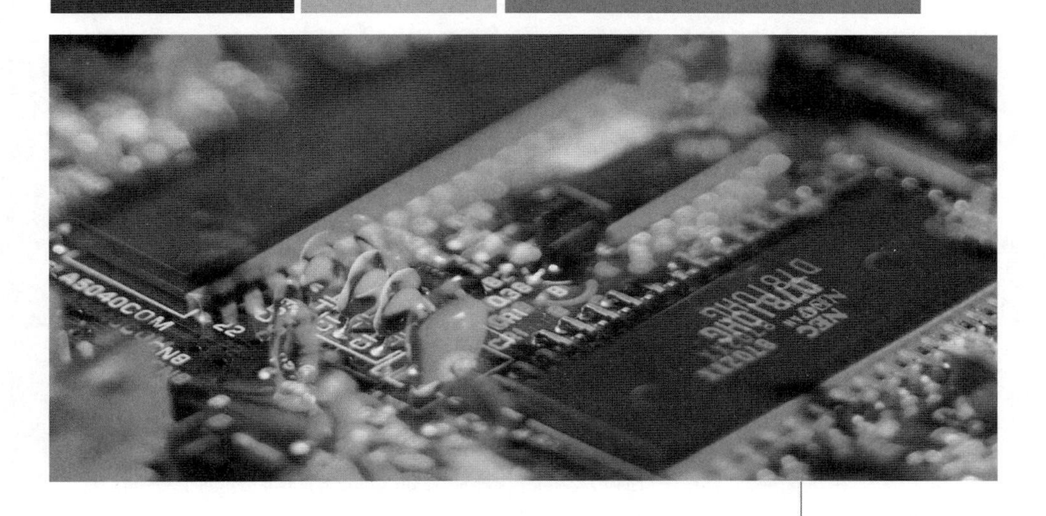

本单元习题

一、填空题

1. 电路中支路的接通、切断、短路，电源激励或电路参数的突变以及电路连接方式的其他改变，统称________。

2. 由换路定律得，电容元件的电流有限时，________不能跃变；电感元件的电压有限时，________不能跃变。

3. RC暂态电路中，时间常数越大，充放电的速度越________。若RC暂态电路充电时间常数为$\tau = 0.2\text{ms}$，充电完成大约需要的时间为________。

4. RC电路中，已知电容元件上的电压$u_C(t)$的零输入响应为$5e^{-100t}$V，零状态响应为$100(1 - e^{-100t})$V，则全响应$u_C(t)=$________。

二、选择题

1. 由换路定律知，有储能元件的电路，在换路瞬间，电路中(　　)不能跃变。

A. 电容的电流和电感的电流

B. 电容的电压和电感的电流

C. 电容的电压和电感的电压

D. 每个元件的电压和电流

2. 下列关于时间常数τ说法错误的是(　　)。

A. 时间常数τ的大小反映了一阶电路的过渡过程进展的速度

B. 时间常数τ越大，过渡过程越慢；反之，越快

C. 对于RC和RL串联电路，电阻R越大，它们的时间常数τ也越大

D. 一般认为，经过$3\tau \sim 5\tau$的时间，过渡过程就基本结束

三、分析计算题

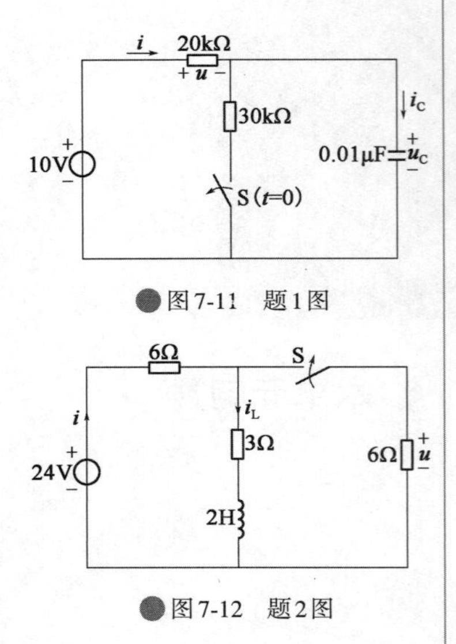

图7-11 题1图

图7-12 题2图

1. 如图7-11所示，电路在开关S断开前已处于稳态，$t=0$时开关S断开。求初始值$i(0_+)$、$u(0_+)$、$u_C(0_+)$和$i_C(0_+)$。

2. 如图7-12所示，开关S闭合前电路已处于稳态。试求开关S闭合后的初始值$i(0_+)$、$u(0_+)$和$i_L(0_+)$。

参考文献

[1] 李爱秋,季昌瑞,丰章俊. 电工基础项目教程[M]. 2版. 北京:机械工业出版社,2022.
[2] 楼晓春. 电工基础[M]. 3版. 北京:北京理工大学出版社,2021.
[3] 周南星. 电工基础[M]. 3版. 北京:中国电力出版社,2016.
[4] 陈秀华,王玉洁,孟庆宜. 电工技术[M]. 东莞:中国石油大学出版社,2014.